"十三五"国家重点出版物出版规划
现代机械工程系列精品教材
普通高等教育3D版机械类系列教材

画法几何及机械制图
（3D版）

第 2 版

主编　段　辉　张　莹　陈清奎
参编　杨璐慧　李　坤　殷　振　齐　康

机械工业出版社

本书是根据教育部高等学校工程图学课程教学指导分委员会制定的《高等学校工程图学课程教学基本要求》编写的。本书共分为 11 章，内容包括制图的基本知识与技能、正投影基础、基本体的视图、截交线和相贯线、组合体、轴测图、机件的表示方法、标准件与常用件、零件图、机械图样的技术要求、装配图等，并选用 AutoCAD 2024 作为计算机绘图部分的软件。

　　本书内容丰富，覆盖面广，配套有利用虚拟现实（VR）技术、增强现实（AR）技术等开发的 3D 虚拟仿真教学资源，以方便读者学习。本书既可作为普通高等学校机械类和近机械类专业的教材，也可作为成人高等教育同类专业的教材，还可供相关技术人员参考使用。

图书在版编目（CIP）数据

画法几何及机械制图：3D 版／段辉，张莹，陈清奎主编. -- 2 版. -- 北京：机械工业出版社，2025. 7. （现代机械工程系列精品教材）（普通高等教育 3D 版机械类系列教材）. -- ISBN 978-7-111-78103-5

Ⅰ. TH126

中国国家版本馆 CIP 数据核字第 20258TK063 号

机械工业出版社（北京市百万庄大街 22 号　邮政编码 100037）
策划编辑：段晓雅　　　　　　　责任编辑：段晓雅
责任校对：樊钟英　牟丽英　　　封面设计：张　静
责任印制：单爱军
保定市中画美凯印刷有限公司印刷
2025 年 7 月第 2 版第 1 次印刷
184mm×260mm · 19.25 印张 · 476 千字
标准书号：ISBN 978-7-111-78103-5
定价：63.80 元

电话服务　　　　　　　　　　网络服务
客服电话：010-88361066　　　机 工 官 网：www. cmpbook. com
　　　　　010-88379833　　　机 工 官 博：weibo. com/cmp1952
　　　　　010-68326294　　　金 书 网：www. golden-book. com
封底无防伪标均为盗版　　　机工教育服务网：www. cmpedu. com

前 言

本书是根据教育部高等学校工程图学课程教学指导分委员会制定的《高等学校工程图学课程教学基本要求》中关于机械类工程图学课程的教学内容，并结合当前高等学校教育改革和对工科人才培养的要求而编写的。

随着高等学校机械制图课程的发展，编者对第1版教材进行了修订，添加了计算机绘图的相关内容，更新了插图和实例，删除了曲线与曲面、立体表面的展开等相关章节，原第1、2章整合成第1章，原第2~7章整合成第2章，原第9章拆分成第3、4章，并更新了配套的3D资源。

本书的编写与现代科技发展的成果相结合，实现了三维可视化学习方式的重大突破。本书具有以下主要特点：

1）利用了虚拟现实、增强现实等技术开发的虚拟仿真教学资源，实现了三维可视化及互动学习，将难于学习的知识点以3D虚拟仿真教学资源的形式进行介绍，力图达到"教师易教、学生易学"的目的。本书配有二维码链接的3D虚拟仿真教学资源，手机用户请使用微信的"扫一扫"观看、互动使用。二维码中标有![]图标的表示免费使用，标有![]图标的表示收费使用。

2）内容体系完整，层次清晰，并将计算机绘图的知识融入相关章节，由简单到复杂，在循序渐进地培养读者的空间思维与形体构型能力的同时，还可以使读者逐步掌握计算机绘图的能力。

3）采用现行国家标准，同时借助AutoCAD 2024和SolidWorks 2024软件分别绘制二维图形和三维图形，清晰美观。

本书获山东建筑大学教材建设基金资助，由段辉、张莹、陈清奎主编，参与编写的还有杨璐慧、李坤、殷振、齐康。编写分工为：段辉编写第5、6、9、10章，张莹编写第1、3、4、7章，陈清奎编写第2章和附录，杨璐慧、李坤编写第8章，殷振、齐康编写第11章。本书由段辉统稿并定稿。与本书配套的3D虚拟仿真教学资源由济南科明数码技术股份有限公司开发完成，并负责网上在线教学资源的维护和运营，主要开发人员包括陈清奎、陈万顺、胡洪媛、邵辉笙等。

本书可作为高等学校机械类、近机械类各专业机械制图课程的教材，也可作为高职院校、函授大学、网络教育的相应专业人员及有关工程技术人员的参考书。

由张莹、陈清奎、段辉主编的《画法几何及机械制图习题集 第2版》与本书配套使用，并由机械工业出版社同时出版，可供选用。

本书的编写得到了济南科明数码技术股份有限公司的大力支持与帮助，以及山东建筑大学的关心和支持，在此一并表示衷心感谢。

由于编者水平有限，书中难免存在错误和不足之处，衷心希望读者批评指正。

编　者

目 录

第1章

制图的基本知识与技能

工程制图必须严格遵守国家标准《机械制图》与《技术制图》中的各项规定。本章主要介绍《机械制图》与《技术制图》国家标准对图纸幅面的格式、比例、字体、图线和尺寸标注的有关规定，以及常用的绘图方式和几何作图方法。

【本章重点】

- 工程制图的各项规定
- 几何作图
- 平面图形的绘制
- AutoCAD 2024 的入门知识

1.1 技术制图国家标准的一般规定

国家标准简称"国标"，代号为"GB"，它是由标准编号和标准名称两部分组成的。如标准编号"GB/T 14689—2008"中，"GB"表示"国家标准"，"T"表示"推荐性标准"，无"T"时表示"强制性标准"，"14689"是该标准的顺序号，"2008"是标准的批准年号。

1.1.1 图纸幅面和格式（GB/T 14689—2008）

1. 图纸幅面

为了便于图样的绘制、使用和管理，图样应绘制在一定幅面和格式的图纸上。图纸幅面代号由"A"和相应的幅面号组成。图纸幅面分基本幅面和加长幅面两种，在绘图时优先采用基本幅面，见表1-1，B和L分别表示图幅短边和长边的尺寸。基本幅面共有五种，即A0～A4，其尺寸大小如图1-1所示；必要时可按规定加长幅面，加长后的幅面尺寸是由基本幅面的短边整数倍增加得出的，见表1-2。

表1-1 基本幅面及图框尺寸 （单位：mm）

幅面代号		A0	A1	A2	A3	A4
幅面尺寸 $B×L$		841×1189	594×841	420×594	297×420	210×297
留边宽度	e	20			10	
	c	10			5	
	a	25				

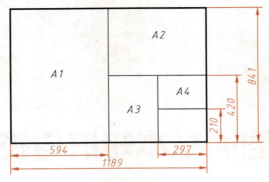

图1-1　各种图纸幅面的尺寸大小

表1-2　加长幅面及图框尺寸　（单位：mm）

幅面代号	A3×3	A3×4	A4×3	A4×4	A4×5
B×L	420×891	420×1189	297×630	297×841	297×1051

2. 图框格式

在图纸上，图框线必须用粗实线绘制，图样画在图框内。图框格式分为不留装订边和留装订边两种，如图1-2、图1-3所示。同一产品的图样应采用同一种图框格式。基本幅面的图框及留边宽度 e、c、a 等，按表1-1中的规定绘制。

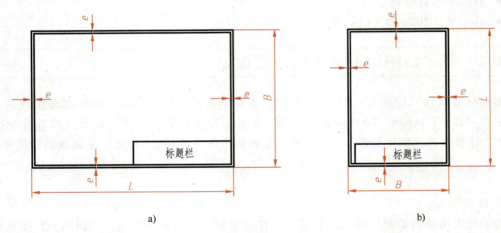

a)　　　　　　　　　　　　　　　　b)

图1-2　不留装订边的图框格式
a）X型　b）Y形

3. 标题栏

为了使绘制的图样便于管理和查阅，每张图样都必须绘有标题栏，如图1-2a所示。标题栏通常位于图框的右下角。若标题栏的长边置于水平方向并与图纸的长边平行，则构成X型图纸；若标题栏的长边与图纸的长边垂直，则构成Y型图纸，如图1-2b所示。标题栏中的文字方向为读图方向。

标题栏的内容、格式和尺寸应按GB/T 10609.1—2008的规定，如图1-4所示。在学校的制图作业中，为了简化作图，建议采用图1-5所示的格式。

为了利用预先印制的图纸，允许将X型图纸的短边置于水平位置使用，如图1-6所示；

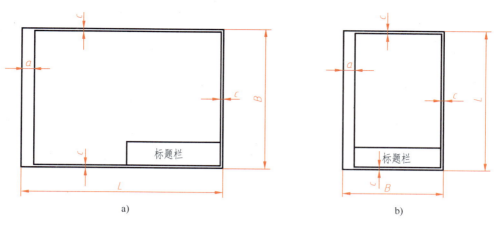

图 1-3 留装订边的图框格式
a）X 型 b）Y 型

或将 Y 型图纸的长边置于水平位置使用，如图 1-7 所示。此时，看图方向与标题栏中的文字方向不一致，为了明确绘图与看图时图纸的方向，应在图纸下边的对中符号处画方向符号。

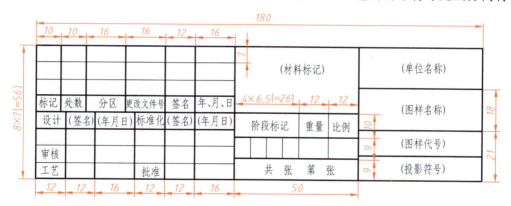

图 1-4 国家标准规定的标题栏格式

(图名)		比例		(图号)	
		数量		材料	
制图		(日期)			
班级		(学号)		(校名)	
审核		(日期)			

图 1-5 学校采用的标题栏格式

4. 附加符号

（1）对中符号 为了使图样复制和缩微摄影时定位方便，对于基本幅面和部分加长幅面的各号图纸，应在图纸各边的中点处分别画出对中符号，如图 1-6 和图 1-7 所示。对中符号用粗实线绘制，线宽不小于 0.5mm，长度从纸边界开始画至图框内约 5mm，位置误差不

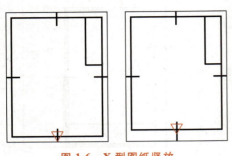

图1-6　X型图纸竖放　　　　　　　　　　图1-7　Y型图纸横放

大于0.5mm。当对中符号处在标题栏范围内时，则伸入标题栏的部分省略不画。

（2）方向符号　使用预先印制的图纸时，为了明确绘图与读图时图纸的方向，应在图纸的下边对中符号处画出一个方向符号，如图1-6和图1-7所示。方向符号是用细实线绘制的等边三角形，其大小与对中符号所处位置如图1-8所示。

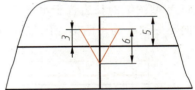

图1-8　对中符号和方向符号

1.1.2　比例（GB/T 14690—1993）

比例是指图中图形与其实物相应要素的线性尺寸之比。比例分原值比例、放大比例和缩小比例三种。绘制图样时，应从表1-3中的"优先选择系列"选取适当的绘图比例。必要时，也允许从表1-3中的"允许选择系列"选取。

表1-3　比例系列

种类	优先选择系列的比例	允许选择系列的比例
原值比例	$1:1$	—
放大比例	$5:1,2:1,5\times10^{n}:1,2\times10^{n}:1,1\times10^{n}:1$	$4:1,2.5:1,4\times10^{n}:1,2.5\times10^{n}:1$
缩小比例	$1:2,1:5,1:10,1:(2\times10^{n})$, $1:(5\times10^{n}),1:(1\times10^{n})$	$1:1.5,1:2.5,1:3,1:4,1:6$, $1:(1.5\times10^{n}),1:(2.5\times10^{n})$, $1:(3\times10^{n}),1:(4\times10^{n}),1:(6\times10^{n})$

注：n为正整数。

绘图时，尽可能按实际大小画出，即采用1:1的比例，这时可从图样上直接看出机件的真实大小。根据机件的大小及其形状复杂程度的不同，也可采用放大或缩小的比例。但无论采用何种比例，所注尺寸数字均应是物体的实际尺寸，与比例无关，如图1-9所示。

绘制同一机件的各个视图时，应采用相同的比例，并在标题栏的比例一栏中填写。当某些图样的细节部分需要局部放大，用到不同的比例时，则必须在该放大图样旁另行标注。

1.1.3　字体（GB/T 14691—1993）

图样上除了要用图形表达零件的结构形状外，还必须用文字、数字及符号等来说明零件的尺寸大小、技术要求，并填写标题栏。

字体的号数代表字体的高度，用h表示，字体高度h的公称尺寸系列为1.8、2.5、3.5、5、7、10、14、20。如果字体的高度大于20，则字体的高度应按$\sqrt{2}$的比率递增。汉字

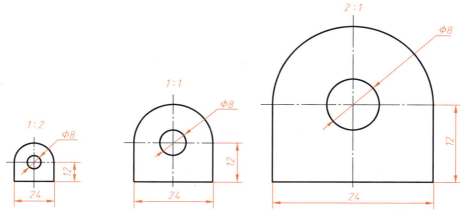

图 1-9 图形的比例与尺寸数字

应写成长仿宋体字,字体的高度不小于 3.5mm,其字宽一般为 $h/\sqrt{2}$。

字母和数字有直体和斜体两种形式,斜体字的字头向右侧倾斜,与水平线约成 75° 角。

字母和数字按笔画宽度情况分为 A 型和 B 型两类,A 型字体的笔画宽度 d 为字高 h 的 1/14,B 型字体的笔画宽度 d 为字高 h 的 1/10,即 B 型字体比 A 型字体的笔画要粗一点。

在同一张图样上,只允许选用一种形式的字体。字体示例见表 1-4。

表 1-4 字体示例

字体		示例
长仿宋体汉字	5 号	字体工整　笔画清楚　间隔均匀　排列整齐
	3.5 号	机械制图　技术要求　零件图　装配图
拉丁字母	大写斜体	ABCDEFGHIJKLMNOP QRSTUVWXYZ
	小写斜体	abcdefghijklmnopq rstuvwxyz
阿拉伯数字	斜体	0123456789
	正体	0123456789

1.1.4 图线（GB/T 17450—1998 和 GB/T 4457.4—2002）

1. 图线的定义及尺寸

图线是指起点和终点间以任意方式连接的一种几何图形，形状可以是直线或曲线、连续线或不连续线。图线是组成图形的基本要素，由点、长度不同的画、间隔等线素构成。为了使图样统一、清晰、便于阅读，绘制图样时，应遵循国家标准 GB/T 4457.4—2002 的规定，该标准共规定了 9 种图线，每种图线包括基本线型、构成和尺寸。

机械图样中采用粗、细两种线宽，它们的宽度比为 2:1。图线的宽度 d 应按图样的类型和尺寸大小在下列数系（该数系的公比为 $1:\sqrt{2}$）中选择：0.13，0.18，0.25，0.35，0.5，0.7，1.0，1.4，2（粗线一般用 0.5、0.7，细线宽度为 0.35）。在同一图样中，同类图线的宽度应一致。

2. 图线型式及应用

机械制图的图线型式及应用见表 1-5。常见图线的应用示例如图 1-10 所示。

表 1-5 机械制图的图线型式及应用

序号	图线名称	线型	图线宽度	一般应用
1	细实线	———————	$d/2$	过渡线、尺寸线、尺寸界线、指引线和基准线、剖面线、重合断面的轮廓线等
2	粗实线	———————	d	可见轮廓线等
3	细点画线	—·—·—·— 24d 6d	$d/2$	轴线、中心线、对称中心线
4	细虚线	— — — — 12d 3d	$d/2$	不可见轮廓线
5	双折线	4d 24d 30°	$d/2$	断裂处边界线、视图与剖视图的分界线
6	波浪线	～～～	$d/2$	断裂处边界线、视图与剖视图的分界线
7	粗虚线	━ ━ ━ ━	d	允许表面处理的表示线
8	粗点画线	━·━·━·━	d	限定范围表示线
9	细双点画线	—··—··— 24d 9d	$d/2$	相邻辅助零件的轮廓线、运动零件的极限位置的轮廓线、假想投影轮廓线、成形前的轮廓线

绘制图样时，应遵守以下规定和要求，如图 1-11 所示。

1）同一张图样中，同类图线的宽度要基本一致。虚线、点画线和双点画线的线段长度和间隔，应各自大致相等。

2）两条平行线（包括剖面线）之间的距离，应不小于粗实线的两倍宽度，其最小距离不得小于 0.7mm。

3）轴线、对称中心线、双点画线应超出轮廓线 2~5mm。点画线和双点画线的末端应是线段，而不是点或空隙。若圆的直径较小，两条点画线可用细实线代替。

4）虚线、点画线与其他图线相交时，应在线段处相交，不应在点或空隙处相交。当虚

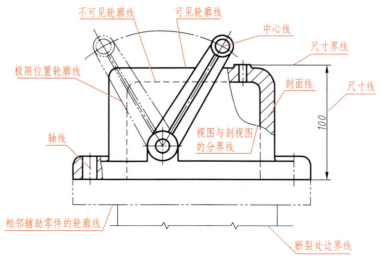

图 1-10　常见图线的应用示例

线是粗实线的延长线时，粗实线应画到分界点，而虚线与分界点之间应留有空隙。当虚线圆弧与虚线直线相切时，虚线圆弧的线段应画到切点处，虚线直线至切点之间应留有空隙。

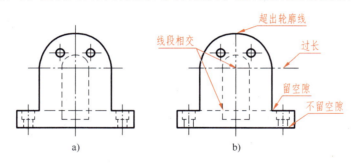

图 1-11　图线在相交、相切处的画法
a）正确　b）错误

1.1.5　尺寸标注（GB/T 4458.4—2003，GB/T 16675.2—2012）

图形只能表达零件的结构形状，零件的尺寸大小和相对位置必须通过尺寸标注才能表达清楚。图样的尺寸标注，应做到正确、完整、清晰、合理。

1. 基本规则

1）零件的真实大小应以图样上所注的尺寸数值为依据，与图形的大小和绘图的准确度无关。

2）机械图样中的尺寸（包括技术要求和其他说明）以毫米（mm）为单位时，图样中不需要注明该尺寸的单位名称或符号。如果采用其他单位时，则必须注明该单位的名称或符号，如角度、弧度等。

3）图样中所标注的尺寸为该零件的最后完工尺寸，否则应另作说明。

4）零件的每一个尺寸，一般在图样上只标注一次，且应标注在反映该结构最清晰的图形上。

5）标注尺寸时应尽可能使用符号和缩写词。尺寸数字前后常用的特征符号和缩写词见表1-6。

表1-6　常用的特征符号和缩写词

名称	符号和缩写词	名称	符号和缩写词	名称	符号和缩写词
直径	ϕ	厚度	t	沉孔或锪平	⊔
半径	R	正方形	▢	埋头孔	∨
球直径	ϕS	45°倒角	C	弧长	⌒
球半径	SR	深度	t	均布	EQS

2. 尺寸的组成

一个完整的尺寸一般应包括尺寸界线、尺寸线和尺寸数字。

（1）尺寸界线　尺寸界线表示尺寸的度量范围，用细实线绘制，并应由图形的轮廓线、轴线或对称中心线处引出，也可利用轮廓线、轴线或对称中心线作为尺寸界线。尺寸界线一般应与尺寸线垂直，并超出尺寸线的终端，必要时允许倾斜，如图1-12所示。

（2）尺寸线　尺寸线表示尺寸的度量方向，用细实线绘制，其终端有两种形式，即箭头和斜线，如图1-13所示。箭头适用于各种类型的图样，图中的 d 为粗实线的宽度。箭头多用于机械图样中。斜线用细实线绘制，图中的 h 为字体高度。短斜线多用于土建结构等图样或徒手绘制的草图。当尺寸线与尺寸界线垂直时，同一张图样中只能采用一种尺寸线终端。

尺寸线不能用其他图线代替，一般也不得与其他图线重合或画在其延长线上。标注线性尺寸时，尺寸线必须与所标注的线段平行，当有几条互相平行的尺寸线在同一方向上标注尺寸时，大尺寸要注在小尺寸外面，以免尺寸线与尺寸界线相交。在圆或圆弧上标注直径或半径尺寸时，尺寸线一般应通过圆心或其延长线通过圆心，如图1-14所示。

图1-12　尺寸界线
与尺寸线倾斜

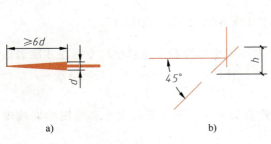

图1-13　尺寸线终端的两种形式
a）箭头　b）斜线

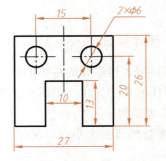

图1-14　尺寸界线与尺寸线的画法

（3）尺寸数字　尺寸数字表示尺寸度量的大小。线性尺寸的尺寸数字应注写在尺寸线的上方或中断处，在同一张图样上，尺寸数字的字体和字高要一致，且要书写工整。尺寸数字不能与任何图线重合，无法避免时，应将图线断开，如图1-15所示。

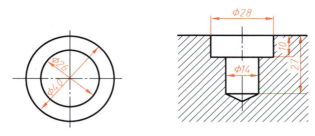

图 1-15　注写尺寸数字处将图线断开

3. 常见的尺寸标注

常见的尺寸标注见表 1-7。

表 1-7　常见的尺寸标注

项目	标注示例	说明
线性尺寸		尽可能避免在图示 30°范围内标注尺寸,无法避免时,可以采用右图所示引出标注
角度		尺寸界线沿径向引出,尺寸线画成圆弧,圆心是角的顶点。尺寸数字一律水平书写,一般注写在尺寸线的中断处,也可以注写在其外侧,必要时可按右图标注
圆		圆或大于半圆的圆弧,应标注直径,在尺寸数字前加注符号"φ"
圆弧		等于或小于半圆的圆弧,应标注半径,在数字前加注符号"R"。当半径过大或在图纸范围内无法标出其圆心位置时,可按中间图标注。若不需标出圆心位置时,则按右图标注
球面		标注球面的直径或半径时,应在"φ"或"R"前加注"S"。在不致引起误解时,则可省略"S",如右图中的球面

（续）

项目		标注示例	说明
小尺寸			小尺寸的标注，箭头可画在外面，或用小圆点代替箭头；尺寸数字也可写在外面或引出标注。圆和圆弧的小尺寸，可按下行图标注
弦长和弧长			弦长的标注：尺寸线//该弦；弧长的标注：尺寸线为圆弧且//该弧，尺寸数字前方注写弧长符号"⌒"
正方形结构			断面为正方形结构的尺寸标注，可在正方形边长数字前加注符号"□"，或用 15×15 的注法
尺寸相同的几何要素			在同一图形中，对于相同尺寸的孔、槽等几何要素，可在一个要素上注出其尺寸和数量。标注板状零件的厚度时，可在尺寸数字前加"t"
均匀分布的几何要素			均匀分布的几何要素（如孔等）的尺寸，可在尺寸折线下加注符号"EQS"，表示均匀分布。当几何要素的定位和分布情况在图形中已明确时，可省略标注，如右图所示
倒角注法	45°倒角	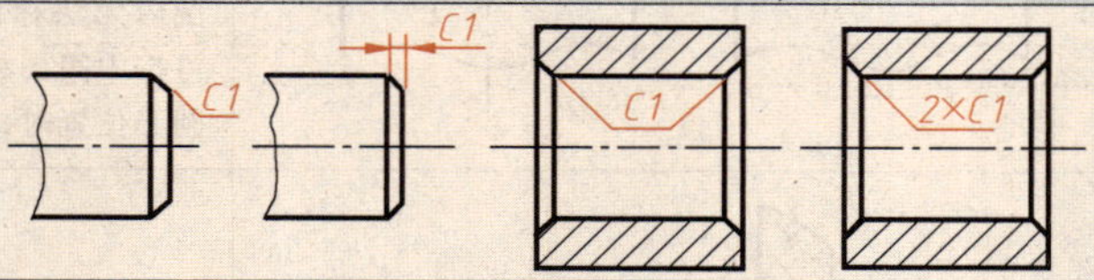	45°倒角可按示例中的形式标注，其中 C 表示 45°倒角，其后面的数字"1"是倒角的宽度
	非45°倒角	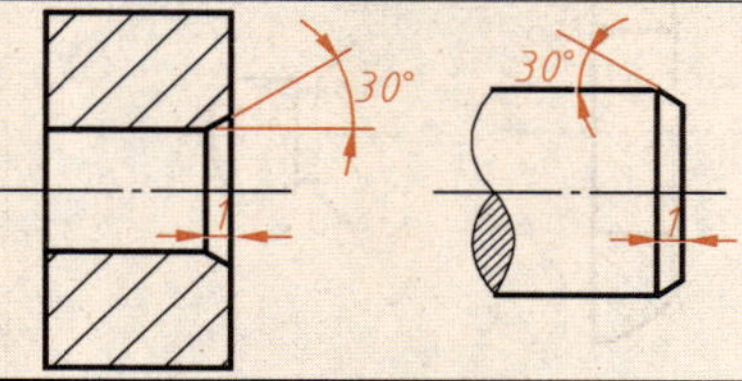	非 45°倒角应按照图中所示的形式标注

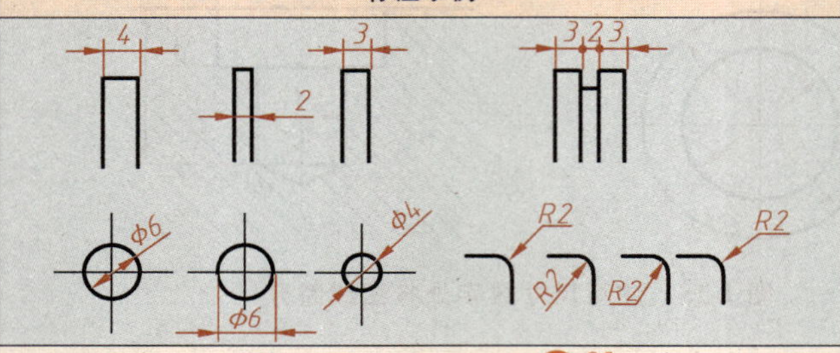

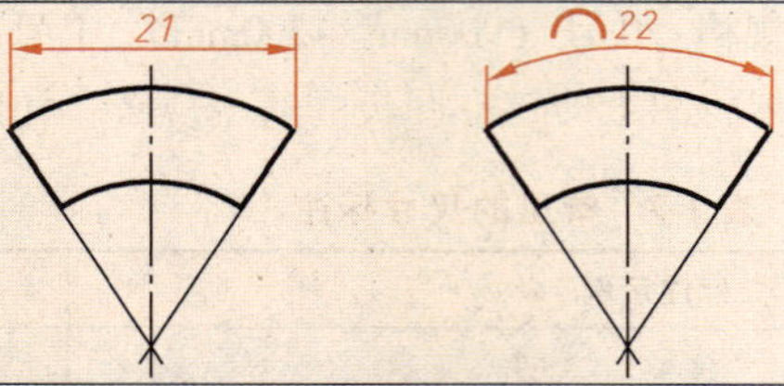

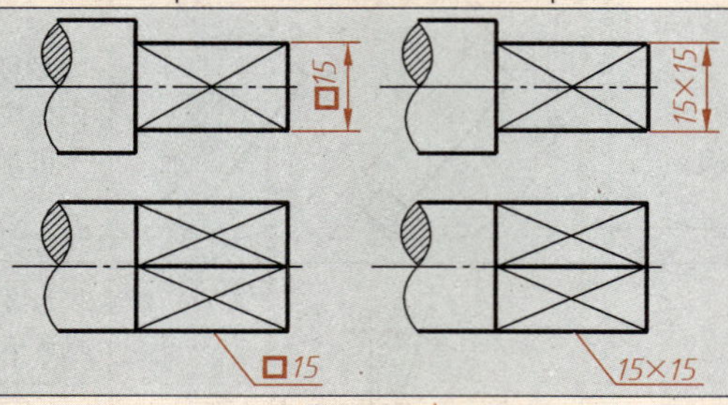

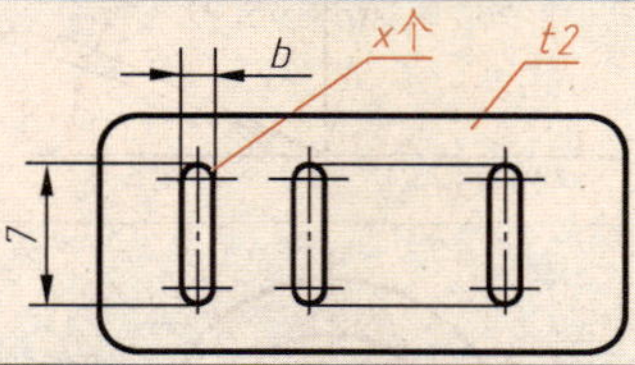

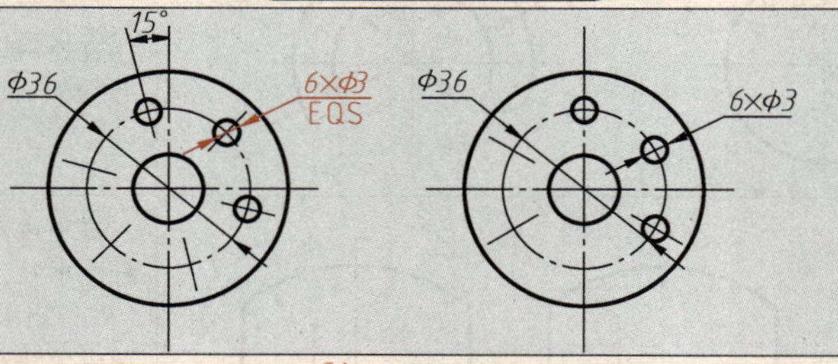

1.2 绘图工具的使用方法

为保证绘图质量并提高绘图速度，必须正确且熟练地使用绘图工具和仪器。下面介绍最常用的绘图工具和仪器的使用方法。

1.2.1 图板、丁字尺和三角板

图板是绘图时用来铺放和固定图纸的垫板，要求板面平整、光洁、工作边平直，否则将会影响绘图的准确性。绘图板一般有三种规格：0号（900mm×1200mm）、1号（600mm×900mm）和2号（400mm×600mm）。绘图时，用胶带将图纸固定在图板的适当位置，如图1-16所示，不要使用图钉固定图纸，以免损坏板面。

丁字尺由尺头和尺身两部分构成。尺头与尺身互相垂直，尺身带有刻度。丁字尺必须与图板配合使用，画图时，应使尺头紧靠图板左侧的工作边，上下移动到位后，然后自左向右画出一系列水平线，如图1-17a所示。

一副三角板由两块板组成，其中一块是两锐角都等于45°的直角三角形，另一块是两锐角分别为30°、60°的直角三角形。三角

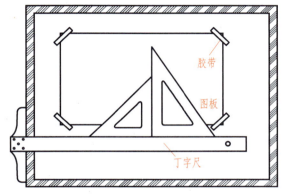

图1-16 图板、丁字尺及图纸的固定

板与丁字尺配合，可左右移动到位后，自下向上画出一系列垂直线，如图1-17b所示。三角板与丁字尺配合还可画出各种15°倍数角的斜线，如图1-18所示。

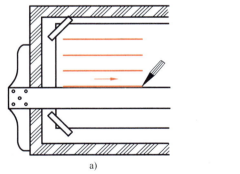
a)
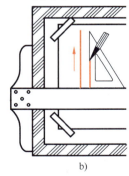
b)

图1-17 用三角板和丁字尺画线
a）画水平线 b）画垂直线

1.2.2 绘图仪器

1. 铅笔

绘图铅笔的铅芯有软、硬之分，这可根据铅笔上的字母来辨认。字母 B 表示软铅，它

有 B、2B~6B 共 6 种规格，B 前的数字越大，表示铅芯越软；字母 H 表示硬铅，它有 H、2H~6H 共 6 种规格，H 前的数字越大，表示铅芯越硬；字母 HB 则表示铅芯软硬适中。常采用的绘图铅笔有 2B、B、HB、H 和 2H。在绘图时一般用 H 型铅笔画底稿，用 B 型铅笔来加深粗实线，加深虚线及细实线也用 H 型的铅笔，写字和画箭头用 HB 型铅笔。画圆时，圆规的铅芯应比画直线的铅芯软一级。

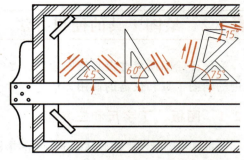

图 1-18　用三角板和丁字尺配合画 15°倍数角的斜线

不同型号的铅笔用来画粗细不同的线条，所用铅笔的磨削要采用正确的方法，如图 1-19 所示，画底稿线、细线和写字用的铅笔，应削成锥形；画粗线时，应削成铲形；圆规铅芯应磨成楔形。

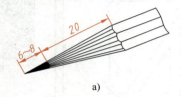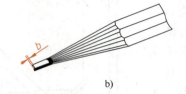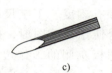

图 1-19　铅笔的磨削形状

a）锥形　b）铲形　c）楔形

2. 圆规和分规

圆规是用来画圆和圆弧的工具。圆规的两腿中，一条为固定腿，装有钢针；另一条是活动腿，中间具有肘关节，可以向里弯折，在其端部的槽孔内可安装插脚，可以装铅笔及鸭嘴笔。

圆规的铅芯也可磨削成约 75°的斜面，在使用前应先调整圆规针腿，使针尖略长于铅芯，如图 1-20a 所示，然后按顺时针方向并稍有倾斜地转动圆规，如图 1-20b 所示。画圆或圆弧时，可根据不同的直径或半径，将圆规的插脚部分适当地向里弯折，使铅芯、钢针尖与纸面垂直，如图 1-20b 所示。

分规是用来量取线段的长度和等分线段的工具。分规的两腿端部均为钢针，当两腿合拢时，两针尖应对齐。分规的使用方法如图 1-21 所示。

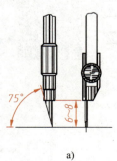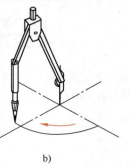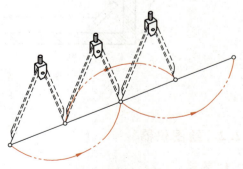

图 1-20　圆规的用法　　　　　　　　　图 1-21　分规的用法

1.3 几何作图

　　零件的轮廓形状虽各不相同，但都是由各种基本的几何图形组成的，利用常用的绘图工具进行几何作图，这是绘制各种平面图形的基础，也是绘制机械图样的基础。下面介绍一些常用的几何作图方法。

1.3.1 等分圆周及作正多边形

1. 正六边形

　　用三角板三等分圆周作正三角形如图 1-22 所示，六等分圆周作正六边形如图 1-23 所示。用丁字尺和三角板作正六边形如图 1-24 所示。

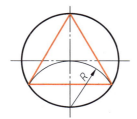

图 1-22 三等分圆周并作正三角形

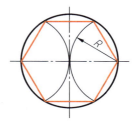

图 1-23 六等分圆周并作正六边形

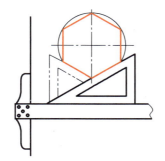
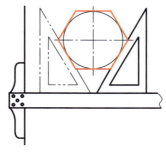

图 1-24 用丁字尺和三角板作正六边形

2. 正五边形

　　例 1-1 已知正五边形的外接圆直径，作圆内接正五边形，如图 1-25 所示。

　　作图步骤

　　1）如图 1-25 所示，首先作出 OB 的中点 P，再以 P 为圆心、PD 为半径画圆弧交 OA 于 K 点，直线段 DK 的长度即为圆内接正五边形的边长；以 D 为圆心，DK 为半径，在圆周上截取 1、2 两点。

　　2）再分别以 1、2 为圆心，在圆周上截取 4、3 两点，连接 D、1、4、3、2，即得圆内接正五边形。

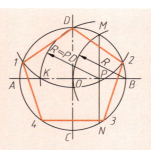

图 1-25 五等分圆周
并作正五边形

3. 正 n 边形

例 1-2 已知圆心 O 及直径 AB、CD，求作圆内接正 n 边形（$n=7$）。作图方法如图 1-26 所示。

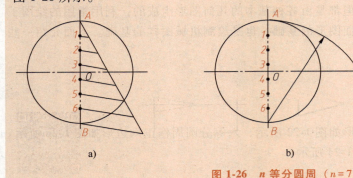

a)   b)   c)

图 1-26 n 等分圆周（$n=7$）

作图步骤

1）将垂直直径 AB 分成 n 等份（$n=7$），并标出序号 1、2、3、4、5、6，再以 B 为圆心、AB 为半径画弧，交水平中心线于点 K。

2）由 K 点与直径上的奇数点（或偶数点）连线，并延长至圆周，即得各等分点 $1'$、$2'$、$3'$、$4'$，再作出它们的对称点，即可画出圆内接正 n 边形。

1.3.2 斜度和锥度

1. 斜度

斜度是指一直线（或平面）对另一直线（或平面）的倾斜程度，其大小用倾斜角的正切值表示，如图 1-27 所示，在图样中以 $1:n$ 的形式标注，即斜度 $=\tan\alpha=1:n$。标注斜度时，在比数之前应加注斜度符号"∠"，斜度符号的方向应与图中斜度的方向一致，如图 1-28a 所示。

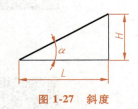

a)   b)

图 1-27 斜度   **图 1-28 斜度符号和作法**

如图 1-28b 所示，斜度的作图步骤如下。

1）由 A 在水平线 AB 上取 4 个单位长度。

2）由 B 作 AB 的垂线 BD，取 BD 为一个单位长度。

3）连接 AD，即得斜度为 $1:4$。

2. 锥度

锥度是指正圆锥的底圆直径与圆锥高度之比，对于正圆台，则为两底圆直径之差与其高度之比，即锥度 $=2\tan(\alpha/2)=D:L=(D-d):l$，如图 1-29 所示，在图样中常以 $1:n$ 的形式标注。标注锥度时，在比数之前应加注锥度符号"◁"，锥度符号的方向应与图中锥度的方向一致，如图1-30a所示。

如图1-30b所示，锥度的作图步骤如下。

1）先作互相垂直的直线，在垂直方向取1个单位长度 a。

2）在水平线上截取3个长度单位 $3a$，连接端点即得到锥度1∶3。

3）过已知点作参考锥度的平行线，即得所求锥体的锥度线。

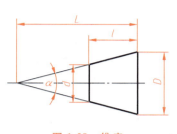

图 1-29　锥度

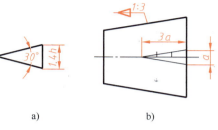

图 1-30　锥度符号和作法

1.3.3　圆弧连接

用一段圆弧光滑连接两已知线段（直线或圆弧）的作图方法，在几何中称为相切，在制图中称为圆弧连接，切点为连接点，此圆弧称为连接弧。

1. 圆弧连接的作图原理

圆弧连接作图时主要是依据圆弧相切的几何原理，求出连接弧的圆心和切点。圆弧连接的运动轨迹如图1-31所示。

圆弧连接的作图步骤如下。

1）求圆心——根据圆弧连接的作图原理，找出连接圆弧的圆心。

2）找切点——过圆心引垂直线（直线与圆相切）或连圆心（圆弧与圆弧相外切）或连圆心并延长（圆弧与圆弧相内切）。

3）画弧——在切点间画连接圆弧。

4）描深——为了连接光滑，先描圆弧，后画直线。

圆弧连接有几种形式，见表1-8。

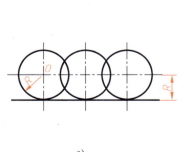

a)

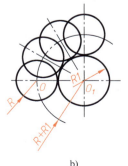

b)

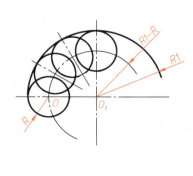

c)

图 1-31　圆弧连接的运动轨迹

表 1-8　圆弧连接

连接要求	作图方法和步骤		
	求圆心 *O*	找切点 *T*	画连接圆弧 *R*
用圆弧 *R* 连接两直线			
用圆弧 *R* 外连接圆弧与直线			
用圆弧 *R* 外连接已知圆弧			

2. 用三角板作圆弧的切线

直线与圆弧相切时，通常借助圆规、三角板作图，求其切点。

如图 1-32 所示，过定点 *A* 作已知圆的切线的作图步骤如下。

1）使三角板的一个直角边通过已知点 *A* 切于圆弧的最外点，同时使其斜边紧靠在另外一个三角板或直尺的工作边上。

2）保持另外一个三角板不动，移动三角板使其另一直角边通过圆心，即可在圆周上定出切点 *K*。

3）然后再将三角板退回到开始位置，在已知点 *A* 和切点 *K* 之间画出切线。

如图 1-33 所示，作两已知圆的内公切线，其作图步骤与过圆外一点作圆的切线类同。

a)

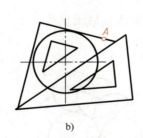
b)

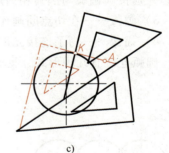
c)

图 1-32　过定点作圆的切线

a）已知条件　b）初定切线　c）定切点，画切线

1.3.4　常用的平面曲线

绘图时，除了直线和圆弧外，也会遇到一些非圆曲线，在这里只介绍椭圆和渐开线的画法。

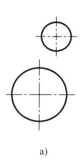
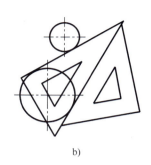
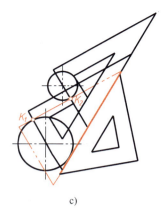

a)   b)   c)

图 1-33　作两圆的内公切线

a）已知条件　b）初定切线　c）定切点，画切线

1. 椭圆

椭圆是常见的非圆曲线，其画法很多，这里介绍一种在绘图中常用的画法——四心近似法。已知椭圆长轴 AB 和短轴 CD，用四心近似法画椭圆，如图 1-34 所示，作图步骤如下。

1）连接 AC，以 O 为圆心，OA 为半径画圆弧，交短轴 CD 于点 E。

2）以点 C 为圆心，CE 为半径画圆弧，交 AC 于点 E_1。

3）作 AE_1 的垂直平分线，分别交长、短轴于点 O_1 和 O_2，并求出点 O_1、O_2 的对称点 O_3 和 O_4。

4）分别以点 O_1、O_2、O_3、O_4 为圆心，以 O_1A、O_2C、O_3B、O_4D 为半径画弧，并相切于点 K、N、K_1、N_1，即得近似椭圆。

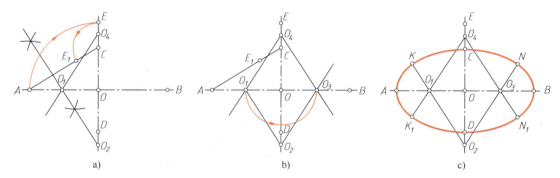

a)   b)   c)

图 1-34　用四心近似法画椭圆

2. 渐开线

一直线沿圆周作无滑动的滚动，则线上任一点的轨迹称为渐开线，该圆周为渐开线的基圆。根据此原理，渐开线的画法如图 1-35 所示。

作图步骤如下。

1）画出渐开线的基圆，并将基圆圆周分成若干等份（图 1-35 中为 12 等份）。

2）过圆周上等分点 12 作基圆的切线 12Ⅻ，其长度等于基圆的周长 πD，并将该切线分成相同的等份（12 等份）。

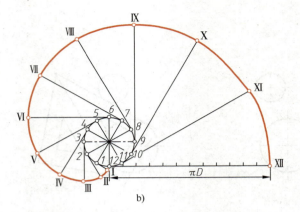

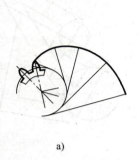

图 1-35　渐开线的画法

a）渐开线齿形　b）渐开线的画法

3）过圆周上各分点按同一方向分别作圆的切线，且在过点 1 的切线上量取一个等份（$\pi D/12$），过点 2 的切线上量取 2 个等份，以此类推，得各切线上点 Ⅰ、Ⅱ、Ⅲ、…、ⅩⅡ。

4）依次光滑连接各点，即得该基圆的渐开线。

1.4　平面图形分析及画法

平面图形是由线段（直线与圆弧）组成的。线段按图形中所给尺寸分为已知线段、中间线段和连接线段三种。为了能迅速而有条理地绘制平面图形，必须对平面图形中的尺寸加以分析，从而确定线段的性质，然后按已知线段、中间线段、连接线段依次绘图。由于图形中常遇到圆弧连接，因此以平面图形中的圆弧为例，对其尺寸与线段性质进行分析。

1.4.1　平面图形的尺寸分析

平面图形中的尺寸按其作用可分为定形尺寸和定位尺寸。

1. 定形尺寸

用来确定平面图形中各组成部分的形状和大小的尺寸，称为定形尺寸，如圆的直径、圆弧的半径、线段的长度、角度的大小等。如图 1-36 所示，15、$\phi20$、$\phi5$、$R10$、$R12$、$R15$和 $R50$ 为定形尺寸。

2. 定位尺寸

用来确定平面图形中各组成部分之间相对位置的尺寸，称为定位尺寸，如图 1-36 中的尺寸 8、45 和 65 都是定位尺寸。

标注定位尺寸的出发点称为尺寸基准，平面图形中常用对称线、较大圆弧的中心线或较长轮廓直线作为尺寸基准。在图 1-36 中，A 和 B 为尺寸基准线。

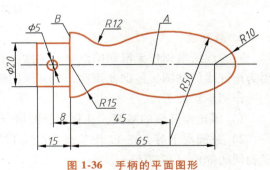

图 1-36　手柄的平面图形

1.4.2　平面图形的线段分析

绘图时，有些线段可根据标注的尺寸直接绘出；而有些线段的定位尺寸并未完全注出，要根据已注出的尺寸及该线段与相邻线段的连接关系，通过几何作图画出。按线段的尺寸是否标注齐全，将线段分为以下三类：已知线段、中间线段和连接线段。以平面图形中的圆弧为例，则分为已知弧、中间弧和连接弧。

1. 已知弧

在平面图形中半径（定形尺寸）及圆心的两个定位尺寸都已标注，这种尺寸齐全的圆弧称为已知弧。在画图时，根据图中所给的尺寸可直接画出已知线段，如图 1-36 中的 15、$\phi20$、$\phi5$、$R10$ 和 $R15$。

2. 中间弧

在平面图形中，半径为已知，但圆心的两个定位尺寸只标注出其一，这种尺寸不齐全的圆弧称为中间弧。中间弧在画图时，需根据图中给出的定形尺寸和定位尺寸及其与相邻线段的连接要求才能画出，如图 1-36 中的圆弧 $R50$。

3. 连接弧

在平面图形中，只有半径为已知，圆心的两个定位尺寸都未标注，这种尺寸不齐全的圆弧称为连接弧。连接弧在画图时，需根据图中给出的定形尺寸及与两端相邻线段的连接要求才能画出，如图 1-36 中的圆弧 $R12$。

1.4.3　平面图形的绘图方法和步骤

1. 准备工作

根据所画图形的大小及复杂程度选取合适的比例，确定图纸幅面，再用胶带将图纸固定在图板的适当位置。图纸较小时，应将图纸布置在图板的左下方，但要使图板的底边与图纸下边的距离大于丁字尺尺身的宽度。

2. 绘制底稿

选用较硬的 H 型或 2H 型铅笔轻轻地画出底稿。画底稿的一般步骤如下。

1）画图框及标题栏，如图 1-37a 所示。

2）布置图面。按图的大小及标注尺寸所需的位置，将各图形布置在图框中的适当位置，如图 1-37b 所示。

3）画图时，应按一定步骤进行，先画基准线、对称中心线、轴线等，再画图形的主要轮廓线，最后画细节部分，如图 1-37c～e 所示。

4）标注尺寸，如图 1-37f 所示。

3. 加深描粗

加深时，应该做到线型正确、粗细分明、连接光滑、图面整洁。铅笔加深的一般步骤如下。

1）先画粗线后画细线，先画曲线后画直线，先画水平方向的线段后画垂直及倾斜方向的线段。

2）先画图的上方后画图的下方，先画图的左方后画图的右方。

3）画箭头，填写尺寸数字和标题栏及其他说明。

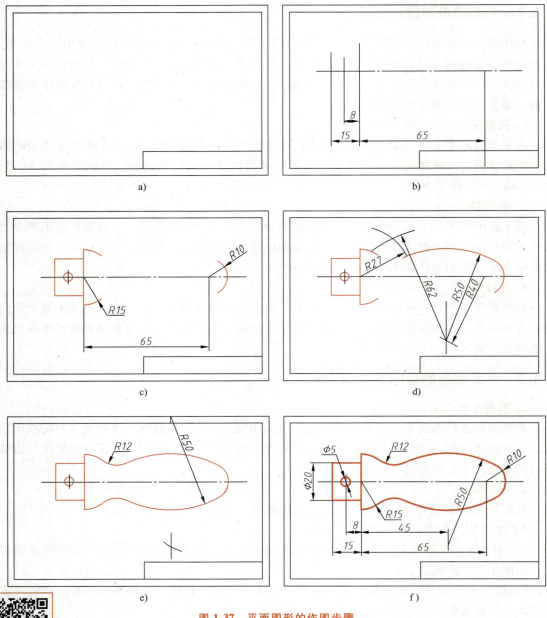

图 1-37 平面图形的作图步骤

4）检查全图，并做必要的修饰。

1.5 AutoCAD 2024 的入门知识

AutoCAD 是由美国 Autodesk 公司开发的通用计算机辅助设计（Computer Aided Design）软件，具有易于掌握、使用方便、体系结构开放等优点，能够绘制二维图形与三维图形、标注尺寸、渲染图形以及打印输出图纸，目前已广泛应用于机械、建筑、电子、航天、造船、石油化工、土木工程、冶金、地质、气象、纺织、轻工、商业等领域。

AutoCAD 2024 是 AutoCAD 系列软件的较新版本，它在性能和功能方面都有较大的增强，同时保证与低版本完全兼容。

1.5.1　AutoCAD 的基本功能

1. 绘制与编辑图形

AutoCAD 2024 的【绘图】面板中包含有丰富的绘图命令，使用它们可以绘制直线、构造线、多段线、圆、矩形、正多边形、椭圆等基本图形，也可以将绘制的图形转换为面域，对其进行填充。如果再借助于【修改】面板中的修改命令，便可以绘制出各种各样的二维图形。对于一些二维图形，通过拉伸、设置标高和厚度等操作就可以将其轻松地转换为三维图形。使用菜单浏览器中的【绘图】/【建模】命令中的子命令，用户可以很方便地绘制圆柱体、球体、长方体等基本实体以及三维网格、旋转网格等曲面模型。同样再结合【修改】面板中的相关命令，还可以绘制出各种各样的复杂三维图形。

2. 标注尺寸

AutoCAD 2024 的【注释】面板中包含了一套完整的尺寸标注和编辑命令，使用它们可以在图形的各个方向上创建各种类型的标注，也可以方便、快速地以一定格式创建符合行业或项目标准的标注。标注显示了对象的测量值，对象之间的距离、角度，或者特征与指定原点的距离。在 AutoCAD 2024 中提供了线性、对齐、半径、直径和角度等多种基本的标注类型，可以进行水平、垂直、对齐、旋转、坐标、基线或连续等标注。此外，还可以进行引线标注、公差标注，以及自定义粗糙度标注。标注的对象可以是二维图形或三维图形。

3. 渲染三维图形

在 AutoCAD 2024 中，可以运用雾化、光源和材质，将模型渲染为具有真实感的图像。如果是为了演示，可以渲染全部对象；如果时间有限，或显示设备和图形设备不能提供足够的灰度等级和颜色，就不必精细渲染；如果只需快速查看设计的整体效果，则可以简单消隐。

4. 输出与打印图形

AutoCAD 2024 不仅允许将所绘图形以不同样式通过绘图仪或打印机输出，还能够将不同格式的图形导入 AutoCAD 或将 AutoCAD 图形以其他格式输出。因此，当图形绘制完成之后可以使用多种方法将其输出。例如，可以将图形打印在图纸上，或创建成文件以供其他应用程序使用。

1.5.2　AutoCAD 2024 的界面组成

AutoCAD 2024 在操作界面上发生了很大的变化，变得更加人性化。

AutoCAD 2024 提供了三种界面模式：【草图与注释】【三维基础】和【三维建模】。下面以默认界面【草图与注释】为例，做一个简单介绍。

该模式的界面如图 1-38 所示，主要由【标题栏】【应用程序按钮和快捷菜单】【快速访问工具栏】【功能面板】【绘图工作区】【命令窗口】【状态栏】【主菜单】等元素组成。

1. 标题栏

标题栏位于应用程序窗口的最上面，用于显示当前正在运行的程序名及文件名等信

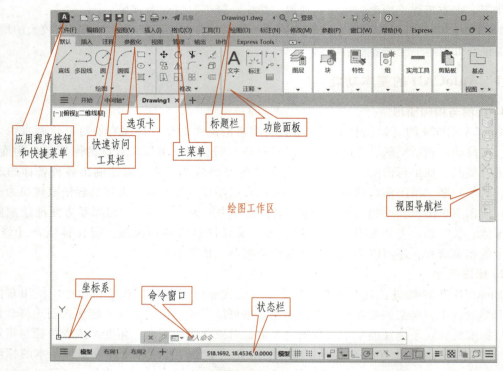

图 1-38　草图模式界面

息，如果是 AutoCAD 默认的图形文件，其名称为"Drawing1.dwg"。单击标题栏右端的按钮 **—　□　×**，可以最小化、最大化或关闭应用程序窗口。标题栏左边是快速访问工具栏，可以完成新建文件、打开文件、存盘、打印输出等功能。

2. 应用程序按钮和快捷菜单

单击 AutoCAD 2024 的【应用程序】按钮，会打开【应用程序】菜单，如图 1-39 所示，可以完成以下功能。

1）创建、打开或保存文件。

2）核查、修复和清除文件。

3）打印或发布文件。

4）访问"选项"对话框。

5）关闭应用程序。

快捷菜单又称为上下文相关菜单。在【绘图区】【快速访问工具栏】【状态栏】【模型与布局】选项卡以及一些对话框上右击时，将弹出一个快捷菜单，该菜单中的命令与 AutoCAD 当前状态相关。使用它们可以在不启动菜单栏的情况下快速、高效地完成某些操作。

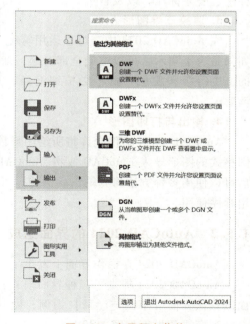

图 1-39　应用程序菜单

3. 快速访问工具栏

快速访问工具栏如图 1-40 所示，用于存储经常使用的命令，可以在上面单击鼠标右键，使用快捷菜单中的【自定义快速访问工具栏】选项对快速访问工具栏进行管理。

图 1-40 快速访问工具栏

4. 功能面板

各种功能的面板被组织到按任务进行标记的选项卡中。功能区面板包含的很多工具和控件与工具栏和对话框中的相同。与当前工作空间相关的操作都单一简洁地置于这些面板中。使用功能区面板时无须显示多个工具栏，它通过单一紧凑的界面使应用程序变得简洁有序，同时使可用的工作区域最大化。单击按钮可以使功能区最小化为面板标题。

功能面板如图 1-41 所示。

图 1-41 功能面板

5. 绘图工作区

在 AutoCAD 中，绘图工作区是用户绘图的工作区域，所有的绘图结果都反映在这个窗口中。可以根据需要关闭其周围和里面的各个工具栏，以增大绘图空间。如果图纸比较大，需要查看未显示部分时，可以使用【视图导航栏】中的命令或转动鼠标滚轮来移动和缩放图纸。

在绘图工作区中除了显示当前的绘图结果外，还显示了当前使用的坐标系类型以及坐标原点、X 轴、Y 轴、Z 轴的方向等。默认情况下，坐标系为世界坐标系（WCS）。

绘图窗口的下方有【模型】和【布局】选项卡，单击其标签可以在模型空间或图纸空间之间来回切换。

6. 命令窗口

命令窗口位于绘图窗口的底部，用于接收用户输入的命令，并显示 AutoCAD 提示信息。在 AutoCAD 2024 中，命令窗口可以拖放为浮动窗口。

AutoCAD 文本窗口是记录 AutoCAD 命令的窗口，是放大的命令窗口，它记录了已执行的命令，也可以用来输入新命令。在 AutoCAD 2024 中，可以执行 "TEXTSCR" 命令或按 <F2> 键来打开 AutoCAD 文本窗口，它记录了对文档进行的所有操作，如图 1-42 所示。

7. 状态栏

状态栏用来显示 AutoCAD 当前的状态，如当前光标的坐标、命令和按钮的说明等。

在绘图窗口中移动光标时，状态栏的【坐标】区将动态地显示当前坐标值。坐标显示取决于所选择的模式和程序中运行的命令，有"相对""绝对"等多种模式。

状态栏中还包括如【捕捉】【栅格】【正交】【极轴】【对象捕捉】【对象追踪】【透明度】【切换工作空间】【线宽】【模型或图纸空间】等多个功能按钮。

用户可以以图标或文字的形式查看图形工具按钮。通过捕捉工具、极轴工具、对象捕捉

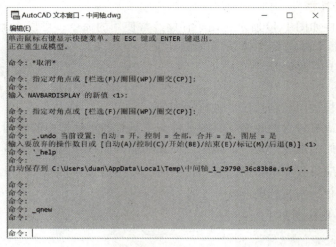

图 1-42　命令窗口与文本窗口

工具和对象追踪工具的快捷菜单，用户可以轻松更改这些绘图工具的设置。

通过快速查看，用户可以预览打开的图形和图形中的布局，并在其间进行切换，也可以使用导航工具在打开的图形之间进行切换和查看图形中的模型，还可以显示用于注释缩放的工具。

通过【切换工作空间】按钮，用户可以切换工作空间。【锁定】按钮可锁定工具栏和窗口的当前位置。要展开图形显示区域，可以单击【全屏显示】按钮。

默认状态下并不会显示所有按钮，可以通过状态栏的快捷菜单向状态栏添加按钮或从中删除按钮。

状态栏如图 1-43 所示。

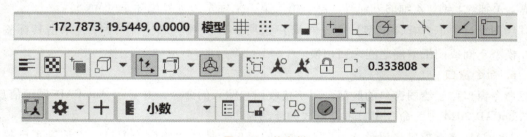

图 1-43　状态栏

8. 主菜单

在【草图与注释】的默认状态下，并不会显示【主菜单】，可以通过【状态栏】中的【切换工作空间】/【自定义】功能打开【主菜单】。【主菜单】包含了所有 AutoCAD 的命令，如图 1-44 所示。

1.5.3　命令的使用和响应方法

常用的 AutoCAD 2024 启动命令的方法有四种：命令行启动命令、菜单启动命令、面板启动命令、重复执行命令。

图 1-44 主菜单

1）在 AutoCAD 2024 命令行命令提示符【命令：】后，输入命令名（或命令别名）并按 <Enter>键或<Spacebar>键。然后，以命令提示为向导进行操作。

例如【直线】命令，可以输入"LINE"或命令别名"L"。有些命令输入后，将显示对话框。这时，可以在这些命令前输入"-"，则显示等价的命令行提示信息，而不再显示对话框（例如"-Array"）。但对话框操作更加友好和灵活。

2）打开【主菜单】，然后将光标移至需要的菜单命令，单击即执行该菜单命令。例如单击【主菜单】/【绘图】/【直线】命令，启动【直线】命令。

3）在面板中单击图标按钮，则启动相应命令。例如，单击【绘图】面板中的图标按钮 ，则启动【直线】命令。

4）按<Enter>键或<Spacebar>键可以重复刚执行完的命令。如刚执行了【直线】命令，按<Enter>键或<Spacebar>键可以重复执行【直线】命令。或者在绘图区单击鼠标右键，在弹出的快捷菜单中选择【重复XX】，则重复执行上一次执行的命令。

在启动命令后，用户需要输入点的坐标值、选择对象以及选择相关的选项，来响应命令。在 AutoCAD 中，一类命令是通过对话框来执行的，另一类命令则是根据命令行提示来执行。从 AutoCAD 2006 开始又新增加了动态输入功能，可以实现在绘图区操作，完全可以取代传统的命令行。在动态输入被激活时，在光标附近将显示工具栏提示，如图 1-45 所示。

在命令行操作是 AutoCAD 最传统的方法。在启动命令后，根据命令行的提示，用键盘输入坐标值，再按<Enter>键或<Spacebar>键。对"［ ］"中的选项的选择可以通过用键盘输入"（ ）"中的关键字母，然后，再按<Enter>键或<Spacebar>键，如图 1-46 所示。

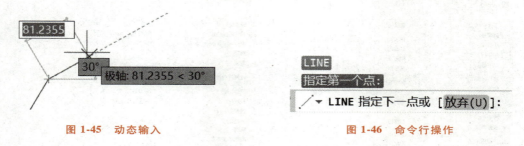

图 1-45　动态输入　　　　　　　　　　图 1-46　命令行操作

1.5.4　精确绘图简介

移动鼠标在屏幕上直接单击拾取点，这种定点方法非常方便快捷，但不能用来精确定点。如果要拾取特殊点则必须借助于对象捕捉功能（详见后面章节）。在 AutoCAD 中使用坐标精确输入点的方式有下面四种。

1. 绝对直角坐标

直接输入 X，Y 坐标值或 X，Y，Z 坐标值（如果是绘制平面图形，Z 坐标默认为 0，可以不输入），表示相对于当前坐标原点的坐标值。

注意：坐标值应以英文逗号分隔，也就是半角格式的逗号。

2. 相对直角坐标

用相对于上一已知点之间的绝对直角坐标值的增量来确定输入点的位置。输入 X，Y 偏移量时，在前面需要加"@"。

3. 绝对极坐标

直接输入"长度<角度"。这里的长度是指该点与坐标原点的距离，角度是指该点与坐标原点的连线与 X 轴正向之间的夹角，逆时针为正，顺时针为负。

4. 相对极坐标

用相对于上一已知点之间的距离和与上一已知点的连线与 X 轴正向之间的夹角来确定输入点的位置，格式为"@长度<角度"。

1.5.5 文件相关操作

1. 开始创建新图形文件

执行【文件】/【新建】菜单命令或者单击【快速访问工具栏】上的新建按钮 ，就会出现【选择样板】对话框，如图 1-47 所示。

用户可以在样板列表中选择合适的样板文件，然后单击 打开(O) 按钮，这样就可以以选定样板新建一个图形文件，使用 acadiso. dwt 样板即可。

2. 保存 AutoCAD 2024 文件

计算机硬件故障、电压不稳、用户操作不当或软件问题都会导致错误，使用户无法编辑或打印图形。经常保存文件可以确保系统发生故障时将数据丢失降到最低限度。常用的存盘方式有下面三种。

（1）保存 单击保存命令按钮 📙，出现【图形另存为】对话框，如图 1-48 所示。

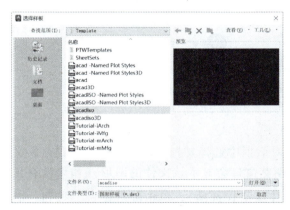

图 1-47 【选择样板】对话框

图 1-48 【图形另存为】对话框

在【文件名】后面的文本编辑框中输入要保存文件的名称，在【保存于】右边的下拉列表中选择要保存文件的路径，当这些都设置完成后，单击 保存(S) 按钮，图形文件就会存放在选择的目录下了，AutoCAD 图样默认的扩展名为 dwg。注意这时在标题栏上有变化，会显示当前文件的名字和路径。如果继续绘制，再单击存盘按钮 📙 时就不会出现上述的对话框，系统会自动以原名、原目录保存修改后的文件。

保存命令可以通过【文件】/【保存】来实现。如果在上次存盘后，所作的修改是错误的，可以在关闭文件时不存盘，文件将仍保存着原来的结果。

（2）另存为 当需要把图形文件做备份，或者放到另一条路径下时，用上面讲的"保存"方式是完成不了的，这时可以用另一种存盘方式——"另存为"。

执行【文件】/【另存为】，会弹出【图形另存为】对话框，其文件名称和路径的设置与"保存"相同，不再具体介绍。

（3）自动保存 自动保存图形的步骤如下。

1）执行【应用程序】/【选项】或【工具】/【选项】菜单命令，出现【选项】对话框。

2）在【选项】对话框，单击打开【打开和保存】选项卡，选择【自动保存】复选项，并在【保存间隔分钟数】输入框内输入数值，如图 1-49 所示。

3）单击 确定 按钮完成设置。

这是 AutoCAD 的一种安全措施，这样每隔指定的间隔时间，系统就会自动对文件进行一次保存。

3. 关闭文件

在 AutoCAD 2024 中，要关闭图形文件，可以单击菜单栏右边的关闭按钮✕（如果不显示菜单栏，可

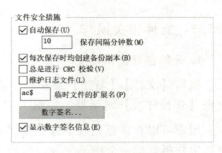

图 1-49 【打开和保存】选项卡

以单击文件窗口右上角的关闭按钮✕，注意不是应用程序窗口），如果当前的图形文件还没存过盘，这时 AutoCAD 2024 会给出是否存盘的提示，如图 1-50 所示，单击 是(Y) 按钮，会弹出【图形另存为】对话框，存盘方法见上文。存盘后，文件被关闭。如果单击 否(N) 按钮，则文件不保存退出，选择 取消 按钮，会取消关闭文件操作。

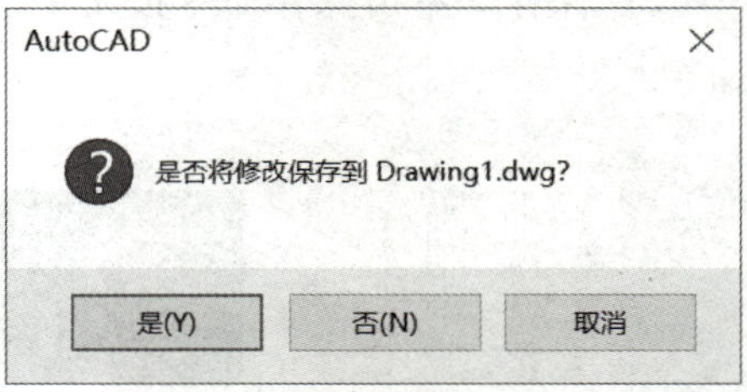

4. 打开旧文件

对于一张图，可能一次无法完成，以后要继续绘制，或者完成存盘后发现文件中有错误与不足，要进行编辑修改，这时就要把旧文件打开，重新调出来。

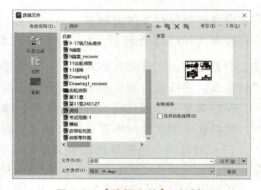

图 1-50 提示信息

要打开一个文件，可以单击打开命令按钮📂，弹出【选择文件】对话框，如图 1-51 所示，在对话框中选择要打开的文件。先找到存放文件的路径，单击需要打开的图形文件，右边的预览窗口会显示该文件的图形（如果没有预览窗口，用户可以在【查看】下拉菜单中选择【预览】选项），单击 打开(O) ▼ 按钮，旧的文件就被打开了。在按钮 打开(O) ▼ 右面有一个倒黑三角，单击会打开一个下拉列表，用户可以选择"打开""以只读方式打开""局部打开""以只读形式局部打开"。

5. 退出 AutoCAD 2024

AutoCAD 2024 支持多文档操作，也就是说，可以同时打开多个图形文件，同时在多张图纸上进行操作，这对提高工作效率是非常有帮助的。但是，为了节约系统资源，要学会有选择地关闭一些暂时不用的文件。当完成绘制或者修改工作，暂时用不到 AutoCAD 2024 时，最好先退出 AutoCAD 2024 系统，再进行别的操作。

退出 AutoCAD 2024 系统的方法，与关闭图形文件的方法类似。单击标题栏中的关闭按钮✕，如果当前的图形文件以前没有保存过，系

图 1-51 【选择文件】对话框

统也会给出是否存盘的提示。如果不想存盘，单击 否(N) 按钮；要保存，参照前面介绍的方法进行即可。

第2章

正投影基础

为了正确地画出物体的投影或分析空间几何问题，必须首先研究与分析空间几何元素的投影规律和投影特性。点、直线、平面是构成物体的基本几何元素，掌握它们的投影理论和作图方法，可提高对物体投影的分析能力和空间想象能力，解决复杂物体画图及读图中的问题。本章主要介绍点、直线、平面等基本几何要素的投影规律，以及各种位置直线之间的相对位置关系、换面法基础知识，为以后学习形体的投影做好准备。

【本章重点】

- 直线的投影
- 直线之间的位置关系
- 平面的投影
- 换面法
- AutoCAD 2024 的绘图工具

2.1 投影的基础知识

在这一节，将介绍投影法的基本原理，包括中心投影和平行投影的区别，以及正投影的基本性质。

2.1.1 投影的概念

用灯光或日光照射物体，在地面或墙面上就会产生影子，这种现象就称为投影。找出影子和物体之间的关系并加以科学地抽象，逐步形成了投影的方法。

形成投影的基本条件是投射中心——物体——投影面。

如图 2-1a 所示，设投射中心光源为 S，过投射中心 S 和空间点 A 作投射线 SA 与投影面 P 相交于一点 a，点 a 就称为空间点 A 在投影面 P 上的投影。同样，b、c 是 B、C 的投影。由此可知点的投影仍然是点。

如果将 a、b、c 各点连成几何图形 $\triangle abc$，即为空间 $\triangle ABC$ 在投影面 P 上的投影，如图 2-1a 所示。

上述在投影面上作出形体投影的方法就称为投影法。

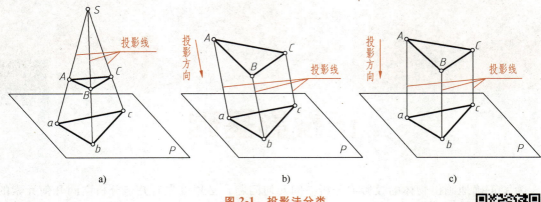

图 2-1 投影法分类

a）中心投影法　b）斜投影　c）正投影

2.1.2 投影法的种类

1. 中心投影法

投射线都从投影中心一点发出，在投影面上作出形体投影的方法称为中心投影法，如图 2-1a 所示。工程图学中常用中心投影法的原理画透视图，这种图接近于视觉映像，直观性强，是绘制建筑物常用的一种图示方法。

2. 平行投影法

平行投影法可以看成是中心投影法的特殊情况，因为假设投影中心 S 在无穷远处，这时的投射线就可以看作是互相平行的。由互相平行的投射线在投影面上作出形体投影的方法称为平行投影法，如图 2-1b、c 所示。

平行投影法中，根据投射方向的不同又可分为下面两种。

1）斜投影——投射线倾斜于投影面，如图 2-1b 所示。

2）正投影——投射线垂直于投影面，也叫直角投影，如图 2-1c 所示。

正投影有很多优点，它能完整、真实地表达形体的形状和大小，不仅度量性好，而且作图简便。因此，正投影法是工程中应用最广的一种图示法。

2.1.3 正投影的基本性质

1. 实形性

当直线、平面与投影面平行时，投影反映实长、实形，这种投影特性称为实形性。如图 2-2 所示，当直线 AB 平行于投影面时，其投影 ab 仍是直线，并且等于线段 AB 的实长；当三边形平面 ABC 平行于投影面时，其投影 abc 反映三角形的真实形状。

2. 积聚性

当直线和平面垂直于投影面时，投影分别积聚成点和直线，这种投影特性称为积聚性。如图 2-3 所示，当直线 AB 垂直于投影面时，直线上所有点的投影重合（即积聚）成一点 a（b）（位于同一投射线上的两点，通常将被遮挡点的投影加括号）；当三边形平面 ABC 垂直于投影面时，其投影 abc 积聚成一直线。

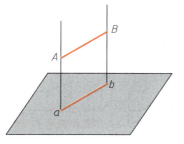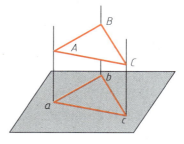

图 2-2　直线和平面的实形性

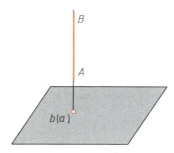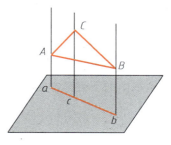

图 2-3　直线和平面的积聚性

3. 类似性

当直线和平面倾斜于投影面时，投影仍是直线和平面图形（且多边形的边数、凹凸、直曲、平行关系不变），但小于实际大小，这种投影特性称为类似收缩性。如图 2-4 所示，当直线 AB 倾斜于投影面时，投影 ab 为缩短的直线；当三角形 ABC 倾斜于投影面时，投影为小于实形的三角形。

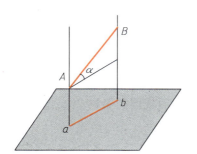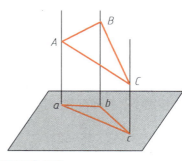

图 2-4　直线和平面的类似性

2.2　三视图的形成和投影规律

在这一节，将详细解释三视图（主视图、俯视图、左视图）是如何形成的，以及它们在空间几何体上的投影规律。

2.2.1　三视图的形成

将形体向投影面投影所得到的图形称为视图。在正投影中，一般一个视图不能完整地表达物体的形状和大小，也不能区分不同的物体，如图2-5中所示的三个不同的物体在同一投影面上的视图完全相同。因此，要反映物体的完整形状和大小，必须有几个从不同投影方向得到的视图。

图2-5　单面视图的多义性

用三个互相垂直的投影面构成一空间投影体系，即正面V、水平面H、侧面W，把物体放在空间的某一位置固定不动，分别向三个投影面上对物体进行投影，在V面上得到的投影称为主视图，在H面上得到的投影称为俯视图，在W面上得到的投影称为左视图，如图2-6所示。为了在同一张图纸上画出物体的三个视图，国家标准规定了其展开方法：V面不动，H面绕OX轴向下旋转90°与V面重合，W面绕OZ轴向后旋转90°与V面重合，这样，便把三个互相垂直的投影面展平在同一张图纸上了。三视图的配置：以主视图为基准，俯视图在主视图的下方，左视图在主视图的右方，如图2-7所示。

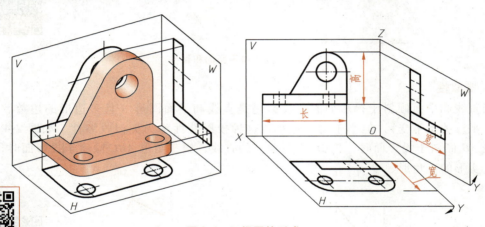

图2-6　三视图的形成

在图样上通常只画出零件的视图，而投影面的边框和投影轴都省略不画。在同一张图纸内按图2-7那样配置视图时，一律不注明视图的名称。

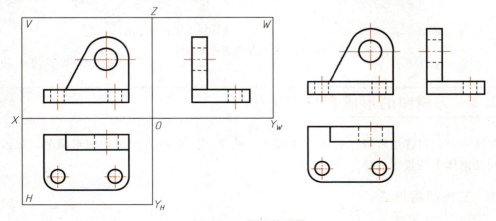

图2-7　三视图的配置

2.2.2 三视图的投影关系

由图2-8可见，主视图反映了支架的长度和高度，俯视图反映了长度和宽度，左视图反映了宽度和高度，且每两个视图之间有一定的对应关系。由此，可得到三个视图之间的如下投影关系：主俯视图长对正、主左视图高平齐、俯左视图宽相等。

2.2.3 空间形体与三视图的关系

用图2-9来分析支架各部分的相对位置关系。由主、左视图可知带斜面的竖板位于底板的上方；从俯、左视图上可知竖板位于底板的后边；从主、俯视图上还可看出竖板位于底板的右边。由上可见，一旦零件对投影面的相对位置确定后，零件各部分的上、下、前、后及左、右位置关系在三视图上也就确定了。

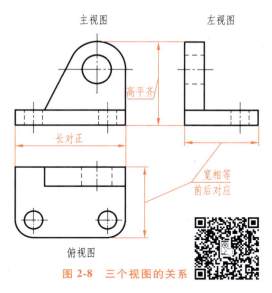

图 2-8 三个视图的关系

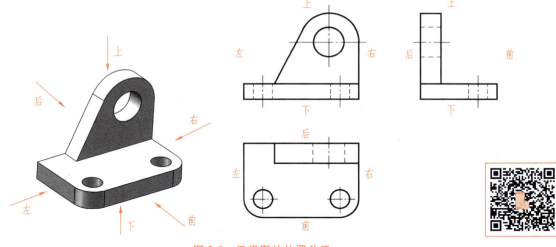

图 2-9 三视图的位置关系

物体有上、下、左、右、前、后六个方向的位置关系，每个视图能反映物体的四个方位。

1）主视图反映上、下、左、右的位置关系。

2）俯视图反映左、右、前、后的位置关系。

3）左视图反映上、下、前、后的位置关系。

2.3 点的投影

一个形体是由多个面所围成的，各面又相交于多条棱边，各侧棱又相交于多个顶点，从分析的观点来看，把这些顶点的投影画出来，再用直线将各点的投影一一连接，就可以作出一个形体的投影，所以，点是形体的最基本的元素，点的投影规律是线面体投影的基础。

2.3.1 点的投影规律

下面将学习点在三个投影面上的投影规律，以及如何通过这些投影确定点的空间位置。

图 2-10 中 A 点各投影在投影面内向坐标轴作垂线后，这些垂线、投射线和坐标轴一起组成一个长方体的棱边，故有如下关系：

1）$Aa'' = a'a_Z = aa_Y = X$，X 坐标即为空间点 A 到 W 面的距离。

2）$Aa = a'a_X = a''a_Y = Z$，Z 坐标即为空间点 A 到 H 面的距离。

3）$Aa' = aa_X = a''a_Z = Y$，Y 坐标即为空间点 A 到 V 面的距离。

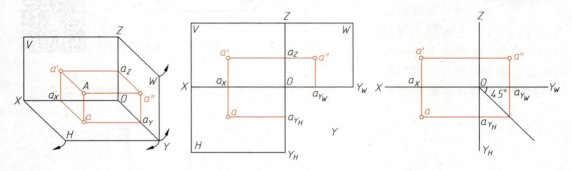

图 2-10 点的投影

由此可得点的三面投影规律：$a'a \perp OX$，即点的正面投影 a' 和水平投影 a 的连线垂直于 X 轴（长对正）；$a'a'' \perp OZ$，即点的正面投影 a' 和侧面投影 a'' 的连线垂直于 Z 轴（高平齐）；$aa_X = a''a_Z$，即点的水平投影 a 到 X 轴的距离等于点的侧面投影 a'' 到 Z 轴的距离（宽相等）。

在点的三面投影图中，为了明确其投影规律，便于进行投影分析，要求用细实线按点的投影规律将点的相邻投影连接起来，即得投影连线 aa'、$a'a''$，a 与 a'' 不能直接相连，需要借用 45°斜线或圆弧来实现宽相等的联系。

2.3.2 特殊位置点的投影

下面将讨论位于特定位置（如投影面的交点、投影面的垂线等）的点的投影特性。

1. 投影面上的点

投影面上的点必有一个坐标为零，在该投影面上的投影与该点自身重合，在另两个投影面上的投影分别在相应的投影轴上。

2. 投影轴上的点

投影轴上的点必有两个坐标为零，在包含这条轴的两个投影面上的投影都与该点自身重合；在另一投影面上的投影则与原点 O 重合。

特殊位置点的投影如图 2-11 所示。

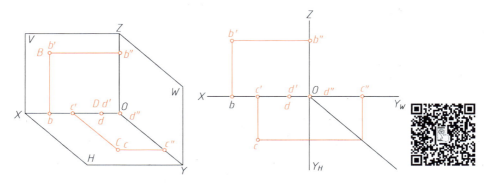

图 2-11　特殊位置点的投影

2.3.3　两点的相对位置

通过比较两点的投影，可以确定它们在空间中的相对位置关系，如图 2-12 所示。

1）*V* 面投影反映出两点的上下、左右关系。

2）*H* 面投影反映出两点的左右、前后关系。

3）*W* 面投影反映出两点的上下、前后关系。

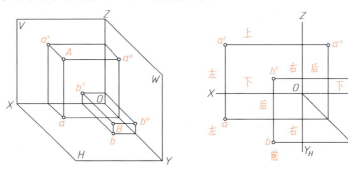

图 2-12　两点的相对位置

例 2-1　如图 2-13 所示，已知点 *A* 和点 *B* 的三面投影，试判断两点的空间位置，并画出其直观图。

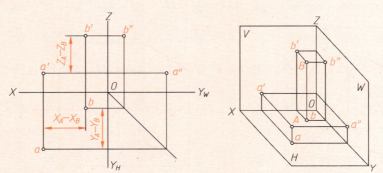

图 2-13　两点相对位置举例

结论：点 *A* 在点 *B* 的左方，在点 *B* 的下方，在点 *B* 的前方。

2.3.4　重影点及其可见性

一对有两个坐标分别相同的点，其中一个投影会在投影面上重合，这样的一对空间点，称为对该投影面的重影点，如图2-14所示。

根据正投影的特点，对于正面投影、水平投影、侧面投影的重影点的相互重合的可见性，分别应该是前遮后、上遮下、左遮右。图2-14中，A点位于B点的正上方，因此A点的水平投影a遮盖了B点的水平投影b，b不可见，对于不可见的投影，要用括号括起来。

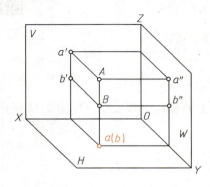
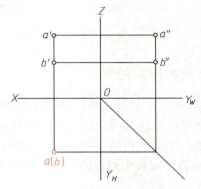

图 2-14　重影点

2.4　直线的投影

2.4.1　直线的投影图和直观图

下面将学习如何绘制直线的投影图，并通过直观图理解其在空间中的形态。

直线的投影一般仍为直线。画直线段的投影，可先作出直线段两端点的投影，然后用粗实线将其同面投影连成直线即得，如图2-15所示。

作直线的直观图，可先作出直线上两点的直观图，然后用粗实线连接空间两点和两点的同面投影即得。

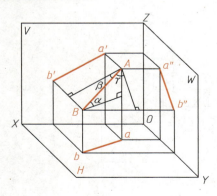
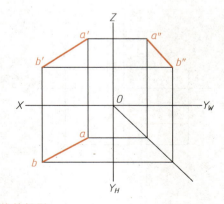

图 2-15　直线的投影

2.4.2　直线上点的投影

通过直线上点的投影，可以进一步理解直线在空间中的位置和方向。直线上点的投影应该具有下列特性。

1. 从属性

直线上任一点的投影必在该直线的同面投影上，这个特性称为从属性。

2. 定比性

若直线上的点将线段分成定比，则该点的投影也必将该直线的同面投影分成相同的定比，这个特性称为定比性。

直线上点的投影如图 2-16 所示。

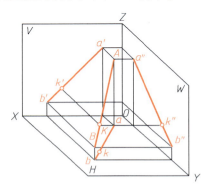
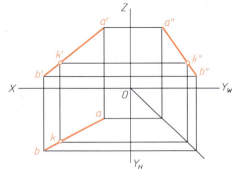

图 2-16　直线上点的投影

例 2-2　已知直线 AB 的水平投影和正面投影及 S 点的正面投影，求 S 点的水平投影。

解　采用定比法，如图 2-17 所示。过 A 点的水平投影 a 做辅助线 $ab_1 = a'b'$，在辅助线上截取 $as_1 = a's'$，过 s_1 做 bb_1 的平行线，交点 s 即为所求。

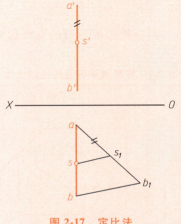

图 2-17　定比法

例 2-3 已知直线 *AB* 的水平投影和正面投影及 *S* 点、*K* 点的水平、正面投影，判别 *K* 点、*S* 点是否在直线 *AB* 上。

解 采用补投影法，如图 2-18 所示。利用补出侧面投影的方式，通过三等关系，可以作图得出结果。

结论：*S* 点在 *AB* 上，*K* 点不在 *AB* 上。

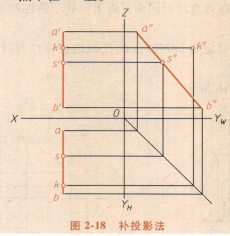

图 2-18 补投影法

2.4.3 各种位置直线的投影特性

在三面投影体系中，直线的位置有三种情况：一般位置直线、投影面平行线、投影面垂直线。后两种统称为特殊位置直线。

1. 一般位置直线

相对三投影面都倾斜的直线称为一般位置直线。

直线的实长与其投影之间的夹角为直线相对于该投影面的倾角，直线与 *H*、*V*、*W* 面的倾角分别用 α、β、γ 表示，如图 2-15 所示。

一般位置直线的投影特征为：三投影都倾斜且小于实长，其与投影轴的夹角不反映空间直线与投影面的真实倾角。

2. 投影面平行线

平行于一个投影面，而与另外两个投影面倾斜的直线称为投影面平行线。投影面平行线分为三种，见表 2-1。

表 2-1 投影面平行线的投影特性

名称	水平线	正平线	侧平线
立体图			

（续）

名称	水平线	正平线	侧平线
投影图			
投影特性	1. 水平投影反映实长，与 X 轴夹角为 β，与 Y 轴夹角为 α 2. 正面投影平行于 X 轴 3. 侧面投影平行于 Y 轴	1. 正面投影反映实长，与 X 轴夹角为 α，与 Z 轴夹角为 γ 2. 水平投影平行于 X 轴 3. 侧面投影平行于 Z 轴	1. 侧面投影反映实长，与 Y 轴夹角为 α，与 Z 轴夹角为 β 2. 正面投影平行于 Z 轴 3. 水平投影平行于 Y 轴

投影面平行线的投影特征可归纳为：在与直线平行的投影面上的投影为一斜线，反映实长，并反映与其他两投影面的真实倾角；其余两投影小于实长，且平行于相应的投影轴。

3. 投影面垂直线

垂直于一个投影面，而与另外两个投影面平行的直线称为投影面垂直线。投影面垂直线也可分为三种，见表 2-2。

表 2-2　投影面垂直线的投影特性

名称	铅垂线	正垂线	侧垂线
立体图			
投影图			
投影特性	1. 水平投影积聚为一点 2. 正面投影和侧面投影分别垂直于 X 轴和 Y 轴，并反映实长	1. 正面投影积聚为一点 2. 水平投影和侧面投影分别垂直于 X 轴和 Z 轴，并反映实长	1. 侧面投影积聚为一点 2. 正面投影和水平投影分别垂直于 Z 轴和 Y 轴，并反映实长

投影面垂直线的投影特征可归纳为：在与直线垂直的投影面上的投影积聚为一点，其他两投影反映实长，且垂直于相应的投影轴。

比较三种直线的投影特征可以看出：如果直线的两个投影都倾斜于投影轴，则一定为一般位置直线；如果直线的两个投影中有一个投影为斜线，或者直线的两个投影分别平行于相应的投影轴，则一定为投影面的平行线；如果直线的一个投影积聚为一点，或者直线的两个投影分别垂直于相应的投影轴，则肯定为投影面的垂直线。

2.4.4　两直线的相对位置

两直线的相对位置有平行、相交、异面三种情况。

1.　两直线平行

平行两直线的投影特征：两直线平行，它们的同面投影必相互平行；反之，如果各组同面投影都互相平行，则两直线在空间必定互相平行，如图 2-19 所示。

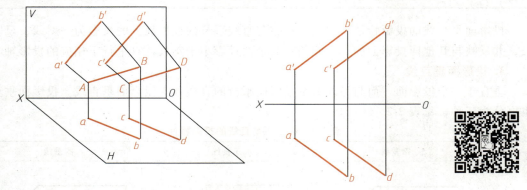

图 2-19　两直线平行

2.　两直线相交

相交两直线必有一交点，交点为两直线的共有点。相交两直线的投影特征：两直线相交，它们的同面投影也必定相交，且各投影的交点符合点的投影规律；反之，如果两直线的各组同面投影都相交，且交点符合空间点的投影规律，则这两直线在空间一定相交，如图 2-20 所示。

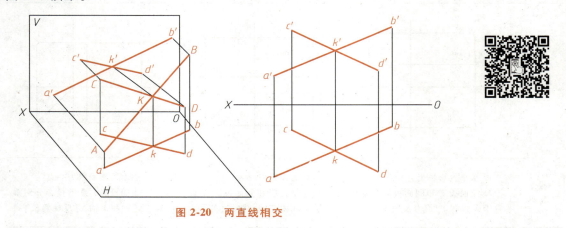

图 2-20　两直线相交

3. 两直线异面

两直线既不平行也不相交称为异面，通常也称作交叉。其投影特征：各面投影既不符合两直线平行的投影特征，也不符合两直线相交的投影特征。

异面两直线的投影也可能有一组、两组甚至三组是相交的，但它们的交点不符合点的投影规律，如图2-21所示。

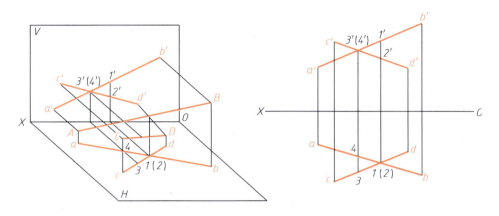

图 2-21　两直线异面

判断异面两直线重影点可见性的步骤：先从重影点画一根垂直于投影轴的直线到另一个投影中去，就可以将重影点分开成两个点，所得两个点中距离被垂直投影轴远的点为可见，距离被垂直投影轴近的点为不可见，不可见的投影要加括号，如图2-21所示。

4. 直角投影定理

当两直线相交成直角时，称为垂直相交或正交；当两直线垂直但不相交时，称为垂直交叉。

1）如果两直线垂直相交，只要有一条直线为投影面平行线，则在所平行的投影面上两直线的同面投影互相垂直相交，即交角投影为直角，如图2-22所示。

2）如果两直线垂直交叉，只要有一条直线为投影面平行线，则两直线在该投影面上的投影仍反映直角，如图2-23所示。

以上特性称为直角投影定理。

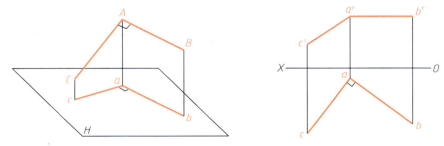

图 2-22　两直线垂直相交

5. 线段实长和倾角的求法

根据前面的分析可知，特殊位置直线可以从它们的三面投影中直接求得空间直线的实长

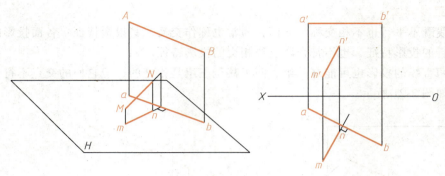

图 2-23　两直线垂直交叉

和倾角，一般位置直线的三面投影不反映实长和对投影面的倾角，可在其投影图上用图解法求出，下面介绍直角三角形法。

如图 2-24 所示，在直角三角形 ABC 中，斜边 AB 就是线段本身，底边 BC 等于线段 AB 的水平投影 ab，对边 AC 等于线段 AB 两端点的 Z 坐标之差（$\triangle Z = Z_A - Z_B$），即等于 $a'b'$ 两端点到投影轴 X 轴的距离之差，而斜边 AB 与底边 BC 的夹角即为线段 AB 对水平投影面的倾角 α。同理分析另两直角三角形的空间几何关系，可以求出倾角 β、γ。只要作出这些三角形，便可得到线段实长及真实倾角，这种图解方法称为直角三角形法。解题时应有针对性地选作三角形。

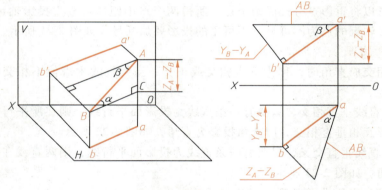

图 2-24　直角三角形法

在这些直角三角形中，涉及线段实长、线段的一个投影、线段与该投影所在投影面的倾角以及另一个投影两端点相对该投影的坐标差四个参数，只要已知其中的两个就可以作出一个直角三角形，从而求出其他参数。

例 2-4　已知直线段 AB 的两面投影，求其实长和倾角 α，如图 2-25 所示。

分析　求直线的倾角 α，需作的直角三角形的其他 3 个参数必须是直线的水平投影长、两点的 Z 坐标差 $\triangle z$ 和实长。

解　其水平投影长 ab 已知，$\triangle z$ 可从正投影上求得，由此可画出这个直角三角形，即可得线段 AB 的实长和倾角 α。

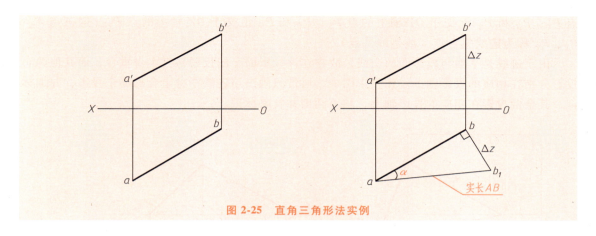

图 2-25　直角三角形法实例

🔖 2.5　平面的投影

2.5.1　平面的表示法及投影图的画法

1. 用几何元素表示平面

空间的一个平面可由下列任一组几何元素确定：

1）不在同一直线上的三个点。

2）一直线和直线外的一个点。

3）两条平行直线。

4）两条相交直线。

5）任意平面图形。

表示平面的五组几何要素是相互联系而又可以相互转换的。用平面图形的投影表示平面是最形象的一种方法。画平面多边形的投影时，一般先画出各顶点的投影，然后将它们的同面投影依次连接即成。平面的表示法如图 2-26 所示。

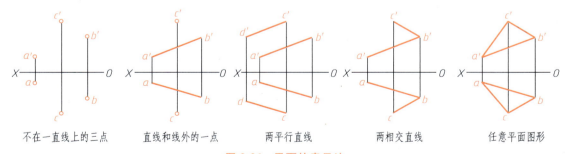

不在一直线上的三点　　直线和线外的一点　　两平行直线　　两相交直线　　任意平面图形

图 2-26　平面的表示法

2. 用迹线表示平面

空间平面与投影面的交线称为平面的迹线，如图 2-27 所示。平面与 H 面的交线称为水平迹线，平面与 V 面和 W 面的交线分别称为正面迹线和侧面迹线。若平面用 P 标记，则其水平迹线用 P_H 标记，正面和侧面迹线分别用 P_V 和 P_W 标记。

平面分别与 OX、OY、OZ 轴的交点，也是两迹线的汇交点，P_V 和 P_H 汇交于 OX 轴上的

点 P_X；P_H 和 P_W 汇交于 OY 轴上的点 P_Y；P_V 和 P_W 汇交于 OZ 轴上的点 P_Z。这三点 P_X、P_Y、P_Z 称为迹线集合点（或迹线共点）。

由于迹线是平面与投影面的交线，故它在该投影面上的投影与其本身重合，而其他两个投影分别在相应的投影轴上。在投影图中，通常只画出与迹线本身重合的那个投影，并加标记，其余两投影在相应的投影轴上，均不画出并省略标记。

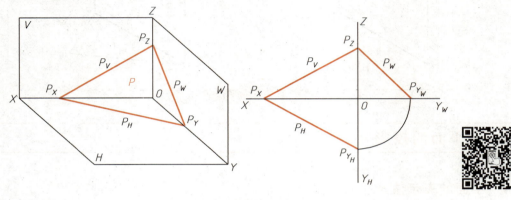

图 2-27 迹线表示平面

2.5.2 各种位置平面的投影特征

在三投影面体系中，平面的位置有三种情况：一般位置平面、投影面平行面、投影面垂直面。

1. 一般位置平面

相对三投影面都倾斜的平面称为一般位置平面，其投影特征是三投影均为类似形，且不反映该平面与投影面的倾角，如图 2-28 所示。

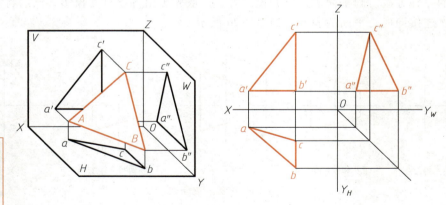

图 2-28 一般位置平面

2. 投影面平行面

平行于一个投影面，而与另外两个投影面垂直的平面称为投影面平行面。投影面平行面分为三种，见表 2-3。

表 2-3 投影面平行面的投影特性

名称	水平面	正平面	侧平面
立体图			
投影图			
投影特性	1. 水平投影反映实形 2. 正面投影积聚成平行于 X 轴的直线 3. 侧面投影积聚成平行于 Y 轴的直线	1. 正面投影反映实形 2. 水平投影积聚成平行于 X 轴的直线 3. 侧面投影积聚成平行于 Z 轴的直线	1. 侧面投影反映实形 2. 正面投影积聚成平行于 Z 轴的直线 3. 水平投影积聚成平行于 Y 轴的直线

投影面平行面的投影特征可归纳为：在与平面所平行的投影面上的投影反映实形，其余两投影均积聚为一直线，且平行于相应的投影轴。

3. 投影面垂直面

垂直于一个投影面而与另外两个投影面倾斜的平面称为投影面垂直面。投影面垂直面也分为三种，见表 2-4。

表 2-4 投影面垂直面的投影特性

名称	铅垂面	正垂面	侧垂面
立体图			

（续）

名称	铅垂面	正垂面	侧垂面
投影图			
投影特性	1. 水平投影积聚成直线，与 X 轴的夹角为 β，与 Y 轴的夹角为 γ 2. 正面投影和侧面投影具有类似性	1. 正面投影积聚成直线，与 X 轴的夹角为 α，与 Z 轴的夹角为 γ 2. 水平投影和侧面投影具有类似性	1. 侧面投影积聚成直线，与 Y 轴的夹角为 α，与 Z 轴的夹角为 β 2. 正面投影和水平投影具有类似性

投影面垂直面的投影特征可归纳为：在与平面所垂直的投影面上的投影积聚为一斜线，该斜线与相应投影轴的夹角反映平面对其他两投影面的真实倾角，其余两投影均为类似形。

如果平面的投影中有一投影积聚为一斜线，则平面为该投影面的垂直面。如一投影积聚为一平行投影轴的直线，则平面为投影面的平行面。如果平面的三个投影均为类似图形，则平面为一般位置平面。如果平面的两个投影为类似图形，则要看该平面内有无第三投影面的垂直线，如果有则为垂直面，如果没有则为一般位置平面。

2.5.3 平面上的直线和点

1. 平面上的直线

由几何学可知直线在平面上的条件是如果一直线通过平面上的两点，或者通过平面上的一点且平行于平面上的另一直线，则此直线必在该平面上。

2. 平面上的点

点在平面上的几何条件：如果点在平面内的任一直线上，则该点必在此平面上。

要在平面上取点，一般应先在平面上作一条辅助直线，然后在辅助直线的投影上取得点的投影。这种作图方法称为辅助直线法，用于一般位置平面，特殊位置平面可利用其积聚性直接求取。

例 2-5 如图 2-29 所示，在平面 ABC 上作一点 M。

分析 应首先在平面 ABC 上作任一直线，比如 DE 或者 DF，然后在 DE 或者 DF 上取点 M，按投影规律分别求出 m 和 m′ 即可。

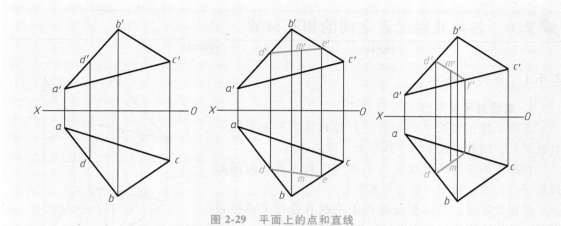

图 2-29 平面上的点和直线

例 2-6 已知三角形 ABC 的两面投影，在三角形 ABC 平面上取一点 K，使 K 点在 A 点之下 15mm，在 A 点之前 13mm，试求 K 点的两面投影，如图 2-30 所示。

分析 由已知条件可知 K 点在 A 点之下 15mm，之前 13mm，可以利用这两个条件作出两条面上的特殊位置辅助线。

解

1）从 a' 向下量取 15mm，作一平行于 OX 轴的直线，与 $a'b'$ 交于 m'，与 $a'c'$ 交于 n'。

2）求水平线 MN 的水平投影 m、n，则 MN 属于平面 ABC 且 MN 上任意一点都在 A 点之下 15mm。

3）从 a 向前量取 13mm，作一平行于 OX 轴的直线，与 ab 交于 g，与 ac 交于 h。

4）由 g、h 求 g'、h'，则 GH 属于平面 ABC 且 GH 上任意一点都在 A 点之前 13mm。

5）求出 HG 和 MN 的交点 K 的两面投影 k、k'，即为所求。

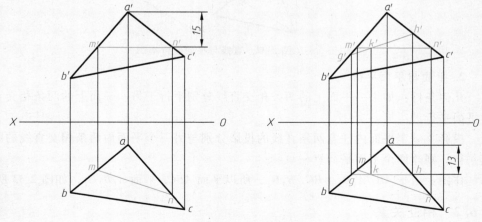

图 2-30 平面上的点举例

2.6 各种几何元素之间的相互位置

2.6.1 平行关系

1. 直线与平面平行

几何条件：如果平面外的一直线和这个平面上的一直线平行，则此直线平行于该平面，反之亦然。

投影：如果直线的投影与平面内任意一直线的同面投影平行，在空间则直线与平面平行。

根据此定理，可以在投影图上判断直线与平面是否平行，并解决直线与平面平行的作图问题。

作图：如图 2-31 所示，已知 $b'd' // e'f'$，$bd // ef$，且 BD 是 ABC 平面上的一直线，因此直线 $EF // \triangle ABC$。

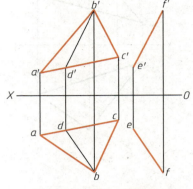

图 2-31　直线与平面平行

例 2-7　过点 K 作一水平线，使之平行于 $\triangle ABC$，如图 2-32 所示。

解

1）在 $\triangle ABC$ 上作一水平线 AD（先作正面投影 $a'd' // OX$）。

2）过 K 点作直线 $KL // AD$（$kl // ad$，$k'l' // a'd'$），直线 KL 即为所求。

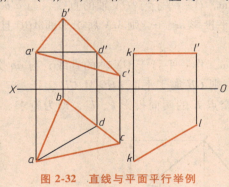

图 2-32　直线与平面平行举例

2. 平面与平面平行

几何条件：如果一平面上的两条相交直线分别平行于另一平面上的两条相交直线，则此两平面平行。

投影：一个平面内任意两条直线的投影分别与另一个平面内两条相交直线的同面投影对应平行，则这两个平面平行。

作图：由于 $AB // A_1B_1$，$BC // B_1C_1$，所以平面 $ABC //$ 平面 $A_1B_1C_1$，如图 2-33 所示。

2.6.2 相交关系

求直线与平面的交点和两平面的交线是解决相交问题的基础。

1. 直线与平面相交——求交点

当平面或直线的投影有积聚性时，根据交点的公有性，一个投影可直接确定，另一个投

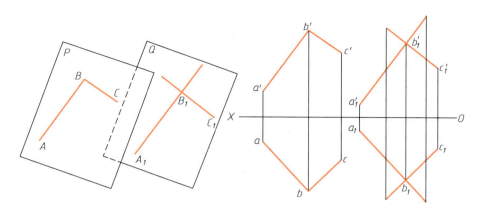

图 2-33 平面与平面平行

影可用在直线或平面上取点的方法求出。

例 2-8 试求直线 EF 与 $\triangle ABC$ 的交点 K，如图 2-34 所示。

解

1）过 f（e）点在 $\triangle abc$ 上作辅助线 ad。

2）作 ad 的正面投影 $a'd'$。

3）求交点的正面投影 k'。

4）判断可见性，在正面投影上取重影点 $1'$、$2'$，使Ⅰ点在直线 EF 上，Ⅱ点在直线 BC 上，由水平投影可知，Ⅰ点在Ⅱ点前面，因此正面投影上 $2'$ 不可见，所以正面投影上 $f'k'$ 可见。

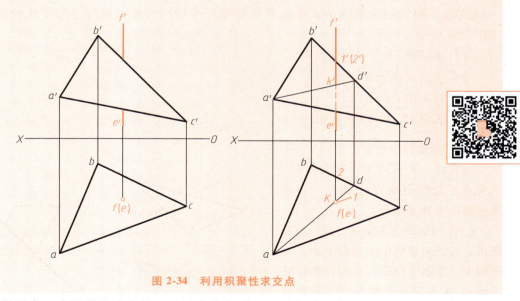

图 2-34 利用积聚性求交点

在投影图中，为了增强清晰性，通过直线与平面重影部分判断可见性。规定：不可见部分画成虚线，可见部分画成实线，交点是直线投影虚实的分界点。

2. 平面与平面相交——求交线

当两平面的投影中有一个有积聚性时，交线的两个投影有一个可直接确定，另一个投影可用在平面上作直线的方法求出。

例2-9　试求平面 ABC 与平面 P 的交线，如图2-35a所示。

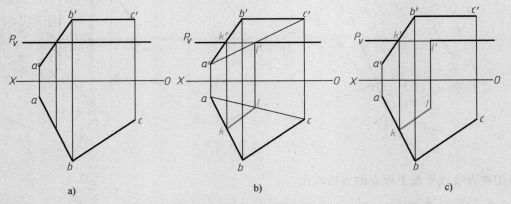

a)　　　　　　　　　　b)　　　　　　　　　　c)

图 2-35　利用积聚性求交线

解法一　如图2-35b所示。

1）连接 a'c'。

2）求出 P_V 与 △a'b'c' 的交线 k'l'。

3）求交线的水平投影 kl。

解法二

分析　P平面是水平面，它与平面 ABC 的交线一定是水平线，BC 也是平面 ABC 内的一水平线，根据同一平面的水平线的投影相互平行的特性，即可求出交线的投影，如图2-35c所示。

1）求出 P_V 与 a'b' 的交点 k'。

2）求出 K 的水平投影 k。

3）过 k 作 kl//bc。

4）求出 l'，KL 即为所求。

3. 用辅助面求交点、交线

当直线、平面均为一般位置时，其交点、交线不能直接求出，必须通过辅助平面来求解。

（1）用辅助面求交点　如图2-36所示，过已知直线作一辅助平面，如平面 P（为便于作图，常用特殊位置平面）；求出辅助平面与已知平面的辅助交线；求出辅助交线与已知直线的交点，如 K 点，即为所求交点。

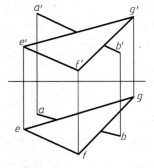
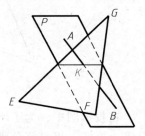

图 2-36　用辅助面求交点

例 2-10 试求直线 *AB* 与平面 *EFG* 的交点，如图 3-27a 所示。

解

1）过 *AB* 作铅垂面 *P*，如图 2-37a 所示。

2）求 *P* 与 *EFG* 的交线 *CD*，如图 2-37b 所示。

3）求 *CD* 与 *AB* 的交点（*k*，*k'*），则 *K* 为直线 *AB* 与平面 *EFG* 的交点，如图 2-37c 所示。

4）判别水平投影的可见性，利用图 2-37d 中 Ⅰ、Ⅱ 点的相互位置即可判断在水平投影上 *ak* 可见；

5）用相同方式判别正面投影的可见性。

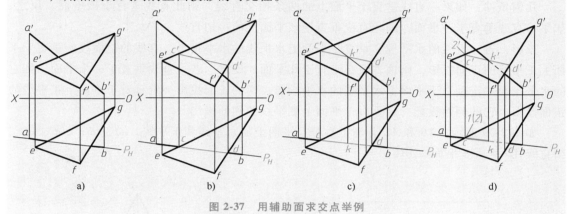

图 2-37 用辅助面求交点举例

（2）用辅助面求交线

例 2-11 求两一般位置面的交线，如图 2-38 所示。

解

1）过 *AB* 作一正垂面 *P*，求出 *P* 与平面 *DEF* 的交线 Ⅰ Ⅱ，Ⅰ Ⅱ 与 *AB* 交于 *K* 点，则 *K* 点是一个公共点。

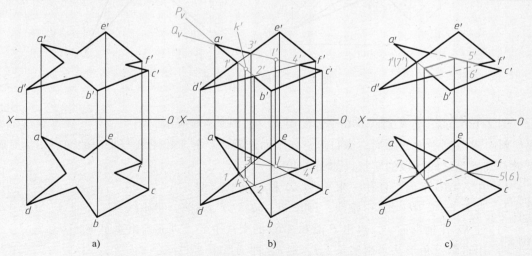

图 2-38 用辅助面法求交线

2）过直线 AC 作正垂面 Q，求出它与平面 DEF 的交线为Ⅲ Ⅳ，Ⅲ Ⅳ 与 AC 交于点 L，则交线 KL 即为所求。

3）求出交线后一定要判断可见性，交线是可见与不可见的分界线，交线一侧可见，另一侧必不可见，交线本身是可见的，用粗实线画出。如图 2-38c 所示，利用Ⅰ、Ⅴ、Ⅵ、Ⅶ点的位置关系可以判断出可见性。

2.6.3 垂直关系

1. 直线与平面垂直

几何条件：如果一直线垂直于平面上的两条相交直线，则此直线垂直于该平面。反之，如果一直线垂直于一平面，则此直线垂直于该平面上的一切直线。

投影：若一直线的水平投影垂直于平面上水平线的水平投影，直线的正面投影垂直于平面上正平线的正面投影，则该直线必垂直于此平面。反之，若一直线垂直于一个平面，则它的水平投影一定垂直于平面上水平线的水平投影，它的正面投影一定垂直于平面上正平线的正面投影，它的侧面投影一定垂直于平面上侧平线的侧面投影。

如图 2-39 所示，AB 和 AC 分别是△ABC 平面上的水平线和正平线，$ad \perp ab$，$a'd' \perp a'c'$，则直线 AD 垂直于平面△ABC。

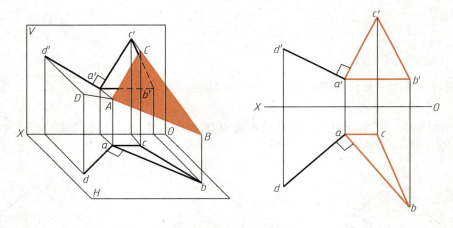

图 2-39　直线与平面垂直

例 2-12　试求点 K 到△ABC 平面的距离，如图 2-40a 所示。

解　求点到平面的距离，需自该点向平面作垂线，并求出垂线与平面的交点，然后确定该点到垂足之间线段的实长，如图 2-40b、c 所示。

1）在△ABC 平面上任作一水平线 BD 和一正平线 AE。

2）自 K 点向 BD、AE 引垂线，即作 $kl \perp bd$，$k'l' \perp a'e'$，得垂线 KL。

3）过 KL 作辅助面 P，求出 P 面和 ABC 的交线Ⅰ Ⅱ，进而求出垂足 F。

4）用直角三角形法求出实长 k_1f，则 k_1f 即为所求。

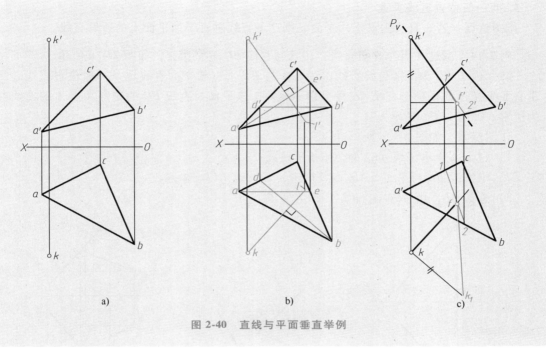

图 2-40　直线与平面垂直举例

2. 平面与平面垂直

几何条件：如果一直线垂直于一平面，则通过此直线的所有平面都垂直于该平面。反之，如果两平面互相垂直，则自第一个平面上的任意一点向第二个平面所作的垂线，一定在第一个平面上，如图 2-41 所示。

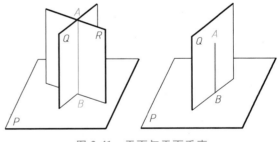

图 2-41　平面与平面垂直

例 2-13　试过直线 *EF* 作一平面垂直于平面 *ABCD*，如图 2-42 所示。

解　从直线 *EF* 上的任意一点 *E* 向平面 *ABCD* 引垂线 *EH*，则平面 *FEH* 垂直于平面 *ABCD*，即为所求。

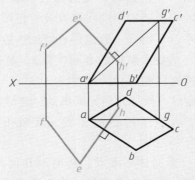

图 2-42　平面与平面垂直举例

3. 两一般位置直线垂直

作图依据：若一直线垂直于一平面，则这条直线垂直于该平面上的所有直线。

例 2-14　试过 A 点作一条直线，使其与直线 BC 垂直相交，如图 2-43a 所示。

解　由于 BC 为一般位置直线，过点 A 与 BC 垂直相交的直线也是一般位置直线。所求直线必在过点 A 且与直线 BC 垂直的平面内，该平面与直线 BC 的交点和点 A 的连线即为所求，如图 2-43b 所示。

作图步骤　如图 2-43c 所示。

1）过点 A 作水平线 $ad \perp bc$，作正平线 $a'e' \perp b'c'$。

2）求直线 BC 与平面（AD、AE 确定）的交点 $K(k, k')$。

3）连接 AK，则 $AK(ak, a'k')$ 即为所求。

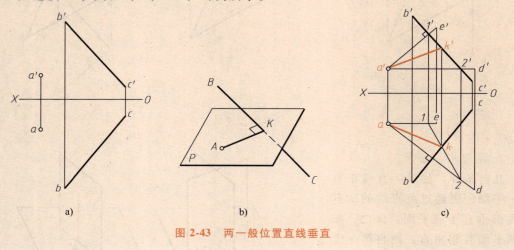

a)　　　　　　　b)　　　　　　　c)

图 2-43　两一般位置直线垂直

🔖 2.7　换面法

2.7.1　基本概念

当直线、平面与投影面处于一般位置时，无法在投影面上得到"实形"和真实的角度，但工程中经常会遇到求作线段的实长、平面的实形以及对投影面的夹角等问题。为此，需要设立一个新的投影面，并使其平行于所求一般位置直线或一般位置平面，或改变直线或平面的位置而使其平行于某投影面（或处于解题的有利位置），从而达到解决问题的目的，这就是投影变换。投影变换主要有换面法和旋转法两种。

（1）换面法（变换投影面法）　保持几何元素不动，建立新的直角投影面体系，使几何元素在新的投影面体系中处于有利于解题的位置，然后用正投影法得到新的投影，如图 2-44a 所示。

（2）旋转法　保持原直角投影面体系不动，将空间几何元素绕某个投影轴旋转，使之与投影面处于有利于解题的位置，然后用正投影法将旋转后的几何元素投影到投影面上获得新的投影，如图 2-44b 所示。

下面主要介绍换面法的基本原理及应用。新投影面的选择必须符合下列两个条件。

1）新投影面必须垂直于一个原有的投影面。

2）新投影面对空间的几何元素而言应处于有利于解题的位置。

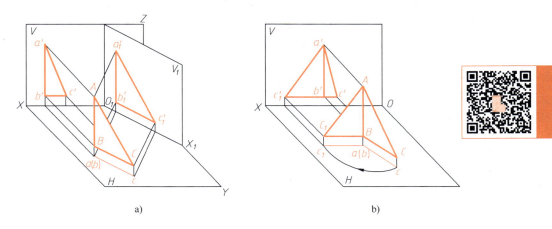

图 2-44　投影变换

a）换面法　　b）旋转法

2.7.2　点的换面

1. 点的一次换面

（1）换 V 面　图 2-45a、b 所示分别为点的一次换面的立体图和投影图。

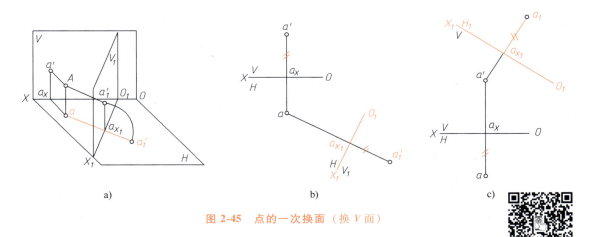

图 2-45　点的一次换面（换 V 面）

作图步骤如下。

1）定出新投影轴 O_1X_1。

2）过点 a 作 O_1X_1 的垂线。

3）取 $a_1'a_{x_1}=a'a_x$，a_1' 即为所求的新投影。

（2）换 H 面　投影之间的关系与换 V 面类似，也存在如下关系：$a'a_1 \perp O_1X_1$，$a_1a_{x_1}=aa_x$。其作图方法和步骤与换 V 面类似，如图 2-45c 所示。

点的换面规律：点的新投影和保留投影的连线垂直于新投影轴；点的新投影到新投影轴

的距离等于被替换的投影到原投影轴的距离。

2. 点的二次换面

解题时，有时变换一次投影面不能满足解题要求，这时就需要变换两次甚至多次投影面。新投影体系的建立如图 2-46a 所示，先把 V 面换成平面 V_1，得到新的中间新投影体系 X_1V_1/H；再把 H 面换成平面 H_2，$H_2 \perp V_1$，得到新投影体系 X_2V_1/H_2。

新投影的作图方法如图 2-46b 所示。

1) 定出新投影轴 O_1X_1。

2) 根据点的投影规律，求出新投影 a_1'。

3) 作新投影轴 O_2X_2。

4) 过 a_1' 作 $a_1'a_2 \perp O_2X_2$，并取 $a_2a_{x_2} = aa_{x_1}$，得出 a_2，a_2 即为变换后的新投影。

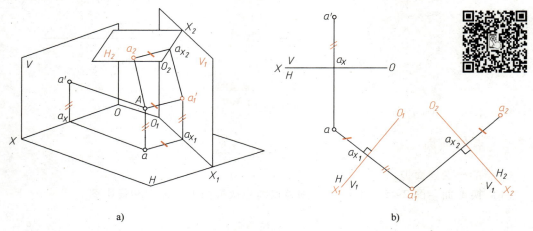

a)	b)

图 2-46　点的二次换面

2.7.3　直线的换面

（1）把一般位置直线变换为投影面平行线　主要解决求一般位置直线的实长以及和投影面的真实倾角问题。

例 2-15　已知直线 AB 的两投影 ab、$a'b'$，试求直线 AB 的实长和 α 角，如图 2-47 所示。

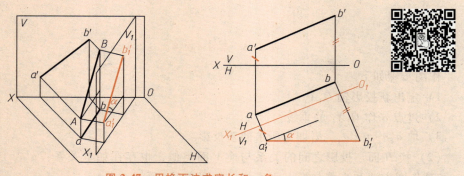

图 2-47　用换面法求实长和 α 角

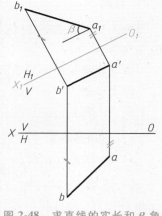

解　直线 AB 为一般位置直线，欲求直线 AB 的实长和 α 角，应建立新的投影面体系，使直线 AB 成为新投影面 V_1 的平行线。

作图步骤

1）作 $O_1X_1 /\!/ ab$。

2）根据点的换面规律，求出新投影 a_1'、b_1'。

3）求实长：$a_1'b_1'$ 即为直线 AB 的实长。

4）求 α 角：$a_1'b_1'$ 与 O_1X_1 轴的夹角即为直线 AB 与 H 面的夹角 α。

图 2-48 是求直线的实长和对 V 面的倾角 β。

图 2-48　求直线的实长和 β 角

（2）把投影面平行线变换为投影面垂直线　主要解决与直线有关的度量问题（两直线间的距离）和定位问题（求线面交点）。该转换的主要原则是要使新建立的投影面垂直于欲变换的直线，也就是要使新投影轴垂直于反映实长的投影。

例 2-16　已知正平线 AB 的两投影，试把它变为投影面垂直线，如图 2-49 所示。

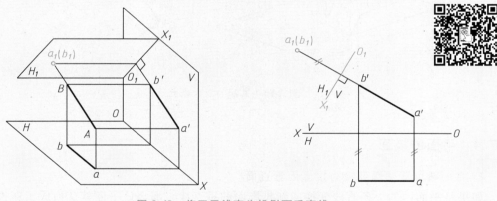

图 2-49　将正平线变为投影面垂直线

解　直线 AB 为正平线，应将 AB 变换为新投影面 H_1 的垂直线，因 $AB /\!/ V$，而新投影面要垂直于 AB 又必须垂直于一个投影面，所以只能设置新投影面 $H_1 \perp V$，且 $H_1 \perp AB$，即建立新投影体系 V/H_1。

作图步骤

1）作 $O_1X_1 \perp a'b'$。

2）按点的换面规律，求出新投影 a_1、b_1（a_1、b_1 重合）。

（3）直线的二次换面　把一般位置直线变换成投影面的垂直线，只经过一次换面是不能实现的，因为垂直于一般位置直线的平面是一般位置平面，它与原来的两个投影面均不垂直，不能构成正投影体系，所以必须经过两次换面。第一次，将一般位置直线变换为新投影体系中的投影面平行线；第二次，将投影面平行线变换为另一投影体系中的投影面垂直线。

例 2-17　已知一般位置直线 AB 的两投影，试将其变换为新投影面的垂直线，如图 2-50 所示。

解　要把一般位置直线变换成投影面的垂直线，必须经过两次换面。

作图步骤

1）作 $O_1X_1 /\!/ ab$。

2）求出新投影 a_1'、b_1'。

3）作 $O_2X_2 \perp a_1'b_1'$。

4）求出 a_2、b_2（a_2 与 b_2 重合）。

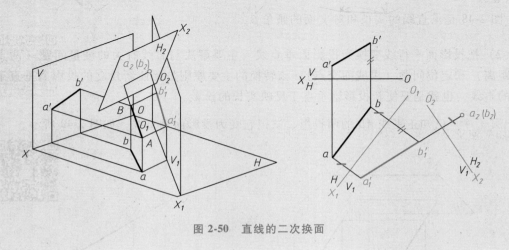

图 2-50　直线的二次换面

2.7.4　平面的换面

1. 将一般位置平面变换为投影面垂直面

如果将平面内的一条直线变换成新投影面的垂直线，那么该平面就变换成了新投影面的垂直面。

在平面内取一条投影面平行线，经一次换面后变换成新投影面的垂直线，则该平面变成新投影面的垂直面。

例 2-18　已知一般位置平面 $\triangle ABC$ 的两投影，试求该平面对 H 面的倾角 α，如图 2-51 所示。

解　欲求一般位置平面 $\triangle ABC$ 对 H 面的倾角 α，应当保留 H 面，用 V_1 面替换 V 面，建立 V_1/H 新投影体系，使平面成为新投影面 V_1 的垂直面。

作图步骤

1）在平面 $\triangle ABC$ 内作直线 AD。

2）作 $O_1X_1 \perp ad$。

3）求出新投影 $a_1'b_1'c_1'$，即可求出 α 角。

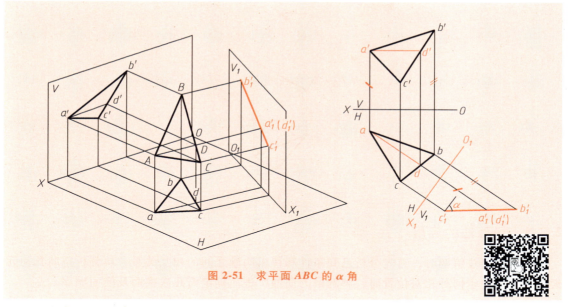

图 2-51 求平面 ABC 的 α 角

2. 将投影面垂直面变换为投影面平行面

　　如果使辅助平面平行于投影面的垂直面，那么该平面就变换成了新投影面的平行面。

　　平行于积聚投影设立新投影轴，则新投影面就平行于该面，经一次换面后则该平面变成新投影面的平行面。变换的直观图如图 2-52 所示。

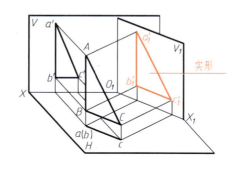

图 2-52 投影面垂直面变换为投影面平行面

　　例 2-19　试求铅垂面 △ABC 的实形，如图 2-53 所示。

　　解　欲求铅垂面 △ABC 的实形，应建立 V_1/H 新投影体系，并使 $V_1 /\!/ \triangle ABC$，即把 △ABC 变换为 V_1/H 体系中 V_1 的平行面。

　　作图步骤

　　1）作 $O_1X_1 /\!/ \triangle abc$。

　　2）求出新投影 $a_1' b_1' c_1'$。

　　3）求实形：$\triangle a_1' b_1' c_1'$ 即反映 △ABC 的实形。

　　图 2-54 所示为求正垂面的实形的过程。

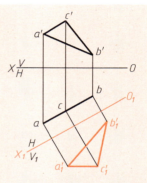

图 2-53 铅垂面求实形

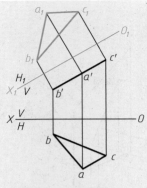

图 2-54　正垂面求实形

2.7.5　换面法的应用

应用换面法解题时，首先分析已知条件和待求问题之间的相互关系，再分析空间几何元素与投影面处于何种相对位置时，解题最为简便，进而确定需几次换面及换面顺序。

例 2-20　试求平面 $\triangle ABC$ 的实形和 β 角，如图 2-55 所示。

解　必须经过两次换面，先将 $\triangle ABC$ 变换为新投影体系中的投影面垂直面，再将它变换为另一投影体系中的投影面平行面。

换面顺序：$V/H \rightarrow V/H_1 \rightarrow H_1/V_2$。其中 $V/H \rightarrow V/H_1$ 是将一般位置平面变换成投影面的垂直面，从而得到积聚投影 $a_1c_1b_1$，可以求出夹角 β；$V/H_1 \rightarrow H_1/V_2$ 是将投影面的垂直面变换成投影面的平行面，从而可以求出平面 $\triangle ABC$ 的实形 $a_2'b_2'c_2'$。

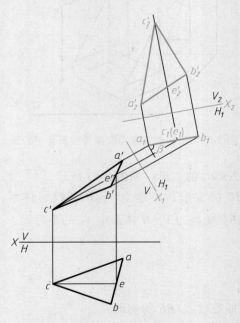

图 2-55　求平面 $\triangle ABC$ 的实形和 β 角

例 2-21 已知两条交叉直线 AB、CD，求两直线间的距离，如图 2-56 所示。

解

1）因为 AB、CD 两直线在 V/H 体系中均为一般位置直线，所以需要二次换面。先用 V_1 面代替 V 面，使 V_1 面 $\parallel CD$，同时 $V_1 \perp H$ 面。此时 CD 在新投影体系 V_1/H 中为新投影面的平行线。在新投影体系中求出 AB、CD 的新投影 $a_1'b_1'$、$c_1'd_1'$。

2）在适当的位置引新投影轴 $O_2X_2 \perp c_1'd_1'$，用 H_2 代替 H 面，使 H_2 面 $\perp c_1'd_1'$，则 CD 积聚成一点，过重影点 $d_2(c_2)$ 做 a_2b_2 的垂线，则该线就是两直线之间的距离。

说明：由于 f_2s_2 为实长，则其正面投影 $f_1's_1' \parallel O_2X_2$，因此可反求出 f_1，进而求出原投影面体系中 f、f'。

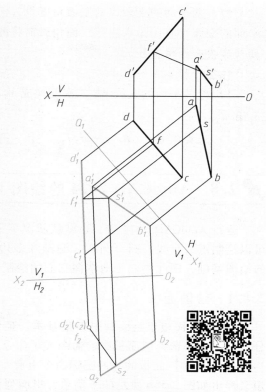

图 2-56　求两交叉直线的距离

例 2-22 求平面 $\triangle ABC$ 和 $\triangle ABD$ 的夹角，如图 2-57 所示。

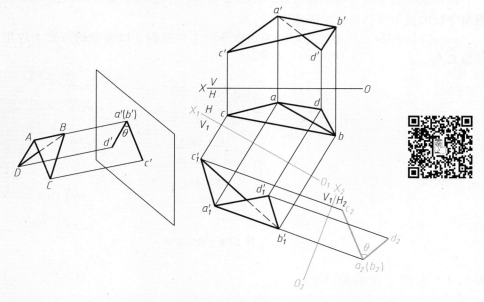

图 2-57　求两平面的夹角

解 两平面的夹角以其二面角度量，而二面角所在平面与该两平面垂直，亦即与该两平面的交线垂直。为求出该二面角，需将两平面变换成投影面垂直面，即把两平面的交线变换成投影面垂直线。

作图步骤

1）把两平面的交线 AB 二次变换成 V_1/H_2 体系中的垂直线，求得 $a_2(b_2)$，随之求得 c_2 和 d_2。

2）求夹角 θ：$\angle\theta=\angle c_2a_2d_2$。

2.8 AutoCAD 2024 的绘图工具

运行 AutoCAD 2024 后，在默认状况下，左上角常用命令中第一项即为【绘图】面板，可以绘制点、直线、圆、圆弧、椭圆和多边形等二维图形。二维图形对象是整个 AutoCAD 的绘图基础，因此要熟练地掌握它们的绘制方法和技巧。

2.8.1 绘图面板

【绘图】面板里是绘制图形最基本、最常用的命令，其中包含了 AutoCAD 2024 的大部分绘图命令。选择该面板中的命令或子命令，可绘制出相应的二维图形。

在【绘图】面板的一些图标命令上有一个小三角，如图 2-58a 中箭头所指处，单击小三角会弹出如图 2-58b 所示的子菜单，里面列出了该命令的几种使用方式。

AutoCAD 2024 的设计非常贴心，如果将光标指向一个绘图命令，停留两秒钟，会自动弹出一个窗口，如图 2-58c 所示，将该命令的使用方法进行一个图文并茂的说明。

使用绘图命令也可以绘制图形，在命令提示行中输入绘图命令，按<Enter>键，然后根据命令行的提示信息进行绘图操作。

AutoCAD 2024 在实际绘图时，采用命令行工作机制，以命令的方式实现用户与系统的信息交互。

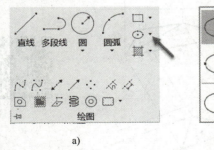

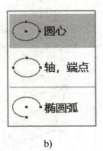

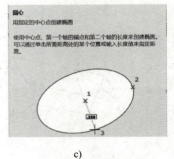

| a) | b) | c) |

图 2-58 绘图菜单

2.8.2 常用绘图命令

1. 绘制直线

直线是各种绘图中最常用、最简单的图形对象，只要指定了起点和终点即可绘制一条直线。在 AutoCAD 2024 中，可以用二维坐标（x，y）或三维坐标（x，y，z）来指定端点，也可以混合使用二维坐标和三维坐标。如果输入二维坐标，AutoCAD 将会用当前的高度作为 Z 轴坐标值，默认值为 0。

单击【绘图】面板上的【直线】命令按钮 ，或者在命令提示行输入"line"命令，即可绘制直线。在绘制直线时，有一根与最后点相连的"橡皮筋"，直观地指示端点放置的位置。用户可以用鼠标拾取或输入坐标的方法指定端点，这样可以绘制连续的线段。使用 <Enter> 键、<Spacebar> 键或鼠标右键菜单中的【确认】选项结束命令。

在绘制过程中，如果输入点的坐标出现错误，可以输入字母"U"再按 <Enter> 键，撤销上一次输入点的坐标，继续输入，而不必重新执行绘制直线命令。如果要绘制封闭图形，不必输入最后一个封闭点，而直接键入字母"C"，按 <Enter> 键即可。命令行显示如下。

命令：_line
指定第一个点：
指定下一点或［放弃（U）］：
指定下一点或［放弃（U）］：
指定下一点或［闭合（C）/放弃（U）］：

图 2-59 所示为绘制直线时 AutoCAD 2024 的相应提示，由此可看出 AutoCAD 2024 对于命令的相应提示十分丰富，更方便了绘图。

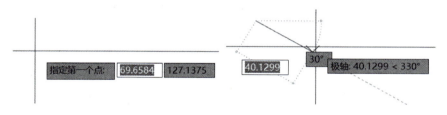

图 2-59　绘制直线

2. 绘制矩形

单击【绘图】面板上的【矩形】命令按钮 □，或者在命令提示行输入"rectang"命令，命令行显示如下。

命令：_rectang
指定第一个角点或［倒角（C）/标高（E）/圆角（F）/厚度（T）/宽度（W）］：
指定另一个角点或［面积（A）/尺寸（D）/旋转（R）］：

设置各种参数即可绘制出倒角矩形、圆角矩形、有厚度的矩形等多种矩形，如图 2-60 所示。

3. 绘制正多边形

单击【绘图】面板上的【正多边形】命令按钮 ⬠，或者在命令提示行输入"polygen"命令，即可绘制边数为 3 至 1024 的正多边形。图 2-61 表示了绘制正多边形的大体步骤。

4. 绘制圆

单击【绘图】面板上的【圆】命令按钮 ⊙▼，或者在命令提示行输入"circle"命令，即可绘制圆。在 AutoCAD 2024 中，可以使用 6 种方式绘制圆，如图 2-62 所示。

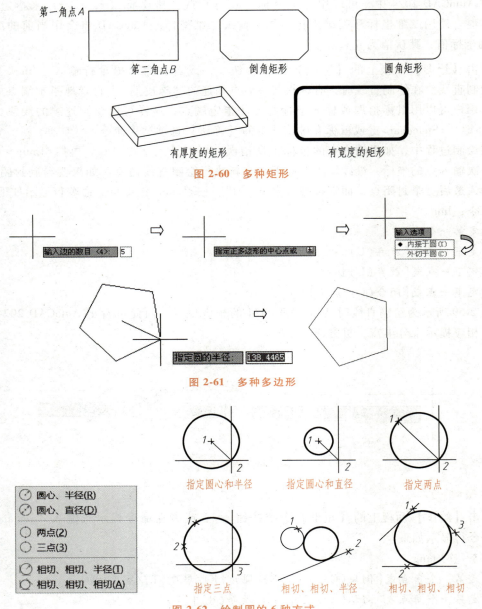

图 2-60 多种矩形

图 2-61 多种多边形

图 2-62 绘制圆的 6 种方式

5. 绘制圆弧

单击【绘图】面板上的【圆弧】命令按钮 ，或者在命令提示行输入 "arc" 命令，即可绘制圆弧。Auto CAD 2024 提供了 11 种绘制圆弧的方式，如图 2-63 所示。

6. 绘制椭圆

单击【绘图】面板上的【椭圆】命令按钮 ，或者在命令提示行输入 "ellipse" 命令，即可绘制椭圆。

可以选择【绘图】/【椭圆】/【圆心】命令，指定椭圆中心、一个轴的端点（主轴）以及

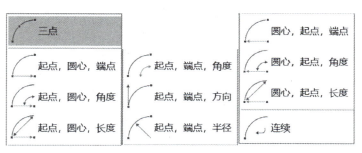

图 2-63 圆弧的绘制方式

另一个轴的半轴长度绘制椭圆；也可以选择【绘图】/【椭圆】/【轴，端点】命令，指定一个轴的两个端点（主轴）和另一个轴的半轴长度绘制椭圆；或者选择【绘图】/【椭圆】/【椭圆弧】命令，绘制椭圆弧，如图 2-64 所示。

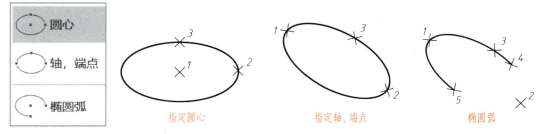

图 2-64 绘制椭圆的几种方式

7. 绘制多段线

多段线（Polyline）是 AutoCAD 中较为重要的一种图形对象。多段线由彼此首尾相连的、可具有不同宽度的直线段或弧线组成，并作为单一对象使用。

单击【绘图】面板上的【多段线】命令按钮，或者在命令提示行输入"pline"命令，即可绘制多段线。绘制多段线的命令提示行比较复杂，如下所示。

命令：_pline

指定起点：

当前线宽为 0.0000

指定下一个点或［圆弧（A）/半宽（H）/长度（L）/放弃（U）/宽度（W）］：

指定下一点或［圆弧（A）/闭合（C）/半宽（H）/长度（L）/放弃（U）/宽度（W）］：

用户可以通过不同参数的设定绘制各种形式的多段线，如图 2-65 所示。

图 2-65 绘制多段线

第3章

基本体的视图

由若干个面围成的具有一定几何形状和大小的空间形体称为立体。立体分为平面立体和曲面立体，这两类最基本的立体称为基本体。本章介绍基本体的视图，并求作基本体表面的点、线投影。

【本章重点】

- 平面立体的视图
- 曲面立体的视图
- AutoCAD 2024 的编辑命令

📌 3.1 平面立体的视图

立体表面全部由平面所围成，则称为平面立体。最基本的平面立体有棱柱和棱锥，如图 3-1 所示。

3.1.1 棱柱

1. 棱柱的三视图

棱柱是由棱面和上、下底面围成的平面立体，相邻棱面的交线称为棱线，各棱线相互平行。棱柱的棱线与底面平行时，称为直棱柱。当

图 3-1 平面立体

底面为正多边形时，称为正棱柱。如图 3-2a 所示为正六棱柱，棱线垂直于 H 面，顶、底两面平行于 H 面，前、后两棱面平行于 V 面。

正六棱柱三视图的画图步骤如下。

1）用点画线画出作图基准线。其中主视图与左视图的作图基准线是正六棱柱的轴线，俯视图的作图基准线是底面正六边形外接圆的中心线，如图 3-2b 所示。

2）画正六棱柱的俯视图，并按棱柱高度在主视图和左视图上确定顶、底两个面的投影图，如图 3-2c 所示。

3）根据投影关系完成各棱线、棱面的主、左视图，如图 3-2d 所示。

4）按图线要求描深各图线，如图 3-2e 所示。

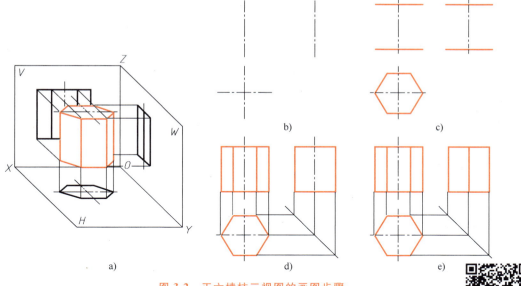

图 3-2 正六棱柱三视图的画图步骤

2. 棱柱表面上点、线的投影

平面立体表面上取点实际就是在平面上取点。线是点的集合，先作出线上若干点的投影，再依次光滑连接这些点的同面投影，就得到线的各面投影。

例 3-1 如图 3-3 所示，在三棱柱的棱面 ABB_1A_1 上有一 K 点，其 V 面投影 k' 为已知，求作 K 点的 H 面和 W 面投影 k、k''。

分析 点 K 在棱面 ABB_1A_1 上，棱面 ABB_1A_1 的 H 面投影具有积聚性，因此点 K 的 H 面投影落在三角形的边上。

解 先过 k' 向下作投影连线，与 ABB_1A_1 的 H 面投影相交，交点就是 k；再过 k' 向右作投影连线，并在投影连线上截取一点到后棱面的距离等于水平投影 k 到后棱面的距离，则该点即为所求的侧面投影 k''；最后判别可见性，由于 K 点在左棱面上，它相对 V、W 面都是可见的。

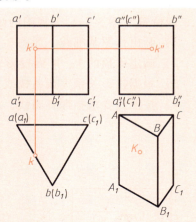

图 3-3 棱柱表面上点的投影

例 3-2 如图 3-4 所示，已知三棱柱面上的折线 MKN 的正面投影 $m'k'n'$，求该线的 H、W 面投影。

分析 MK 在棱面 ABB_1A_1 上，KN 在 BCC_1B_1 上，先求出线上两个端点的投影，连接端点的投影，并判断可见性，K 点是 V 面投影可见部分与不可见部分的分界点。

解 先作出垂直面 ABB_1A_1 上点 M 的水平投影 m，再由 m' 和 m 求作 m''。同理，由 n' 作 n，再作出 n''。因为分界点 K 在棱线上，所以直接求出 (k) 和 k''，而后连接各点的同名投影，注意 (n'') k'' 不可见，画细虚线。

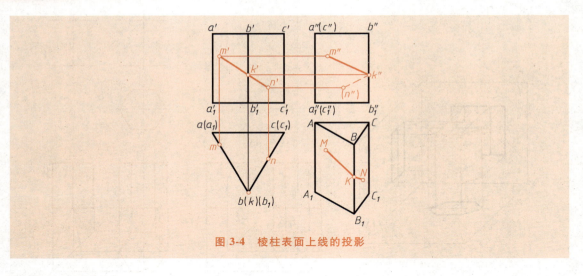

图 3-4　棱柱表面上线的投影

3.1.2　棱锥

1. 棱锥的三视图

棱锥是由多个棱面和一个底面围成的，各棱面都是三角形，相邻棱面的交线是棱线，各棱线汇交于一点（锥顶点），底面是多边形。画棱锥的三视图，只要画出锥顶和底面上各点的三面投影，然后连接各相应的点的同名投影即可。

四棱锥（图 3-5a）三视图的画图步骤如下。

1）画出作图基准线，如图 3-5b 所示。

2）确定锥顶的 V、W 面投影，并画出底面的 H 面投影图，如图 3-5c 所示。

3）根据投影关系完成各棱线、锥面的主、俯和左视图，如图 3-5d 所示。

4）按图线要求描深各图线，如图 3-5e 所示。

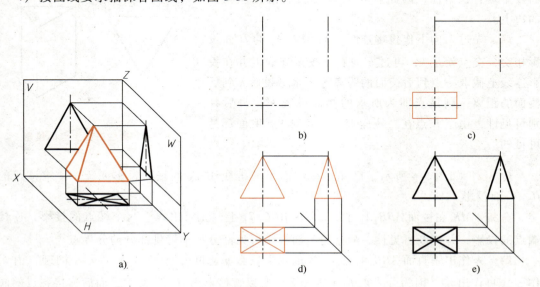

图 3-5　四棱锥三视图的画图步骤

2. 棱锥表面上点的投影

例 3-3 如图 3-6 所示，三棱锥的 *SAB* 面上有一 *K* 点，已知其 *V* 面投影 *k'*，求其余两个投影。

分析 解题的出发点是先过 *K* 点在锥面 *SAB* 上作一条辅助线，求出该直线的投影，然后求得 *K* 点的另两个投影。

解 在棱面 *SAB* 的 *V* 面投影 *s'a'b'* 中过 *k'* 任意作一辅助线 *e'f'*，由 *e'f'* 向 *W* 面引投影连线得 *e"f"*，然后根据三面投影的关系在 *H* 面投影中画出 *ef*。再由 *k'* 分别向下、向右引投影连线即得 *k* 及 *k"*。注意 *f* 点位置的确定是自 *W* 面投影中量取 *Y* 得到的，如图 3-6b 所示。另外一种作图方法是过 *K* 点作水平辅助线 *MN* 平行于 *AB*，如图 3-6c 所示。

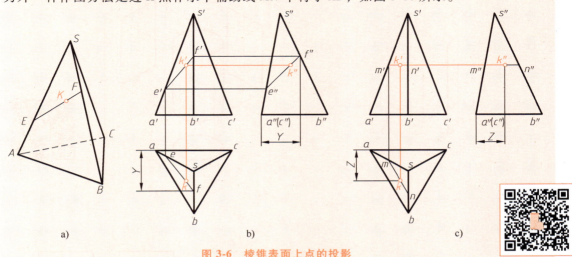

图 3-6 棱锥表面上点的投影

📌 3.2 曲面立体的视图

立体表面全部由曲面或由曲面与平面所围成，则称为曲面立体，最基本的曲面立体有圆柱、圆锥、圆球、圆环及一般回转体等，如图 3-7 所示。

图 3-7 曲面立体

3.2.1 圆柱

1. 圆柱的三视图

圆柱是由圆柱面和上、下两端面围成的，圆柱面是由直母线 AA_1 绕和它平行的轴线 OO_1 回转而成，轴线 OO_1 称为回转轴，在圆柱面上任意位置的母线称为素线。

图 3-8a 所示为圆柱三视图的形成，圆柱三视图的画图步骤如下。

1）用细点画线画出作图基准线，如图 3-8b 所示。其中，主视图和左视图的作图基准线为圆柱的轴线，俯视图的作图基准线为圆柱底面圆的中心线。

2）从投影为圆的视图开始作图。先画俯视图（圆柱面的积聚性投影为圆），并确定上、下两端面在 V 面、W 面中的投影位置，如图 3-8c 所示。

3）画出圆柱面对 V、W 面转向轮廓线的投影，最后描深，如图 3-8d 所示。

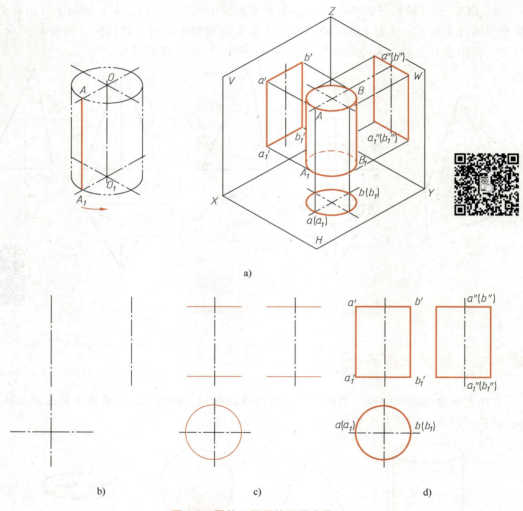

图 3-8　圆柱三视图的画图步骤

2. 圆柱表面上点、线的投影

圆柱表面上的点按其位置不同分为两种形式，即点在转向轮廓线上和点在具有积聚性的圆柱面上，可根据"三等"规律直接求解。如图 3-9 所示，N 点在圆柱面的最右素线上，也就是对 V 面的转向轮廓线上，它的 W 面投影 n'' 重影在该圆柱轴线的 W 面投影上，因此不可见，加括号（n''）；图中的 M 点，由于圆柱面的水平投影积聚，因此点 M 的 H 面投影 m 积聚在圆上，然后利用 m 和 m' 求出 W 面投影 m''。

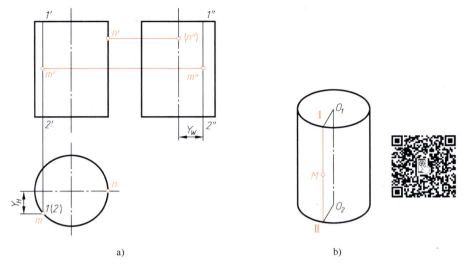

图 3-9 圆柱表面上点的投影

曲面立体表面上线的投影是通过求线上点的投影，然后依次光滑连线得到的，作图的一般过程如下。

1）求出线上特殊点的投影。特殊点包括确定线的空间范围的点、位于曲面转向轮廓线上的点以及线的可见部分与不可见部分的分界点。

2）求若干个一般点的投影。

3）依次光滑连接各个点的同面投影，组成线的相应投影，可见点的连线画粗实线，不可见点的连线画虚线。

例 3-4 如图 3-10 所示，已知圆柱面上曲线的 V 面投影，求作该线的 H、W 面投影。

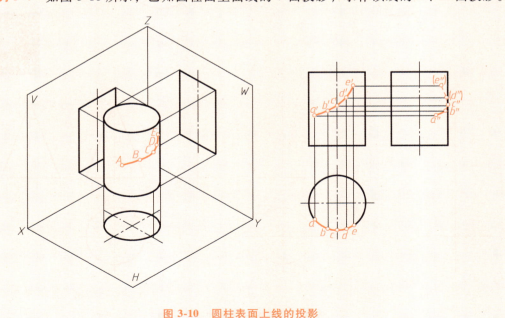

图 3-10 圆柱表面上线的投影

解　先在该曲线的 V 面投影上标出端点 a'、e' 及 W 面可见部分与不可见部分的分界点 c' 和一般点 b'、d'；再在圆柱面的积聚性水平投影圆上作出这些点的水平投影 a、b、c、d、e，按点的三面投影规律求作 $a''b''c''(d'')$ 和 (e'')，最后依次连接各点的 W 面投影。

3.2.2　圆锥

1. 圆锥的三视图

圆锥是由圆锥面和底面围成的。如图 3-11a 所示，圆锥面是由直母线 SA 绕与它相交的轴线 SO 回转而成。圆锥面上通过顶点 S 的任一直线称为圆锥面的素线。

圆锥三视图的画图步骤如下。

1）画作图基准线，如图 3-11b 所示。主视图与左视图的作图基准线都是圆锥的轴线，俯视图的作图基准线是底面圆的中心线。

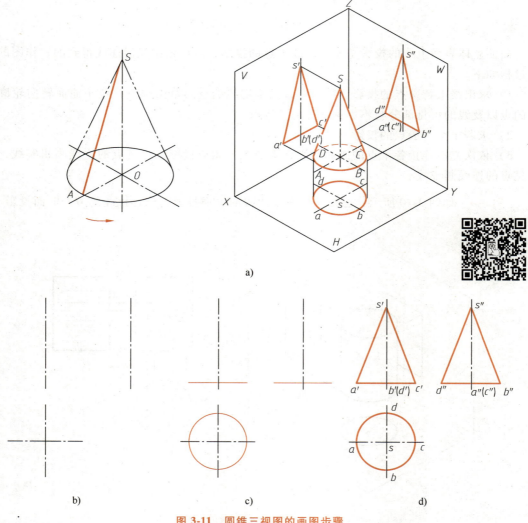

图 3-11　圆锥三视图的画图步骤

2）从投影为圆的视图开始作图。画出俯视图，并确定圆锥底面及锥顶点在 V、W 面上的投影位置，如图 3-11c 所示。

3）根据投影规律画出锥面对 V、W 面的转向轮廓线投影，最后描深，如图 3-11d 所示。

2. 圆锥表面上的点和线的投影

要在圆锥面上求作一个点的投影，需要先在圆锥面上过该点作辅助线，有两种作辅助线的方法。

（1）辅助素线法 过 K 点和锥顶 S 作一条素线 SA，则 K 点的各面投影必定落在素线 SA 的投影上，如图 3-12a 所示。

（2）辅助圆法 如图 3-12b 所示，过 K 点在锥面上作垂直于圆锥轴线的辅助圆 R，则 K 点的各面投影必定落在该辅助圆的同面投影上。在作图时应注意，辅助圆的直径在 V 面投影上量取，即 1′、2′ 两点的连线长度，如图 3-12a 所示。

图 3-12a 中，M 点位于锥面的最前素线上，它的 W 面投影 m″ 落在侧面的转向轮廓线上，V 面投影 m′ 重影在轴线的 V 面投影上，H 面投影 m 落在中心线上。

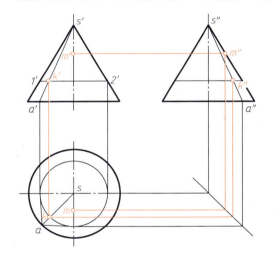
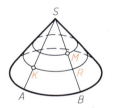

a)　　　　　　　　b)

图 3-12　圆锥表面取点

如图 3-13a 所示，已知圆锥面上曲线的 V 面投影，求作该线的 H、W 面投影。作图过程：先在曲线的 V 面投影上标出端点 a′、e′ 及 W 面可见部分与不可见部分的分界点 c′ 和一般点；点 C 在转向轮廓线上可直接求得 c″，再求出 c；圆锥面上其余各点的投影应采用辅助线法求出。

图 3-13b 采用的是辅助素线法求解作图，图 3-13c 则是采用辅助圆法求解作图。

3.2.3　圆球

1. 圆球的三视图

球是由球面围成的。球面是以圆为母线，以该圆上任一直径为回转轴旋转而成的，如图 3-14a 所示。圆球的三个视图分别是球对 V、H、W 面的三个转向轮廓线圆的投影，如图 3-14b 所示。图 3-14c 所示为球的三视图。

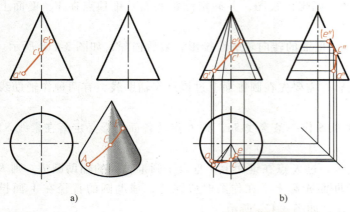

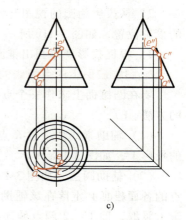

图 3-13　圆锥表面上线的投影

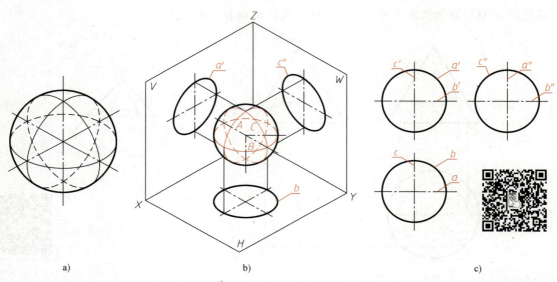

图 3-14　球面的形成及三视图

2. 球表面上点的投影

由于球面是回转面，故在球面上作点的投影，需过该点在球面上作平行于某一投影面的辅助圆，然后在该圆的投影上取点。已知球面上 K 点的 V 面投影 k'，求作其水平投影 k 和侧面投影 k''。作图步骤：如图 3-15a 所示，过 k' 作水平线 $c'd'$，以 $c'd'$ 为直径画出水平辅助圆的水平投影，自 k' 向下引线与该圆相交得到 k，由 k'、k 即可求得 k''。

又如图 3-15 所示，A 点位于球面上最大的正平圆上，读者可自行分析该点各面投影的位置特点。

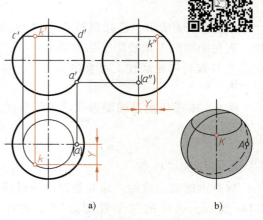

图 3-15　球表面上点的投影

3.2.4 圆环

1. 圆环的三视图

圆环面是以圆为母线，围绕在圆外且与圆共面的一条轴线回转而成的，如图 3-16 所示。因此，通过轴线的任一截平面与圆环面的交线都是圆。

圆环的三个投影都是环面对相应投影面的转向轮廓线的投影，如图 3-17 所示，俯视图中的两个同心圆是环面对 H 面的两条转向轮廓线的投影。这两条转向轮廓线是环面上垂直于回转轴的最大圆和最小圆，也是上半环与下半环的分界线。主视图中，两个素线圆是前半环与后半环分界处的转向轮廓线的投影，上下两条水平直线是外环面与内环面分界处的转向轮廓线的投影。

图 3-16 圆环的形成

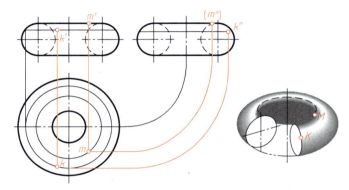

图 3-17 圆环的三视图及表面上点的投影

2. 圆环表面上的点的投影

环面是一个回转面，故在环面上取点时，可用过该点在环面上作辅助圆的方法。例如，在图 3-17 中，已知环面上 K 点的 V 面投影 k'，求 k、k''。作图方法：过 K 作水平辅助圆（垂直于圆环轴线），即过 k' 作水平线确定水平圆的直径，则 k、k'' 分别落在该辅助圆的同面投影上。在该图中，M 点是位于内环面和外环面分界处的转向轮廓线上，读者可试着分析该点各面投影位置的特点。

🖈 3.3 AutoCAD 2024 常用编辑命令的使用

在 AutoCAD 中，要绘制准确而有一定复杂程度的图形，就必须使用编辑命令。编辑命令可以通过 AutoCAD 2024 的【修改】菜单或面板打开，通过使用这些命令可以帮助用户合理而准确地绘制图形，简化绘图操作。本节简单介绍对象的选择、夹点、删除、复制和移动、镜像、偏移、阵列、旋转、修剪和延伸、缩放和拉伸、倒角和圆角、打断、分解等命令的使用方法。图 3-18 为编辑命令在 AutoCAD 2024 中菜单和面板中的形式。

3.3.1 对象的选择

在对图形进行编辑操作之前，首先需要选择要编辑的对象。在 AutoCAD 中，选择对象

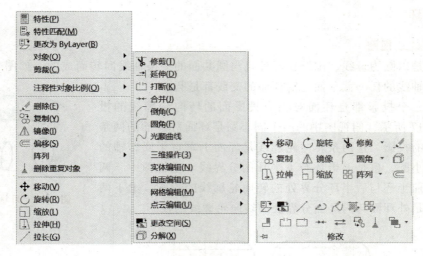

图 3-18　编辑命令

的方法很多，例如，可以通过单击对象逐个拾取，也可利用矩形窗口或交叉窗口选择。所谓矩形窗口是指从左向右拉窗口，矩形窗口是实线，要把对象全部框选才可以选中，如图 3-19a 所示；交叉窗口是指从右向左拉窗口，交叉窗口是虚线，只要框选对象一部分就可以将其选中，如图 3-19b 所示，可以选择最近创建的对象、前面的选择集或图形中的所有对象，也可以向选择集中添加对象或从中删除对象。

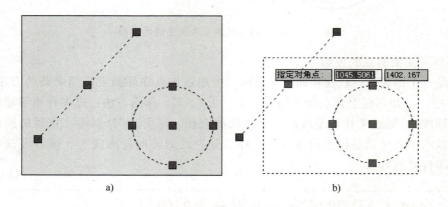

a)　　　　　　　　　　　　　　　b)

图 3-19　窗口方式选择对象
a）矩形窗口　b）交叉窗口

除此以外，还有过滤选择、快速选择、编组选择等方法。

3.3.2　夹点

在编辑图形前、选择对象后，在对象上将显示出若干个小方框，这些小方框用来标记被选中对象的夹点，夹点就是对象上的控制点，如图 3-19 所示。夹点是一种集成的编辑模式，提供了一种方便快捷的编辑操作途径。例如，使用夹点可以对对象进行拉伸、移动、旋转、缩放及镜像等操作。

3.3.3 删除

在 AutoCAD 2024 的菜单中，选择【修改】/【删除】命令（ERASE），或在【修改】面板中单击【删除】按钮 ，都可以删除图形中选中的对象。

通常执行删除命令后，需要选择要删除的对象，然后单击鼠标右键结束对象选择，同时删除已选择的对象；或者可以先选择对象，然后单击【删除】按钮 删除，或者选择对象后单击<Delete>键删除。

3.3.4 复制和移动

使用"复制"（COPY）命令，可以创建与原有对象相同的图形。在 AutoCAD 2024 的菜单中选择【修改】/【复制】命令，或单击【修改】面板中的【复制】按钮 ，即可复制已有对象的副本，并放置到指定的位置。执行该命令时，首先需要选择对象，然后指定位移的基点和位移（相对于基点的方向和大小）。

复制命令既可以创建一个副本，也可以同时创建多个副本。在"（指定第二个点或退出（E）/放弃（U）<退出>:）"提示下，通过连续指定位移的第二点来创建该对象的其他副本，直到按<Enter>键结束。复制对象如图 3-20 所示。

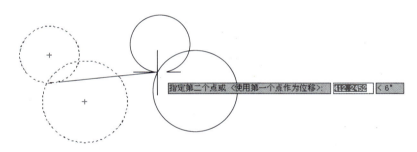

图 3-20 复制对象

"移动"（MOVE）的作用是对对象的重定位。在 AutoCAD 2024 的菜单中选择【修改】/【移动】命令，或在【修改】面板中单击【移动】按钮 ，可以在指定方向上按指定距离移动对象，对象的位置发生了改变，但方向和大小不改变。

要移动对象，首先选择要移动的对象，然后指定位移的基点和位移矢量即可。移动命令如图 3-21 所示。

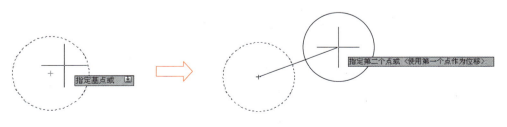

图 3-21 移动命令

3.3.5 镜像

　　使用"镜像"（MIRROR）命令，可以将对象以镜像线对称复制。在 AutoCAD 2024 的菜单中选择【修改】/【镜像】命令，或在【修改】面板中单击【镜像】按钮 ⚠ 即可。

　　执行该命令时，首先选择要镜像的对象，然后指定镜像线上的两个端点，命令行将显示"（删除源对象吗？【是（Y）/否（N）】<N>:）"提示信息。直接按<Enter>键，则镜像复制对象，并保留原来的对象；如果输入"Y"，则在镜像复制对象的同时删除原对象。镜像对象如图 3-22 所示。

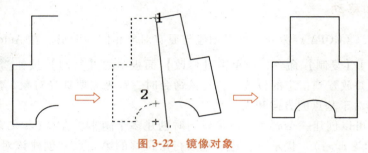

图 3-22　镜像对象

3.3.6 偏移

　　"偏移"（OFFSET）命令对指定的对象作偏移复制。在实际应用中，常利用偏移命令创建平行线或等距离分布图形。

　　在 AutoCAD 2024 的菜单中选择【修改】/【偏移】命令，或在【修改】面板中单击【偏移】按钮 ⊏，执行偏移命令，其命令行显示如下提示：

　　指定偏移距离或［通过（T）/删除（E）/图层（L）］<通过>:

　　默认情况下，需要指定偏移距离，再选择要偏移复制的对象，然后指定偏移方向，以复制出对象。偏移对象如图 3-23、图 3-24 所示。

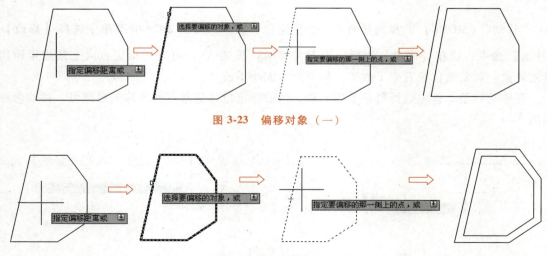

图 3-23　偏移对象（一）

图 3-24　偏移对象（二）

说明："偏移"命令通常只能选择一个图形要素，图 3-23 中的六边形是用"LINE"命令绘制而成的，故由六条直线组成；图 3-24 中的六边形是用"PLINE"命令绘制而成的，故只有一个图形对象。

3.3.7 阵列

"阵列"（ARRAY）命令用于规则多重复制对象。在 AutoCAD 2024 的菜单中选择【修改】/【阵列】命令，或在【修改】面板中单击【阵列】按钮，都可以打开阵列命令列表，如图 3-25 所示，包含【矩形阵列】【环形阵列】和【路径阵列】，前两者在机械图样中常用。

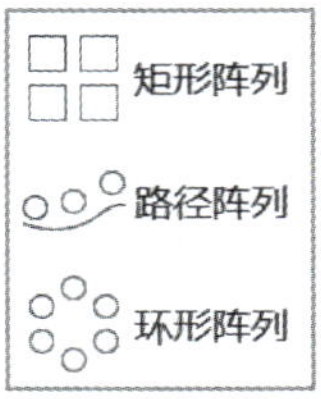

图 3-25　阵列列表

1. 矩形阵列

单击【矩形阵列】按钮后，选择需阵列对象后单击鼠标右键，会出现如图 3-26 所示的对话框，同时命令提示行出现：

选择夹点以编辑阵列或［关联（AS）/基点（B）/计数（COU）/间距（S）/列数（COL）/行数（R）/层数（L）/退出（X）］<退出>：

设置阵列的行数、列数、间距等参数，即可完成矩形阵列操作。

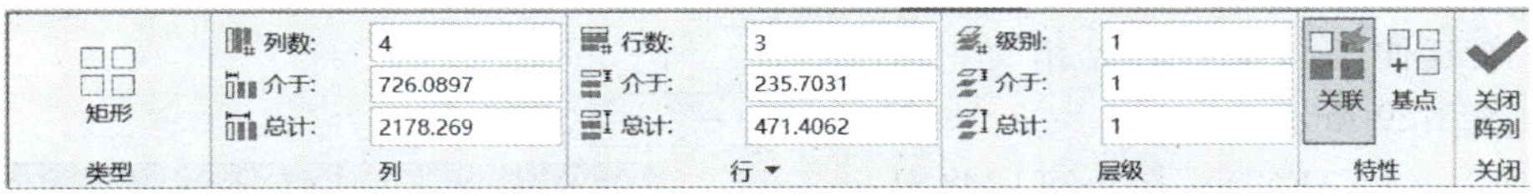

	列数	4	行数	3	级别	1			
矩形	介于	726.0897	介于	235.7031	介于	1	关联	基点	关闭阵列
	总计	2178.269	总计	471.4062	总计	1			
类型	列		行		层级		特性		关闭

图 3-26　【矩形阵列】对话框

2. 环形阵列

单击【环形阵列】按钮后，选择需阵列对象后单击鼠标右键，给定阵列中心后再单击鼠标右键，会出现如图 3-27 所示的对话框，同时命令提示行出现：

选择夹点以编辑阵列或［关联（AS）/基点（B）/项目（I）/项目间角度（A）/填充角度（F）/行（ROW）/层（L）/旋转项目（ROT）/退出（X）］<退出>：

设置数量、项目间角度、填充角度等参数，即可完成环形阵列操作。

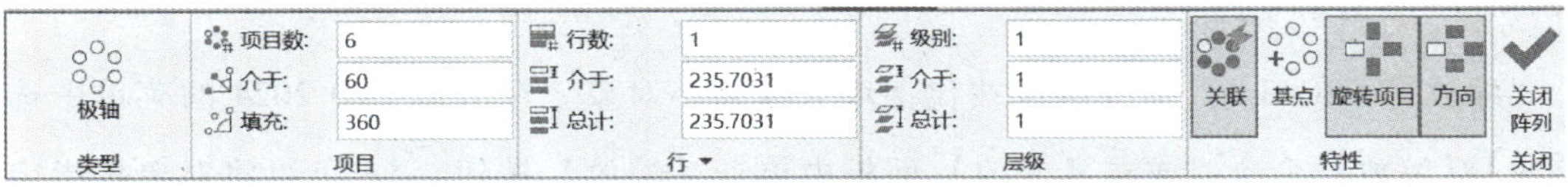

	项目数	6	行数	1	级别	1				
极轴	介于	60	介于	235.7031	介于	1	关联	基点	旋转项目	方向
	填充	360	总计	235.7031	总计	1				关闭阵列
类型	项目		行		层级		特性			关闭

图 3-27　【环形阵列】对话框

3.3.8 旋转

在 AutoCAD 2024 的菜单中选择【修改】/【旋转】（ROTATE）命令，或在【修改】面板中单击【旋转】按钮，可以将对象绕基点旋转指定的角度。注意在 AutoCAD 中逆时针方向为角度的正方向。

选择要旋转的对象并指定旋转的基点，命令行将显示"（指定旋转角度或［复制（C）参照（R）］<O>）"提示信息。如果直接输入角度值，则可以将对象绕基点转动该角度。旋转命令如图 3-28 所示。

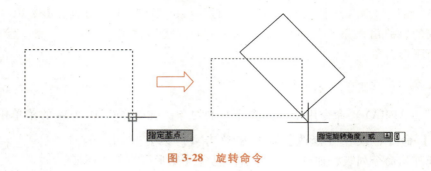

图 3-28 旋转命令

3.3.9 修剪和延伸

"修剪"（TRIM）命令可以将对象按指定的边界进行修剪。在 AutoCAD 2024 的菜单中选择【修改】/【修剪】命令，或在【修改】面板中单击【修剪】按钮 ✂，可以以某一对象为剪切边修剪其他对象。

执行命令后，直接单击需修剪的部分即可。如果按下<Shift>键，同时选择与修剪边不相交的对象，修剪边将变为延伸边界，将选择的对象延伸至与修剪边界相交。修剪命令如图 3-29 所示。

"延伸"（EXTEND）命令可以将对象延伸到指定位置。在 AutoCAD 2024 的菜单中选择【修改】/【延伸】命令，或在【修改】面板中单击【延伸】按钮

图 3-29 修剪命令

⟶ ，可以延长指定的对象与另一对象相交或外观相交。

延伸命令的使用方法和修剪命令的使用方法相似，不同之处在于使用延伸命令时，如果在按下<Shift>键的同时选择对象，则执行修剪命令。

3.3.10 缩放和拉伸

"缩放"（SCALE）命令可以按比例增大或缩小对象。在 AutoCAD 2024 的菜单中选择【修改】/【缩放】命令，或在【修改】面板中单击【缩放】按钮 ☐，可以将对象按指定的比例因子相对于基点进行缩放。

先选择对象，然后指定基点，命令行将显示"（指定比例因子或【复制（C）/参照（R）】<l.0000>:）"提示信息。如果直接指定缩放的比例因子，对象将根据该比例因子相对于基点缩放，当比例因子大于 0 而小于 1 时缩小对象，当比例因子大于 1 时放大对象；如果选择【参照（R）】选项，对象将按参照的方式缩放，需要依次输入参照长度的值和新的长度值，（比例因子＝新长度值/参照长度值），然后进行缩放。图 3-30 为复制方式，比例因子 1.2 缩放的图形。

在 AutoCAD 2024 的菜单中选择【修改】/【拉伸】命令（STRETCH），或在【修改】面板中单击【拉伸】按钮 ⬓，就可以拉伸对象。执行该命令时，必须使用【交叉窗口】方式

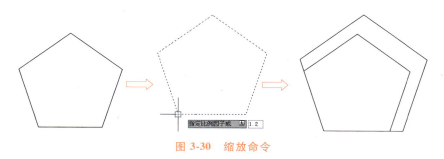

图 3-30　缩放命令

选择对象，然后依次指定位移基点和位移矢量，将会拉伸（或压缩）与选择窗口边界相交的对象，如图 3-31 所示。

图 3-31　拉伸命令

3.3.11　倒角和圆角

在 AutoCAD 2024 的菜单浏览器中选择【修改】/【倒角】（CHAMFER）命令，或在【修改】面板中单击【倒角】按钮 ，即可为对象绘制倒角。

倒角命令的选项比较多，最常用的是首先选择距离选项，分别指定倒角的两个距离值，然后选择要倒角的两条线即可，也可以用指定倒角角度的方式绘制倒角，命令行显示如下。

命令：_chamfer

（"修剪"模式）当前倒角距离 1 = 0.0000，距离 2 = 0.0000

选择第一条直线或［放弃（U）/多段线（P）/距离（D）/角度（A）/修剪（T）/方式（E）/多个（M）］：

选择第二条直线，或按住 Shift 键选择直线以应用角点或［距离（D）/角度（A）/方法（M）］：

如果被倒角对象是多段线，只需选择一次对象，即可生成所有倒角。

图 3-32 所示为普通直线图形和多段线图形的倒角。

图 3-32　倒角命令

"圆角"（FILLET）命令修改对象使其以圆角相接。在 AutoCAD 2024 的菜单中选择【修改】/【圆角】命令，或在【修改】面板中单击【圆角】按钮 ，即可对对象用圆弧倒圆角。

倒圆角的方法与倒角的方法相似，在命令行提示中，选择【半径（R）】选项，设置圆角的半径大小即可。

3.3.12　打断

"打断"（BREAK）命令可部分删除对象或把对象分解成两部分，还可以使用"打断于点"命令将对象在一点处断开成两个对象。

1. 打断

在 AutoCAD 2024 的菜单中选择【修改】/【打断】命令，或在【修改】面板中单击【打断】按钮，即可部分删除对象或把对象分解成两部分。执行该命令并选择需要打断的对象，如图 3-33a 所示。

2. 打断于点

在【修改】面板中单击【打断于点】按钮，可以将对象在一点处断开成两个对象。执行该命令时，需要选择要被打断的对象，然后指定打断点，即可从该点打断对象，如图 3-33b 所示。

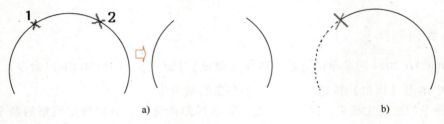

图 3-33　打断命令

3.3.13　分解

在 AutoCAD 2024 中，对于矩形（使用矩形命令绘制的）、块等由多个对象编组成的组合对象，如果需要对单个成员进行编辑，就需要先将它分解开。在菜单中选择【修改】/【分解】命令（EXPLODE），或在【修改】面板中单击【分解】按钮，选择需要分解的对象后按<Enter>键，即可分解图形并结束该命令。

第4章

截交线和相贯线

　　用平面（称为截平面）将基本体切去部分后而得到的形体称为切割体，截平面与基本体表面的交线称为截交线。立体与立体相交时，其表面产生的交线称为相贯线。掌握截交线和相贯线的特点和画法，有助于正确分析和画出切割体和相交立体的三视图。

【本章重点】

- 平面立体的截交线
- 曲面立体的截交线
- 曲面立体的相贯线
- AutoCAD 2024 的图层
- 用 AutoCAD 2024 绘制平面图形

4.1　截交线

4.1.1　平面立体的截交线

　　平面立体被截平面切割后形成的形体称为平面切割体，在它的外形上出现了一些新的表面（截断面）和交线（截交线），这些交线是截平面与立体表面的共有线，由于平面立体由平面围成，所以截平面与平面立体表面的截交线均为直线并围成封闭的多边形。如图 4-1 所示，三棱锥被截平面切割后与三个棱面有三条截交线，形成的截断面是三角形。

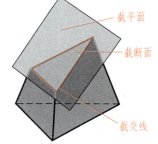

图 4-1　平面切割体的形成

　　绘制平面切割体的三视图时，应先作如下分析。

　　1）切割体被切割前的平面体形状。

　　2）截平面相对于投影面的位置以及是在立体的哪个部位上切割的。

　　3）被切割后立体表面上产生了哪些新的表面和截交线。

　　4）所产生的表面和截交线相对于投影面的位置和它们的投影特点是怎样的。

　　在以上分析的基础上进行具体画图，其步骤是先画基本体的三视图，再分别在视图上确定截平面位置，逐步画出切割产生的截平面和截交线的投影，举例如下。

例4-1 如图4-2a所示，画出正六棱柱的左上角被正垂面切去的三视图。

分析 截平面与棱柱的六个侧面和上顶面相交，形成由七条截交线围成的七边形。具体画图步骤如图4-2b~d所示。

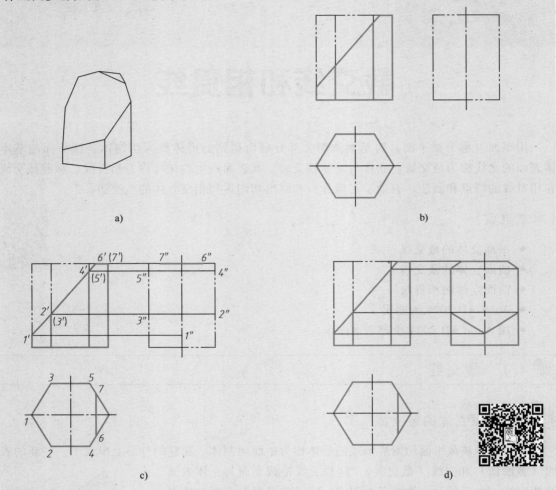

图4-2 平面切割体三视图的画法示例（一）

a）立体图 b）画基本体 c）根据投影关系确定在俯、左视图交线的端点投影

d）连接各端点，判定轮廓可见性，描深

例4-2 如图4-3a所示，画出平面切割体的三视图。

分析 基本体是长方体，前上方被侧垂面A切去一角，在前面中间用两个侧平面B和一个正平面C上下开一个通槽。侧垂面A与长方体的上面和前面的交线均为侧垂线，与左右两侧面的交线为侧平线，交线的W面投影与侧垂面A的W面投影积聚在一起。通槽的左右侧平面B与侧垂面A的交线为侧平线，正平面C与侧平面A的交线为侧垂线，交线的H面投影分别与平面B、C的H面投影积聚在一起，交线的W面投影与侧垂面A的W面投影积聚在一起，根据投影关系便可画出通槽的V面投影。其画图步骤如图4-3b~e所示。

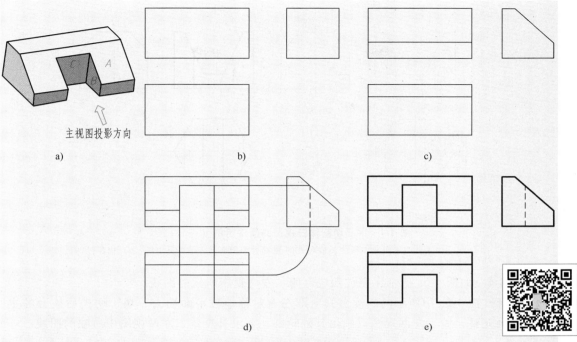

图 4-3　平面切割体三视图的画法示例（二）

a）立体图　b）画基本体（长方体）的三视图　c）用侧垂面切去前上角，根据投影关系在主、俯视图中增加交线
的投影　d）在俯视图中画出通槽的积聚性投影，根据投影关系画出通槽的 W、V 面投影　e）描深

例 4-3　画出如图 4-4a 所示开槽六棱柱的三视图。

分析　由图可见，六棱柱上部被左右两个正垂面 A 和水平面 B 切出一梯形槽。正垂面 A 与六棱柱顶面的交线为正垂线，与左右棱面的交线为倾斜线，与前后棱面的交线为正平线；槽底水平面 B 从前棱面切到后棱面，与前后棱面的交线均为侧垂线。由于各截面的 V 面投影均积聚为一直线，故梯形槽的 V 面投影可先画出，然后根据投影关系可完成 H、W 面投影。开槽六棱柱的具体画图步骤如图 4-4b～e 所示。

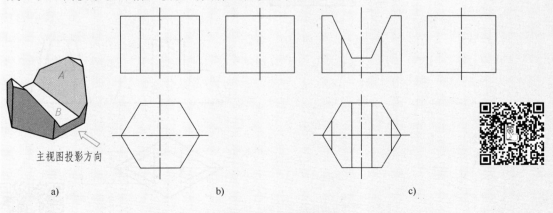

图 4-4　平面切割体三视图的画法示例（三）

a）立体图　b）画出六棱柱三视图　c）在主视图中画出 V 形槽的积聚性投影，按投影关系画出 V 形槽的 H 面投影

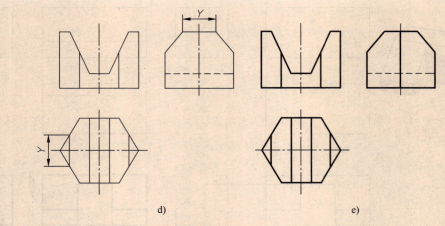

d)   e)

图 4-4　平面切割体三视图的画法示例（三）（续）

d）由主俯视图画出左视图，槽底 B 的 W 面投影积聚为一不可见直线　e）描深

例 4-4　如图 4-5a 所示，完成四棱台俯、左两视图所缺的图线。

分析　图 4-5a 中所示的四棱台其上部左右对称地被平面切去一块，切去后棱台的主视图已画完整，俯、左两视图只画出其外轮廓，要求补全俯、左两视图中所缺的图线。

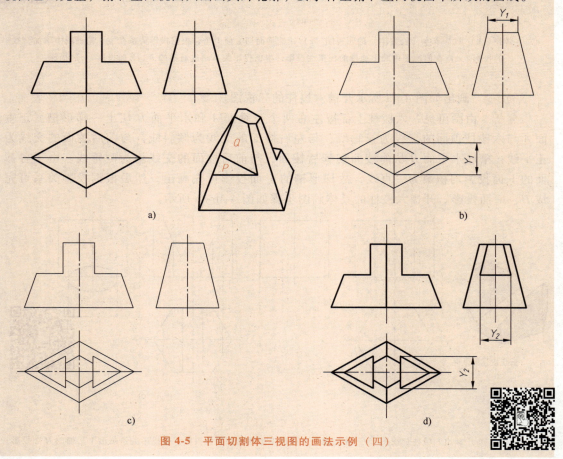

a)   b)

c)   d)

图 4-5　平面切割体三视图的画法示例（四）

由图可知，四棱台是被水平面 P 和侧平面 Q 切割的，水平面 P 与棱面的交线为水平线，侧平面 Q 与棱面的交线为侧平线。图 4-5b～d 示意出了具体作图步骤。

4.1.2　曲面立体的截交线

1. 曲面切割体

曲面立体被平面切去部分后的形体称为曲面切割体。平面切割曲面立体，在立体表面产生了一些交线，这些交线称为截交线，此平面又称为截平面，如图 4-6 所示。截平面与曲面立体表面相交，交线有直线与曲线之分。无论截交线的形状有何不同，它们具有以下两个基本性质。

1）截交线是截平面和立体表面的共有线，截交线上的点是两相交面的共有点。

2）由于立体是占有一定空间的形体，因此截交线必定组成一个封闭的平面图形。

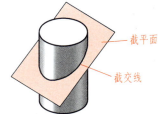

图 4-6　平面切割曲面立体

截交线的求解作图方法如下。

1）当截平面及曲面立体的某投影有积聚性时，可利用积聚性的投影，直接求出截交线上的点的其他投影。

2）一般情况下采用辅助线法进行表面取点作图。

求截交线的关键是求出截交线上若干点的投影，然后依次光滑连接各点的同名投影或截交线的相应投影。

2. 平面切割圆柱

平面切割圆柱有三种情况，如图 4-7 所示。当截平面垂直于圆柱轴线时，在圆柱表面上

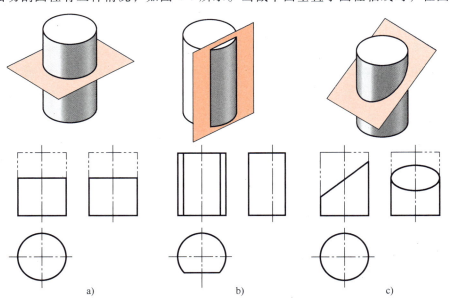

a)　　　　　　　　　b)　　　　　　　　　c)

图 4-7　平面切割圆柱的三种情况

a）截平面垂直于圆柱轴线，截交线为圆　　b）截平面平行于圆柱轴线，截交线为矩形

c）截平面与圆柱轴线斜交，截交线为椭圆

所得的交线是与圆柱直径相同的圆。当截平面平行于圆柱轴线切圆柱时，在圆柱面上的交线为直线，在圆柱体上得到一矩形。当截平面与圆柱轴线斜交时，在圆柱表面上所得的交线是椭圆。

例 4-5 画出正垂面截切圆柱体的三视图，如图 4-8a 所示。

分析 截交线的正面投影与正垂面的积聚投影重合，水平投影与圆柱面的积聚投影重合，在正面投影和水平投影上确定一系列点，求出侧面各点的投影，然后圆滑连接各点，即可得到截交线的侧面投影。

解

1）求特殊点，如图 4-8c 所示，在主视图中，椭圆的 V 面投影积聚成一直线，可得最低点（最左点）$1'$ 和最高点（最右点）$5'$；在俯视图中，圆柱面的投影积聚成圆，可得最前点 3 和最后点 7，它们分别位于圆柱面对 V 面和对 W 面的转向轮廓线上，根据投影规律可得 1、5、$1''$、$5''$、$3'$（$7'$）、$3''$、$7''$。

2）求一般点，如图 4-8d 所示，在 H 面投影上，将圆等分，得 2、4、6、8 等点，过各点向上作素线与 V 面投影交得 $2'$（$8'$）、$4'$（$6'$）点，根据投影规律得 $2''$、$4''$、$6''$、$8''$。

3）圆滑连接各点的 W 面投影，即为所求交线椭圆的 W 面投影，如图 4-8e 所示。由于圆柱的左上部已切去，所以交线的 W 面投影为可见。用粗实线绘制，注意圆柱对 W 面的转向线画到 $3''$ 和 $7''$ 点终止。

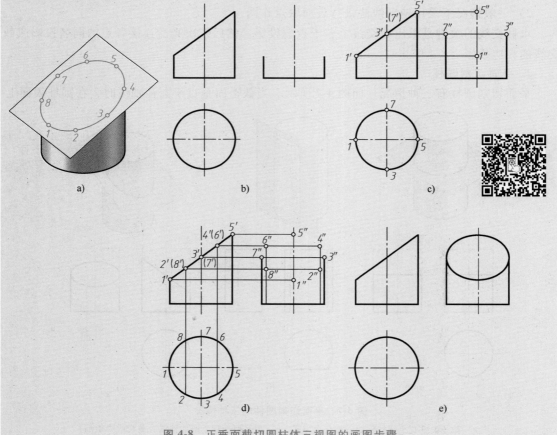

图 4-8 正垂面截切圆柱体三视图的画图步骤

例 4-6 画出如图 4-9a 所示圆柱切割体的三视图。

分析 该切割体左端中间开一通槽，右端上下对称各切去一块，其截平面分别为水平面和侧平面。其中，水平面平行于圆柱轴线，与圆柱面的交线为矩形，矩形的 V、W 面投影积聚成一直线，H 面投影反映实形，宽度由 W 面投影量取；侧平面垂直于圆柱轴线，与圆柱面的交线为圆的一部分，其 W 面投影与圆柱的投影重影，V、H 面投影与侧平面的 V、H 面投影（直线）重影。三视图的画图步骤如图 4-9b~e 所示。

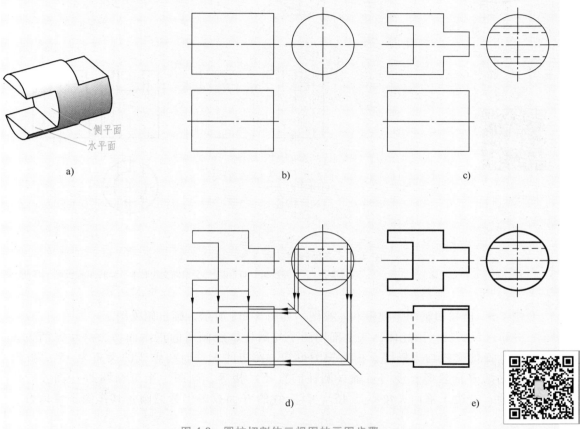

图 4-9 圆柱切割体三视图的画图步骤

a）立体图 b）画圆柱的三视图 c）画左端通槽及右槽上下切口的 V、W 面投影
d）按投影关系完成左右端的 H 面投影 e）描深

例 4-7 画出如图 4-10a 所示开槽圆柱筒的三视图。

分析 由图 4-10a 可见，圆柱筒的上方中间用与其轴线平行的两个侧平面和一个水平面对称地切出一通槽。侧平面的 V、H 面投影具有积聚性，它的 W 面投影反映实形。由于两侧平面相对于轴线左右对称，所以它们的 W 面投影重合。侧平面既与外圆柱面相交，又与内圆柱面相交，交线均为直线，根据投影规律可得交线的 W 面投影。在左视图中外圆柱面上交线可见，内圆柱面上交线不可见。读者可根据图 4-10b~e 所示的画图步骤进行分析。

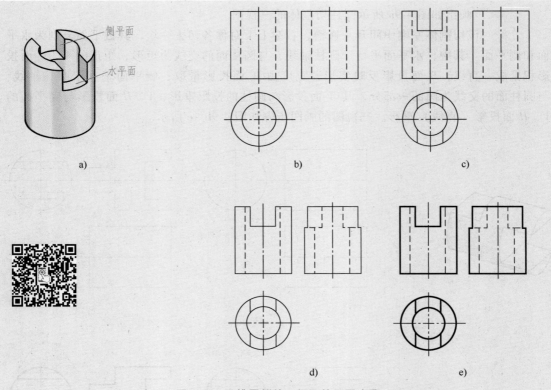

图 4-10 开槽圆柱筒三视图的画图步骤

a) 立体图 b) 画圆柱筒的三视图 c) 画通槽的 V、H 面投影 d) 按投影关系画交线和水平面的 W 面投影 e) 描深

例 4-8 已知销轴的主视图和左视图，如图 4-11a 所示，画出俯视图。

分析 该销轴为圆柱体，其上部用两个与圆柱轴线倾斜的正垂面切去一块，两正垂面与圆柱面的交线均为椭圆。由主视图可知，左边的正垂面与轴线的夹角为 45°，此时椭圆长轴的 H 面投影长度与短轴（圆柱的直径）相等，则图中半个椭圆的 H 面投影恰好为半圆；右边正垂面夹角不是 45°，其交线的 H 面投影仍为椭圆，其作图步骤请自行分析。

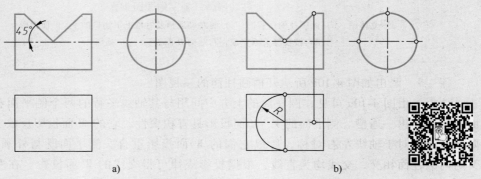

图 4-11 销轴俯视图的画图步骤

a) 画圆柱的俯视图 b) 画左边截交线的 H 面投影，并确定右边截交线特殊点的 H 面投影

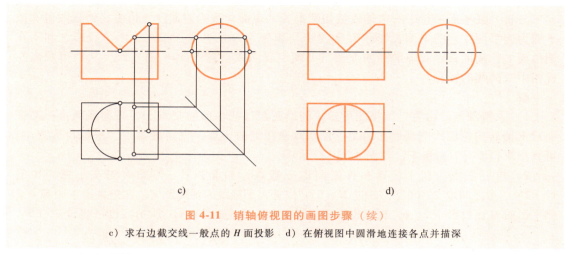

c)   d)

图 4-11   销轴俯视图的画图步骤（续）
c）求右边截交线一般点的 *H* 面投影   d）在俯视图中圆滑地连接各点并描深

3. 平面切割圆锥

平面切割圆锥有六种切法，可以得到五种不同的表面交线。图 4-12 列出了圆锥表面交线的六种情况，前两种分别是直线和圆，后四种分别为椭圆、双曲线和抛物线。

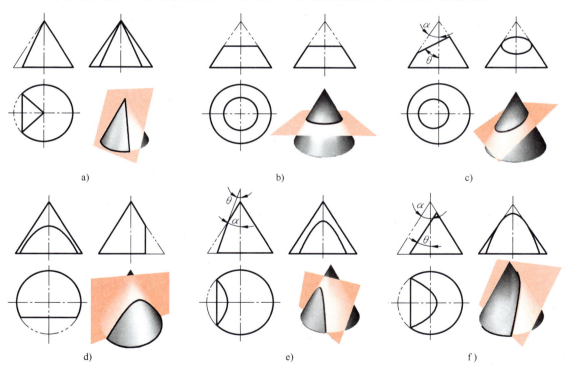

a)   b)   c)

d)   e)   f)

图 4-12   圆锥表面交线的六种情况
a）截平面过锥顶   b）截平面垂直于轴线（$\theta=90°$）   c）截平面与轴线倾斜（$\theta>\alpha$）   d）截平面平行于轴线（$\theta=0°$）
e）截平面与轴线倾斜（$\theta<\alpha$）   f）截平面与轴线倾斜（$\theta=\alpha$）

例 4-9   图 4-13a 所示为圆锥被平行于圆锥轴线的平面截切，已知主视图和俯视图，补全左视图中所缺交线的投影。

分析 截平面平行于圆锥轴线截切圆锥，其表面交线为双曲线，由主、俯视图可知截平面为侧平面，它的 V 面投影和 H 面投影均积聚为一条直线。根据这两个投影，利用在圆锥面上作辅助直线或辅助圆的方法，可确定双曲线上各点的 W 面投影，从而可画出左视图中双曲线的投影。

解

1）求特殊点。由主、俯视图可知，圆锥底圆与截平面的交点 I、Ⅶ 为最低点；圆锥面对 V 面转向轮廓线与截平面的交点 Ⅳ 是双曲线上的顶点，也是最高点。根据投影规律，可直接求得 1′（7′）和 4′，如图 4-13b 所示。

2）求一般点。在 I、Ⅶ 和 Ⅳ 之间取一般点，如 Ⅱ、Ⅵ。作图时先在主视图中的 1′（7′）、4′ 之间取 2′（6′），并过 2′（6′）作垂直于轴线的辅助圆 $r′$，在俯视图中画圆 r 交侧平面的 H 面投影于 2、6，根据投影规律可得 2″、6″，如图 4-13c 所示。也可通过 2′（6′）

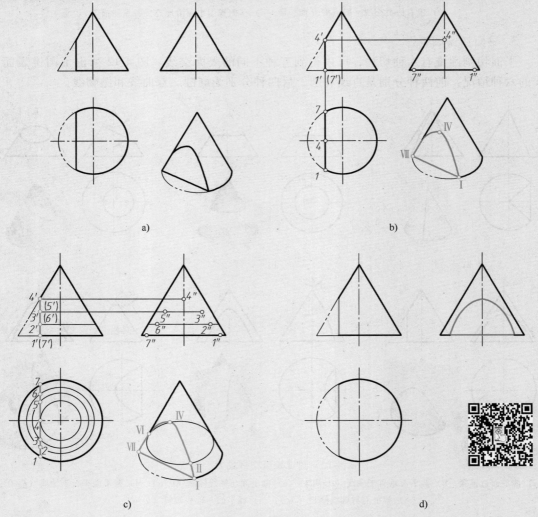

图 4-13 圆锥截交线的画法

a）已知主、俯视图，补全左视图中所缺截交线的投影　b）求特殊点的投影

c）求一般点的投影　d）左视图中圆滑连接各点的投影

在圆锥面上作素线，然后得到 2、6、2″、6″。

3）圆滑连接各点的 W 面投影，由于双曲线在左半圆锥面上，所以双曲线的 W 面投影均为可见，用粗实线绘制，如图 4-13d 所示。

例 4-10 作如图 4-14 所示圆锥切割体上的截平面和截交线。

分析 由主、左两视图可知，该圆锥轴线为侧垂线。圆锥上的截平面有三个，它们分别是水平面 P、侧平面 Q 和正垂面 R。水平面 P 过锥顶且通过轴线切圆锥，因此与圆锥面交线的 H 面投影恰好是圆锥对 H 面转向轮廓线的投影。侧平面 Q 垂直于圆锥轴线切圆锥，与圆锥面的交线为圆的一部分，其 W 面投影反映实形。正垂面 R 倾斜于圆锥轴线，与圆锥面的交线为椭圆。

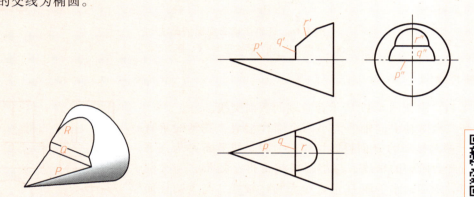

图 4-14 圆锥切割体

4. 平面切割球

当平面与球面相交时，其交线一定为圆。截平面离球心距离越近，交线圆的直径就越大，反之越小。截平面平行于投影面时，其交线在该投影面上的投影反映圆的实形，在另外两个投影面上积聚为直线。图 4-15 所示为三种投影面平行面截切球所得交线圆的投影画法。

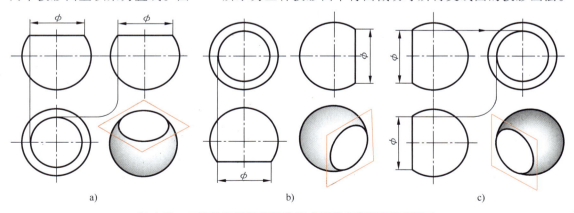

a)   b)   c)

图 4-15 三种投影面平行面截切球所得交线圆的投影画法
a）水平面切球 b）正平面切球 c）侧平面切球

如图 4-16a 所示的开槽半球，其顶端由三个平面开一通槽，若已知 A 向为主视图投影方向，那么槽的左、右两侧面为侧平面，它们与球面相交，交线圆的 W 面投影反映圆的实形；

槽底为水平面，与球面相交，交线圆的 H 面投影反映圆的实形。具体画图步骤如图 4-16b、c 所示。

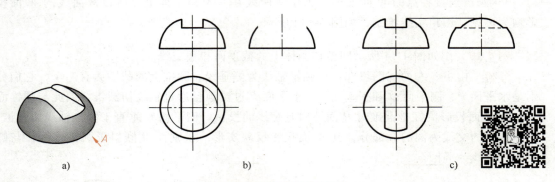

a)   b)   c)

图 4-16　开槽半球三视图的画法

a）开槽半球　b）画水平面　c）画侧平面

5. 综合举例

例 4-11　求如图 4-17 所示台阶轴的表面交线。

分析　台阶轴由同轴的大小两个圆柱组成，其轴线垂直于 H 面，两圆柱面的 H 面投影均积聚为圆。截平面 P 为正平面，平行于台阶轴的轴线，与小圆柱相交得小矩形，与大圆柱相交得大矩形；水平面 Q 垂直于大圆柱轴线，与大圆柱面相交的交线为一部分圆。

因为正平面 P 的 H、W 面投影均积聚成一直线，其 V 面投影反映实形，所以作图时由 H 面投影可直接求得两矩形的 V 面投影。由于两个矩形属于同一个平面 P，因此其 V 面投影应为一个封闭线框，主视图中两矩形之间不应该有轮廓线，图中的虚线表示大圆柱顶面后半部分的投影。水平面 Q 截大圆柱所得圆的 H 面投影反映实形，V、W 面投影均积聚成一条直线。

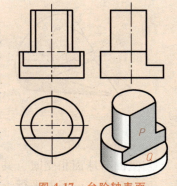

图 4-17　台阶轴表面交线的画法

例 4-12　求作如图 4-18 所示顶针的表面交线。

分析　顶针由同轴的圆锥和圆柱组成，其轴线垂直于 W 面。它的左上部被一个水平面 P 和一个正垂面 Q 切去部分，在它的表面上共出现三组截交线以及一条由 P 和 Q 平面相交形成的交线。由于截平面 P 平行于轴线，所以它与圆锥面的交线为双曲线，与圆柱面的交线为两条直素线。因为截平面 Q 与圆柱轴线斜交，所以它与圆柱面的交线为一段椭圆曲线。截平面 P 和圆柱面都垂直于 W 面，所以三组截交线在 W 面上的投影分别积聚在截平面 P 和圆柱面的投影上，它们的 V 面投影分别积聚在 P、Q 两平面的 V 面投影（直线）上，因此只需求作三组截交线的 H 面投影。

由于截交线共有三组，因此作图时应先求出相邻两组交线的结合点，图中 I、V 两点在圆锥面与圆柱面的分界线上，是双曲线和平行两素线的结合点。VI、X 两点是平行两素线与椭圆曲线的结合点，位于 P、Q 两截平面的交线上。III点是双曲线上的顶点，它位于

圆锥面对 V 面的转向线上。Ⅷ点是椭圆曲线上的最右点，它位于圆柱面对 V 面的转向线上。上述各点均为特殊点。

利用在圆锥面上作辅助圆的方法，求一般点Ⅱ、Ⅳ（2″、4″，2、4）；利用圆柱面在 W 面上的积聚性投影，求一般点Ⅶ、Ⅸ（7″、9″，7、9）。

在俯视图中，把 1、2、3、4、5 顺序连接即得双曲线的 H 面投影；把 6、7、8、9、10 顺序连接得椭圆曲线的 H 面投影；1 和 10、5 和 6 的连线为直线，此即为圆柱面上平行两素线的 H 面投影。由于顶针被 P、Q 两个平面所截，故其交线为两个封闭的线框。除截交线之外，应注意圆锥面和圆柱面分界线的画法。

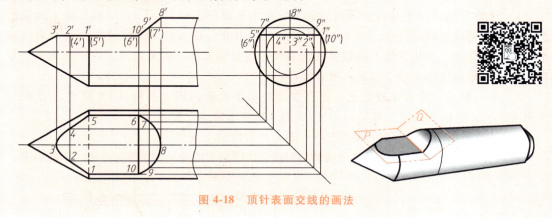

图 4-18 顶针表面交线的画法

4.2 相贯线

4.2.1 相贯线概述

两曲面立体相交，也称为相贯，它们的表面交线称为相贯线。相贯线具有以下性质。

1）相贯线是两相交曲面立体表面的共有线，也是两曲面立体表面的分界线。相贯线上的点是两曲面立体表面的共有点。

2）两曲面立体的相贯线，在一般情况下是一条闭合的空间曲线。

3）相贯线的形状取决于两相交曲面立体的形状、大小及轴线之间的相对位置，一般情况下是空间曲线，如图 4-19a 所示，特殊情况下是平面曲线，如图 4-19b 所示。

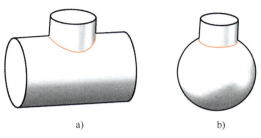

a)   b)

图 4-19 相贯线的形式

4.2.2 相贯线的作图方法

求相贯线，可归结为求两曲面立体表面上一系列共有点的问题，下面介绍两种最常用的相贯线作图方法。

1. 利用积聚性作图法

利用积聚性作图法只适用于两相贯体中，至少有一个轴线垂直于某一投影面的圆柱的情况，这样圆柱面在该投影面上的投影积聚为一个圆，相贯线在该投影面上的投影也一定积聚在圆柱面的投影上，相贯线的其他投影可根据表面取点的方法作出。

例 4-13 如图 4-20a 所示，两圆柱体正交，求相贯线。

分析 两圆柱体正交，一个是直立圆柱，轴线垂直于水平投影面，水平投影积聚为一圆，则相贯线的水平投影积聚在这个圆上；另一个是水平圆柱，轴线垂直于侧投影面，侧面投影也积聚为一圆，则相贯线的侧面投影在直立圆柱外形轮廓线之间的水平圆柱投影（圆）上，已知相贯线的两个投影，即可求出它的正面投影。

解 其作图步骤如图 4-20b 所示。

1）求特殊点。点 I 是直立圆柱最前素线与水平圆柱面的交点，它是相贯线上的最前点，也是相贯线上的最低点，由 1、1″可求得 1′。点 II、III 为直立圆柱最左和最右素线与水平圆柱的交点，是相贯线上的最左和最右点，也是相贯线上的最高点，在正面投影上是两圆柱外形轮廓线的交点 2′、3′，可直接作出。

2）求一般点。在水平投影上，由直立圆柱水平投影的圆上选取 4、5 两点，由 4、5 作出 4″、5″，根据点的投影性质，由 4、5 和 4″、5″求得 4′、5′。

3）依次连接 2′、4′、1′、5′、3′点，即为相贯线的正面投影。

提示：因为两圆柱正交，其相贯线前后对称，所以后半部分与前半部分重影，不需再求。

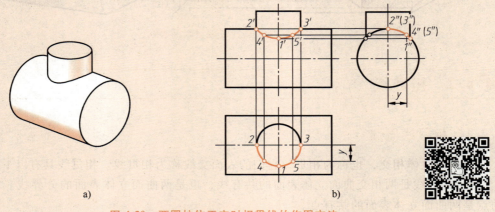

a)   b)

图 4-20 两圆柱体正交时相贯线的作图方法

两圆柱相交有以下三种情况。

1）两外圆柱面相交，如图 4-21a 所示。

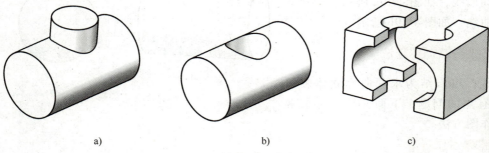

a)   b)   c)

图 4-21 两圆柱相交的三种情况

2）外圆柱面与内圆柱面（圆孔）相交，如图 4-21b 所示。

3）两内圆柱面（孔与孔）相交，如图 4-21c 所示。

这三种相贯线形式虽然不同，但其性质、形状和求法基本相同。

2. 辅助平面法

用辅助平面法求相贯线的投影是一种较普遍的方法。采用辅助平面法的关键是选取合适的辅助平面，辅助平面选择的一般原则是使辅助平面与两相交曲面立体产生的截交线的投影为最简单的线条（简单易画、便于绘制），如直线或圆等。

例 4-14 如图 4-22a 所示为一圆柱与圆台相交，使用辅助平面法求相贯线。

分析 由图 4-22a 可知，相交的圆柱面与圆锥面，其轴线正交，圆柱的轴线为侧垂线，故相贯线的侧面投影积聚在水平圆柱的侧面投影（圆）上。选择与圆柱轴线平行（与圆锥轴线垂直）的水平面 P 为辅助平面，平面 P 与圆柱面的截交线为两条平行直线，平面 P 与圆锥面的截交线为圆，两组截交线的交点即为圆柱面与圆锥面上共有的点，即为相贯线上的点。

解 其作图步骤如图 4-22b 所示。

1）求作特殊点。由侧面投影可以看出，相贯线上 Ⅰ、Ⅱ 两点是最高点和最低点，其正面投影是圆柱面和圆锥面正面投影外形轮廓线的交点，可直接求出 $1'$ 和 $2'$ 点，由 $1'$、$2'$ 点可求得水平投影 1 和 2。过圆柱的轴线作水平面 Q，则与圆柱面的交线为最前和最后两条素线，与圆锥面的交线为圆，其水平投影的交点为 3、4 两点，3、4 为相贯线的水平投影可见部分与不可见部分的分界点，也是相贯线上的最前点 Ⅲ 和最后点 Ⅳ 的水平投影，其正面投影为 $3'$（$4'$）。

2）求作一般点。作水平面 P 为辅助平面，它与圆柱面的交线为两平行直线，与圆锥面的交线为圆，两平行直线与圆的水平投影的交点 5、6 即为相贯线上 Ⅴ、Ⅵ 两点的水平投影。由此可作出正面投影 $5'$（$6'$）。同理，可作出其他一般点，如点 Ⅶ、Ⅷ。

3）判别可见性，圆滑连接各点。在正面投影中，因圆柱面和圆锥面具有公共的前后对称面，相贯线的前后部分投影重合，顺序连接 $1'$、$5'$、$3'$、$7'$、$2'$。在水平投影中，Ⅲ、Ⅶ、Ⅱ、Ⅷ、Ⅳ 在下半圆柱为不可见部分，用虚线光滑连接 3、7、2、8、4，其余部分为可见，用粗实线画出。

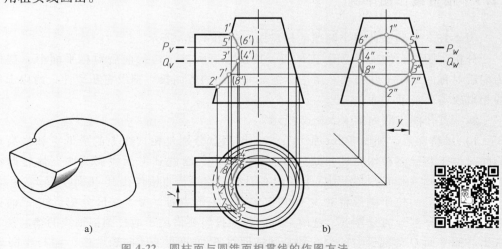

图 4-22 圆柱面与圆锥面相贯线的作图方法

3. 相贯线的特殊情况

1）当两个二次曲面均与同一球面相切时，则这两个二次曲面的相贯线分解为两条二次曲线（或称平面曲线），如图 4-23 所示。

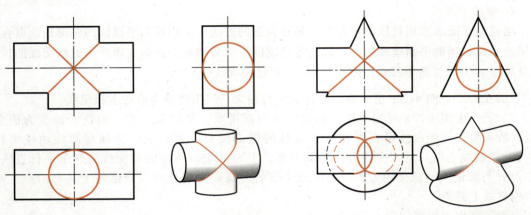

图 4-23　相贯线为平面曲线

2）两个同轴线的回转面的相贯线是与轴线垂直的圆，如图 4-24 所示。

3）当两个轴线平行的圆柱体相交，相贯线为两条直线。当两个圆锥共锥顶时，相贯线为过锥顶的两条直线，如图 4-25 所示。

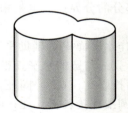

图 4-24　相贯线为圆　　　　　　　　　　　图 4-25　相贯线为直线

4.2.3　相贯线作图举例

　　例 4-15　求圆锥台与半圆球的相贯线，如图 4-26a 所示。

　　分析　圆锥台的轴线垂直于 H 面，且位于半圆球左边的前后对称平面上，其相贯线为前后对称的封闭空间曲线。由于圆锥面和球面的各面投影都没有积聚性，所以求作它们的相贯线需要辅助平面法。

　　解　其作图步骤如图 4-26b～e 所示。

　　1）求特殊点。如图 4-26c 所示，Ⅰ、Ⅳ两点分别是相贯线上的最低点和最高点，它们同时位于圆锥面和球面对 V 面的转向轮廓线上，因此其 V 面投影为两立体转向轮廓线的交点 1′、4′。由 1′、4′分别向下和向右引投影连线，直接作出其 H 面投影 1、4 与 W 面投影 1″、(4″)。位于圆锥台对 W 面转向轮廓线上的点Ⅲ、Ⅴ，是区分相贯线 W 面投影中可见与不可见部分的分界点，这两个点的各面投影要借助于通过圆锥轴线的辅助侧平面 Q 求出。侧平面 Q 与圆锥台的交线即是圆锥面对 W 面的两条转向轮廓线，而与半圆球的交线为半圆，它的半径 R 可从 V 面和 H 面投影中直接量取。上述两条转向轮廓线与半圆的 W 面投影的交点 $3''$、$5''$ 即为点 Ⅲ、Ⅴ 的 W 面投影，根据投影规律可求出 $3'$、$(5')$ 和 3、5。

　　2）求一般点。在 V 面投影 $1'$ 和 $3'$ 之间作辅助水平面 P 分别与圆锥台和半圆球相交，如图 4-26d 所示，在 H 面投影中分别画该截平面与圆锥台和半圆球的截面交线圆，它们的

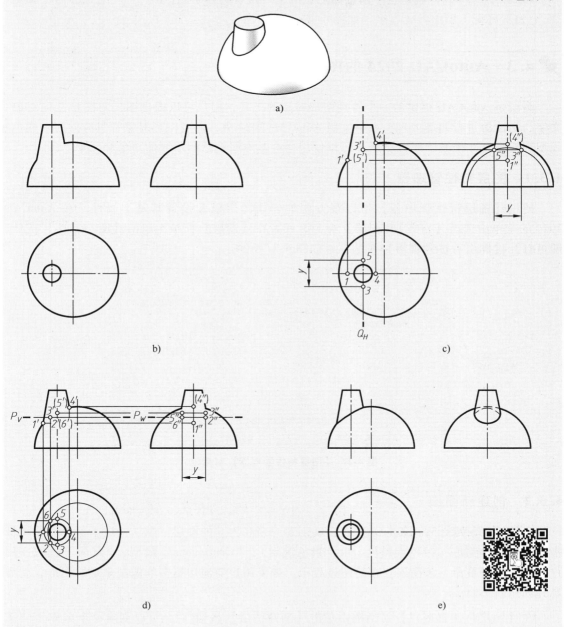

图 4-26　圆锥台与半圆球相交相贯线的画图步骤

a）轴测图　b）已知条件　c）求特殊点　d）求一般点　e）圆滑连接各点的投影并描深

交点 2、6 即为相贯线与平面 P 的交点 Ⅱ、Ⅵ 的水平投影，由 2、6 向上作投影连线与 P_V 相交，即得 Ⅱ、Ⅵ 两点的 V 面投影 2′、（6′）。由 2、6 及 2′、（6′）便可求出 W 面投影 2″、6″。用同样方法在 Ⅲ、Ⅴ 两点和点Ⅳ之间再求一次一般点。

　3）判断可见性及光滑连接各点。相贯线的 V、H 面投影均可见，用粗实线连接。在 W 面投影中，3″-1″-5″段在左半圆锥面上为可见，用粗实线绘制；3″-（4″）-5″段在右半圆锥面上为不可见，用细虚线连接，如图 4-26e 所示。

4.3　AutoCAD 2024 的图层

图层是 AutoCAD 提供的一个管理图形对象的工具，用户可以根据图层对图形几何对象、文字、标注等进行归类处理。在中文版 AutoCAD 2024 中，所有图形对象都具有图层、颜色、线型和线宽这 4 个基本属性，用户可以使用这些基本属性绘制不同的对象和元素。

4.3.1　图层特性管理器

使用【图层特性管理器】可以很方便地创建图层以及设置其基本属性。在 AutoCAD 2024 的菜单中选择【格式】/【图层】命令，或者在【图层】面板上单击【图层特性】按钮，即可打开【图层特性管理器】对话框，如图 4-27 所示。

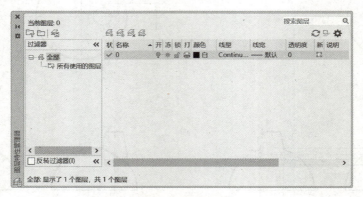

图 4-27　【图层特性管理器】对话框

4.3.2　创建新图层

开始绘制新图形时，AutoCAD 将自动创建一个名为 0 的图层。默认情况下，该图层将被指定使用 7 号颜色（白色或黑色，由背景色决定）、"Continuous" 线型、"默认" 线宽，用户不能删除或重命名该图层。在绘图过程中，如果用户要使用更多的图层来组织图形，就需要先创建新图层。

在【图层特性管理器】对话框中单击【新建图层】按钮，可以创建一个名称为"图层 1"的新图层。默认情况下，新建图层与当前图层的状态、颜色、线性、线宽等设置相同。

当创建了图层后，图层的名称将显示在图层列表框中，如果要更改图层名称，可单击该图层名，然后输入一个新的图层名并按<Enter>键即可。

4.3.3 设置图层颜色

颜色在图形中具有非常重要的作用，每个图层都有自己的颜色，对不同的图层可以设置相同的颜色，也可以设置不同的颜色，绘制复杂图形时就可以很容易区分图形的各部分。

新建图层后，在【图层特性管理器】对话框中单击图层的【颜色】对应的图标，打开【选择颜色】对话框，可以在该对话框中设置颜色，如图4-28所示。

4.3.4 设置图层线型及线宽

线型在工程图样中具有非常重要的作用，根据国际标准或者国家标准的规定，不同线型具有不同的含义。AutoCAD 2024包含了丰富的线型，可以满足不同国家或行业标准的要求。

图4-28 【选择颜色】对话框

1. 设置线型

默认情况下，图层的线型为"Continuous"，要改变线型，可在图层列表中单击"线型"列的"Continuous"，打开【选择线型】对话框，如图4-29所示。在【已加载的线型】列表框中选择一种线型，然后单击 确定 按钮。

2. 加载线型

默认情况下，列表框中只有"Continuous"一种线型，要使用其他线型，可单击【加载】按钮 加载(L)... 打开【加载或重载线型】对话框，如图4-30所示。从当前线型库中选择需要加载的线型，然后单击按钮 确定 。

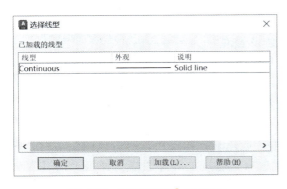

图4-29 【选择线型】对话框

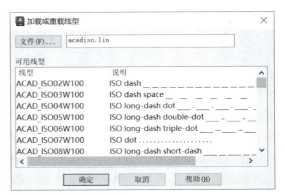

图4-30 【加载或重载线型】对话框

3. 设置线型比例

选择【格式】/【线型】命令，或者在【特性】面板选择【线型】/【其他】，打开【线型管理器】对话框，如图4-31所示，可设置图形中的线型比例，从而改变非连续线型的外观。

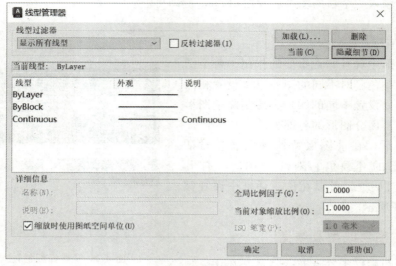

图 4-31 【线型管理器】对话框

4. 设置图层线宽

要设置图层的线宽，可以在【图层特性管理器】对话框的【线宽】列中单击该图层对应的【线宽】/【默认】，打开【线宽】对话框，如图 4-32 所示，然后进行选择。

4.3.5 管理图层

在 AutoCAD 2024 中，使用【图层特性管理器】对话框不仅可以创建图层，设置图层的颜色、线型和线宽，还可以对图层进行更多的设置与管理，如图层的切换、重命名、删除及图层的显示控制等。

1. 设置图层特性

使用图层绘制图形时，新对象的各种特性将默认为随层，由当前图层的默认设置决定。也可以单独设置对象的特性（一般情况下不要这样做）。在【图层特性管理器】对话框中，每个图层都包含状态、名称、打开/关闭、冻结/解冻、锁定/解锁、线型、颜色、线宽和打印样式等特性。

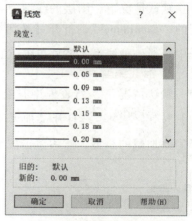

图 4-32 【线宽】对话框

2. 当前层切换

在【图层特性管理器】对话框的图层列表中，选择某一图层后，双击该图层名称，即可将该层设置为当前层。或者在选择某一图形对象后，通过单击【图层】面板上的【置为当前】按钮，即可将所选择对象所在的图层置为当前层。

在 AutoCAD 2024 中，还可以实现对图层进行过滤、保存与恢复图层状态、转换图层、改变当前对象所在层等图层的高级管理。

此外，AutoCAD 2024 中，还可以通过【格式】/【图层工具】选项，打开图层工具进行图层管理。

🎣 4.4 用 AutoCAD 2024 绘制平面图形

　　绘制平面图形时，首先应该对图形进行线段分析和尺寸分析，根据定形尺寸和定位尺寸，判断出已知线段、中间线段和连接线段，按照先绘制已知线段，再中间线段、后连接线段的绘图顺序完成图形。

　　下面用 AutoCAD 2024 绘制如图 4-33 所示的平面图形。通过绘制此图形，熟悉直线、圆、圆弧、偏移命令以及修剪、倒角、圆角命令的使用方法，以及含有连接圆弧的平面图形的绘制方法，提高绘图速度。

1. 分析

　　要绘制该图形，应首先分析线段类型。已知线段：上部的直线和钩子弯曲中心部分的 $\phi24$、$R29$ 圆弧；中间线段：钩子尖部分的 $R24$、$R14$ 圆弧；连接线段：钩尖部分圆弧 $R2$，钩柄部分过渡圆弧 $R24$、$R36$。

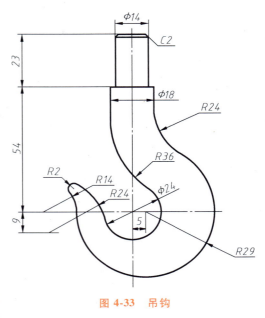

图 4-33　吊钩

　　设置绘图环境，包括图纸界限、图层（线型、颜色、线宽）等的设置。按图 4-33 所给的图形尺寸，图纸应设置为 A4（210×297）大小竖放，图层至少包括中心线层、轮廓线层、尺寸线层（暂时不用，可不用设置）等。

　　本例中的绘图基准是图形的中心线，然后使用圆命令绘制出各个圆，再用修剪命令完成图形。

2. 作图

　　1）新建一张图纸，按该图形的尺寸，图纸大小应设置成 A4 竖放，因此图形界限设置为 210×297，在命令窗口输入"LIMITS"命令，显示如下：

　　命令：LIMITS

　　重新设置模型空间界限：

　　指定左下角点或［开（ON）/关（OFF）］<0.0000,0.0000>：

　　指定右上角点 <420.0000,297.0000>：210,297

　　在命令窗口输入"Z（ZOOM）"，按 <Enter> 键，再输入"A（ALL）"，按<Enter>键。

　　设置对象捕捉，在状态栏的【对象捕捉】按钮上单击鼠标右键，在弹出的【草图设置】菜单中，选择"交点""切点""圆心""端点"，如图 4-34 所示，并启用对象捕捉。

　　2）设置图层，按图形要求，打开【图形特性管理器】，设置以下图层、颜色、线型和线宽。

图 4-34　对象捕捉设置

图层名	颜色	线型	线宽
① 轮廓线	黑色	Continuous	0.5mm
② 中心线	红色	CENTER	默认
③ 尺寸线	蓝色	Continuous	默认

3）绘制中心线，选择图层，通过【图层】工具栏，将【中心线】层设置为当前层。单击【图层】工具栏图层列表后的下拉按钮，在【中心线层】上单击，则【中心线层】为当前层。

打开正交，调用直线命令，绘制垂直中心线和水平中心线和上部基准线，如图 4-35a 所示。

4）绘制已知线段，将【轮廓线】层作为当前层，启动对象捕捉功能。调用圆命令，绘制 φ24 和 R29 两圆，注意 R29 圆的圆心位置比 φ24 圆心向右偏移 5。完成的图形如图 4-35b 所示。分别调用直线命令和倒角命令，根据 φ14 和倒角尺寸绘制上部直线轮廓，如图 4-35c 所示。

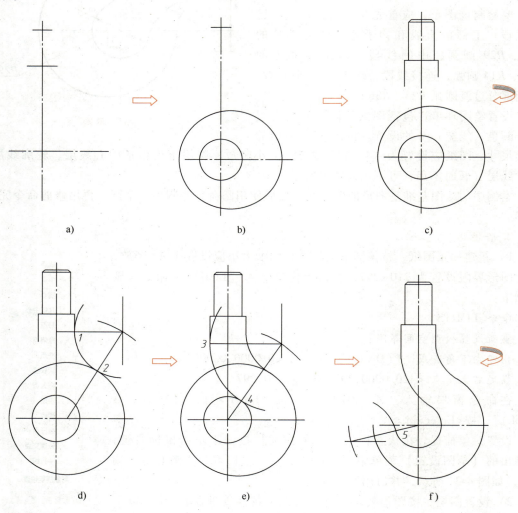

a)　　　　　　　b)　　　　　　　c)

d)　　　　　　　e)　　　　　　　f)

图 4-35　绘制平面图形

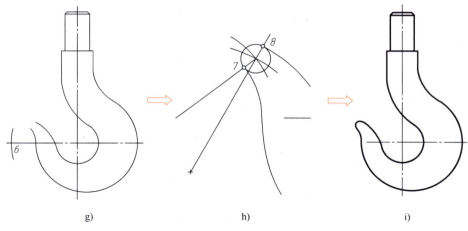

g)   h)   i)

图 4-35 绘制平面图形（续）

5）绘制连接弧 $R24$ 和 $R36$，调用圆弧命令，分别完成 $R24$ 和 $R36$ 两圆弧连接，注意确定好四个切点 1、2、3、4，如图 4-35d、e 所示，利用修剪命令修剪多余线条。

6）绘制钩尖半径为 $R24$ 的圆弧，因为 $R24$ 圆弧的圆心纵坐标轨迹已知（根据尺寸 9），另一坐标未知，所以属于中间圆弧。又因该圆弧与直径为 $\phi24$ 的圆相外切，可以用外切原理求出圆心坐标轨迹。两圆心轨迹的交点既是圆心点。连接两圆心求出切点 5，画弧即可，如图 4-35f 所示。

7）绘制钩尖处半径为 $R14$ 的圆弧，因为 $R14$ 圆弧的圆心在水平基准线上，另一坐标未知，所以该圆弧属于中间圆弧。又因该圆弧与半径为 $R29$ 的圆弧相外切，可以用外切原理求出圆心坐标轨迹。同前面一样，两圆心轨迹的交点即是圆心点，求出切点 6 的位置，画弧即可，如图 4-35g 所示。

8）绘制钩尖处半径为 $R2$ 的圆弧，$R2$ 圆弧与 $R14$ 圆弧相外切，同时又与 $R24$ 的圆弧相内切，因此可以用圆角命令或者圆命令绘制，如图 4-35h 所示。

9）编辑修剪图形，将多余线条修剪，完成的图形如图 4-35i 所示。

10）保存图形，单击【保存】按钮 ⊟，选择合适的位置，保存即可。

第 5 章

组 合 体

如果从几何形状分析机器零件，一般都可以将其看作由若干简单立体（称为基本体，如棱柱、棱锥、圆柱、圆锥、球、环等）通过叠加、切割等方式而形成的组合体。本章将在前面章节的基础上，进一步研究如何应用正投影基本理论，解决组合体画图、读图以及尺寸标注等问题。

【本章重点】

- 组合体三视图的形成
- 组合体的分类
- 表面连接关系
- 组合体三视图的画法
- AutoCAD 2024 的尺寸标注

5.1 组合体的形体分析

5.1.1 什么是组合体

由一些基本形体组合而成的物体，称为组合体，如图 5-1 所示。

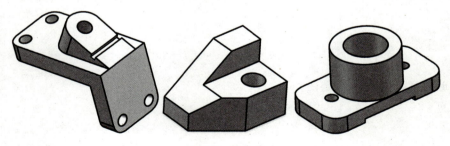

图 5-1 组合体

要注意的是，组成组合体的这些基本形体一般都是不完整的，它们被以各种方式叠加或切割以后，往往只是基本形体的一部分，由于这些不完整的基本体在三个投影面上形成了各种各样的投影，这就增加了画图和读图的难度。

5.1.2　组合体的组合形式

组合方式有叠加和挖切两种。一般较复杂的机械零件往往由叠加和挖切综合而成。图 5-2 中的轴承架，主要由 V 底板、Ⅲ 支撑板、Ⅳ 肋板、Ⅱ 圆筒和 I 凸台五部分叠加而成，故称为叠加式组合体。图 5-3 中的零件，是从一个整体（四棱柱）中间分别挖去 Ⅱ、Ⅲ、Ⅳ、Ⅴ 几部分形成的，故称为挖切式组合体。

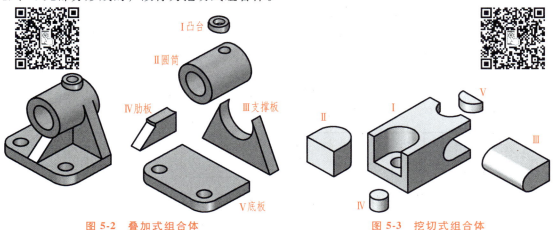

I凸台

Ⅱ圆筒

Ⅳ肋板　　　Ⅲ支撑板

Ⅴ底板

图 5-2　叠加式组合体

Ⅱ　Ⅰ　Ⅴ

Ⅳ　Ⅲ

图 5-3　挖切式组合体

5.1.3　表面连接关系

组成组合体的各基本形体之间的连接关系，可以分为如图 5-4 所示的四种。在画图时，必须注意这些关系，才能不多线，不漏线。

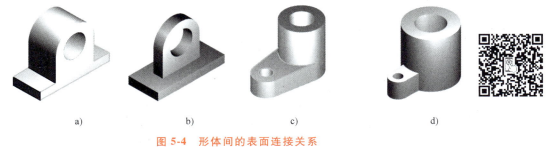

a)　　　　　　b)　　　　　　c)　　　　　　d)

图 5-4　形体间的表面连接关系

a) 平齐　b) 不平齐　c) 相切　d) 相交

当两形体的表面平齐时，中间应该没有线隔开，如图 5-5a 所示。图 5-5b 是多线的错误，因为若中间有线隔开，就成了两个表面了。

当两形体的表面不平齐时，中间应该有线隔开，如图 5-6a 所示。图 5-6b 是漏线的错误，因为若中间没有线隔开，就成了一个连续的表面了。

当两形体的表面相切时，在相切处不应该画线。图 5-7 是平面与曲面相切画法的正误对比。

当两形体的表面相交时，在相交处应该画线。如图 5-8a 所示，直线 AB 是平面与圆柱表面相交产生的交线，AB 垂直于水平面，它的水平投影应积聚为一点 $a(b)$。作图时应该先在

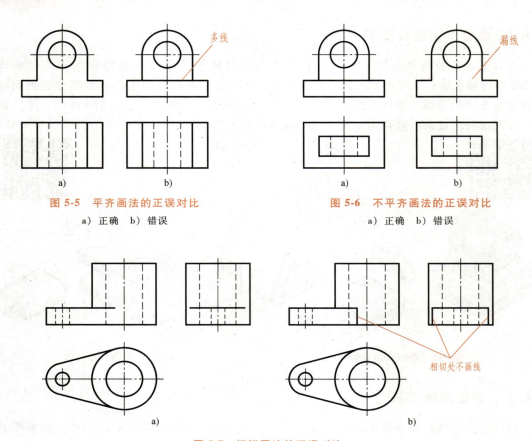

图 5-5 平齐画法的正误对比
a）正确 b）错误

图 5-6 不平齐画法的正误对比
a）正确 b）错误

图 5-7 相切画法的正误对比
a）正确 b）错误

俯视图找出 AB 有积聚性的投影 $a(b)$，然后根据"长对正"和"宽相等"的关系，画出交线的正面投影 $a'b'$ 和侧面投影 $a''b''$ 即完成作图。图 5-8b 所示为错误画法。

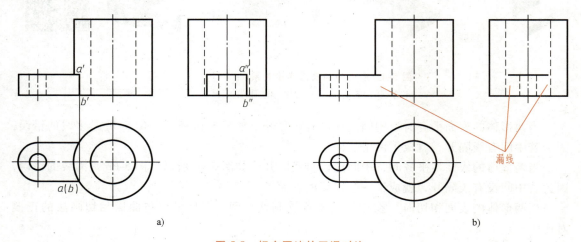

图 5-8 相交画法的正误对比
a）正确 b）错误

5.2　组合体的画图方法

画组合体的三视图时，应采用形体分析法把组合体分解为几个基本几何体，然后按它们的组合关系和相对位置逐步画出三视图。

形体分析法是读图的基本方法，通常是从最能反映该组合体形状特征的视图着手，分析该组合体是由哪几部分组成以及组成的方式，然后按照投影规律逐个找出每一基本形体在其他视图中的位置，最终想象出组合体的整体形状。

以图 5-9 所示的轴承架为例，说明叠加式组合体三视图的画法和步骤。

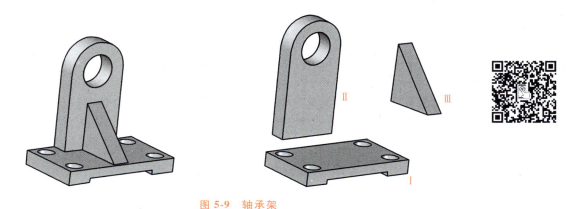

图 5-9　轴承架

5.2.1　形体分析

轴承架由长方形底座Ⅰ、半圆端竖板Ⅱ和三角形肋板Ⅲ三个基本部分组成。

1. 底板

如图 5-10 所示，其外形是一个四棱柱，下部中间挖一穿通的长方槽，在四个角上挖四个圆柱孔。

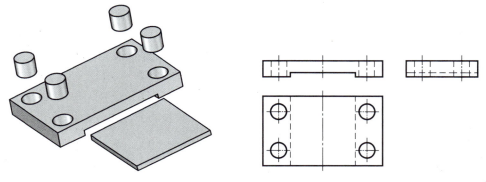

图 5-10　轴承架形体分析（一）

2. 半圆端竖板

其下部是一个四棱柱，上部是半个圆柱，中间挖一圆柱孔，如图 5-11a 所示。

3. 三角板肋板

肋板为一个三棱柱，如图 5-11b 所示。

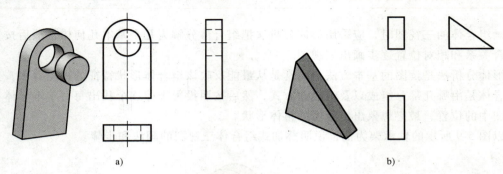

a)   b)

图 5-11　轴承架形体分析（二）

5.2.2　选择主视图

画图时，首先要确定主视图。确定主视图应该从两个方面入手，即组合体摆放位置和投影方向。首先应将组合体摆正，然后使其主视图投影方向能较明显地反映出该组合体的结构特征和形状特征。对于本例的轴承架，按图 5-12 中箭头方向投影画主视图，就可明显地反映各部分的相对位置关系和形状特征。

主视

图 5-12　轴承架主视图投影方向

5.2.3　画图方法

1）选定比例后画出各视图的对称线、回转体的轴线、圆的中心线及主要形体的端面线，并把它们作为基准线来布置图画。

2）运用形体分析法，逐个画出各组成部分。

3）一般先画较大的、主要的组成部分（如轴承架的长方形底板），再画其他部分；先画主要轮廓，再画细节。

4）画每一基本几何体时，先从反映实形或有特征的视图（椭圆、三角形、六角形）开始，再按投影关系画出其他视图。对于回转体，先画出轴线、圆的中心线，再画轮廓线。

5）画图过程中，应按"长对正、高平齐、宽相等"的投影规律，几个视图对应着画，以保持正确的投影关系。

轴承架的画图步骤如图 5-13 所示。

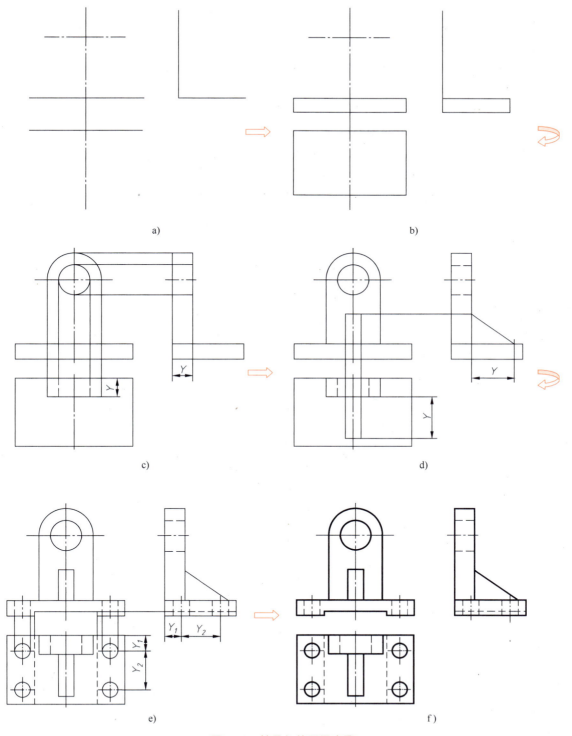

图 5-13 轴承架的画图步骤

a）布置视图，画基准线　b）画底板　c）画半圆端竖板

d）画肋板　e）画底板上的凹槽及圆孔　f）去除多余线条、加深

5.3 组合体视图的尺寸注法

组合体的形状由它的视图来反映，组合体的大小则由所标注的尺寸来确定。

5.3.1 标注尺寸的基本要求

（1）正确 尺寸注法符合国家标准的规定。

（2）完整 尺寸标注必须齐全，所注尺寸能唯一确定物体的形状大小和各部分的相对位置，但不能有多余、重复尺寸，也不能遗漏尺寸。

（3）清晰 尺寸布局整齐、清晰，标注在视图适当的地方，便于读图。

（4）合理 标注尺寸还有合理性要求，合理性是指所注尺寸既能保证设计要求，又符合加工、装配、测量等要求。

5.3.2 基本几何体的尺寸注法

常见基本几何体的尺寸注法如图 5-14 所示。

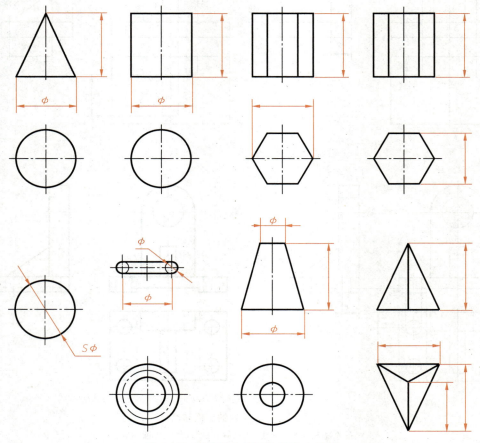

图 5-14 常见基本几何体的尺寸注法

一般平面立体要标注长、宽、高三个方向的尺寸。正五棱柱的底面是圆内接正五边形，可注出底面外接圆直径和高度尺寸；正六棱柱正六边形不注边长，而是注对边距（或对角距）以及柱高；四棱台只标注上、下两个底面尺寸和高度尺寸。标注圆柱、圆台、圆环等回转体的直径尺寸时，应在数字前加注"ϕ"，并且常注在其投影为非圆的视图上。用这种形式标注尺寸时，只要用一个视图就能确定其形状和大小，其他视图可省略不画。球也只需画一个视图，可在直径或半径符号前加注"S"。

5.3.3　切割体和相贯体的尺寸注法

基本几何体被切割（或两基本形体相贯）后的尺寸注法，如图 5-15 所示。

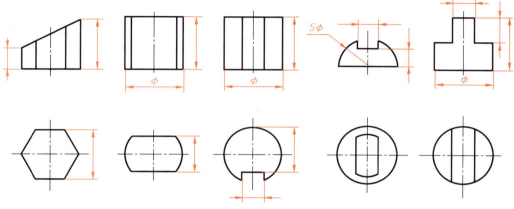

图 5-15　切割体和相贯体的尺寸注法

对于这类形体，除了需标注基本几何体的尺寸大小外，还应标注截平面（或相贯的两形体之间）的定位尺寸，不应标注截交线（或相贯线）的大小尺寸。因为截平面与几何体（或者相贯的两形体）的位置确定之后，截交线（或相贯线）的形状和大小就确定了，若再注其尺寸，即属错误尺寸。

5.3.4　平板式组合体的尺寸注法

常见的几种平板式组合体的尺寸注法如图 5-16 所示。

5.3.5　组合体的尺寸注法

1. 组合体的尺寸种类

从形体分析角度来看，组合体的尺寸主要有定形尺寸和定位尺寸，此外，还需标注总体尺寸。

（1）定形尺寸　确定组合体中各基本几何体的形状和大小的尺寸。如图 5-17a 所示组合体中，底板的长 35、宽 18、高 5 以及各种孔的直径等都是定形尺寸。

（2）定位尺寸　确定组合体中各基本几何体之间相对位置的尺寸。如图 5-17b 所示，尺寸 14、27 和 21 是确定位置的定位尺寸。

若两基本形体在某一方向处于对称、叠加（或切割）、同轴、平齐四种位置之一时，就

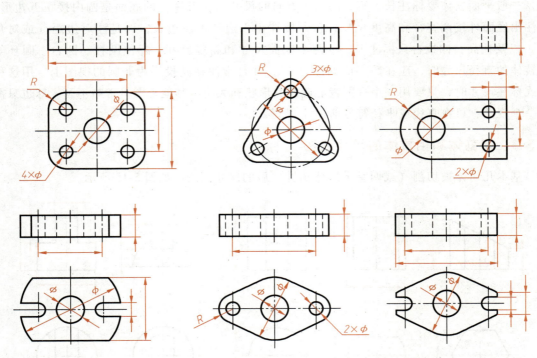

图 5-16 常见的几种平板式组合体的尺寸注法

可省略该方向的一个定位尺寸；回转体的定位尺寸必须直接确定其轴线的位置。

（3）总体尺寸 组合体的总长、总宽、总高尺寸。如图 5-17c 所示组合体，其总长为 35、总宽为 18、总高为 21+R8。

组合体一般要标注总体尺寸，但从形体分析和相对位置上考虑，组合体的定形、定位尺寸已标注完整，若再加注总体尺寸会出现重复尺寸。因此，每加注一个总体尺寸的同时，就要减去一个同方向的定形尺寸或定位尺寸。

当组合体的一端为同心圆孔的回转体时，为了制造方便，必须优先注出直径或半径

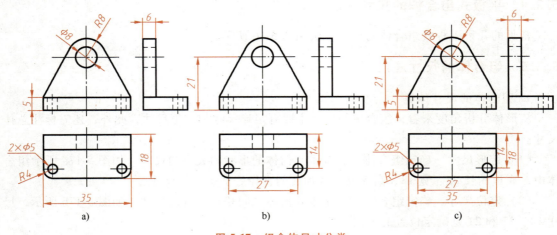

a)   b)   c)

图 5-17 组合体尺寸分类

（定形尺寸）和中心距（定位尺寸），其该方向的总体尺寸由此而定，不再标注总体尺寸。有时总体尺寸被某个形体的定形尺寸所取代。

图 5-17c 是组合体的完整尺寸标注。

2. 组合体的尺寸基准

标注尺寸的起点，称为尺寸基准。组合体的长、宽、高三个方向都应该有尺寸基准。组合体的对称面、端面、底面、轴线等常被选为尺寸基准（尺寸基准有主要尺寸基准和辅助尺寸基准之分，有关这方面的知识将在第 9 章介绍）。标注尺寸时，应首先选定尺寸基准。如图 5-18 所示组合体的左右对称面为长度方向的尺寸基准，后端面为宽度方向的尺寸基准，底面为高度方向的尺寸基准。

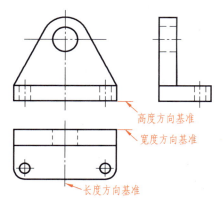
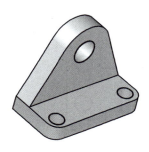

高度方向基准

宽度方向基准

长度方向基准

图 5-18　尺寸基准

3. 标注尺寸的注意事项

组合体尺寸的布局要整齐、清晰。为便于读图，不致发生误解或混淆，组合体尺寸的标注必须做到整齐、清晰。

1）遵守尺寸注法的国家标准规定。标注时，尺寸应尽量注在视图外边，排列要整齐，且应小尺寸在里（靠近图形），大尺寸在外，避免尺寸线和尺寸界线相交。

2）尺寸应尽可能标注在反映形体形状特征较明显、位置特征较清楚的视图上，且同一形体的相关尺寸尽量集中标注。如半径尺寸应标注在反映为圆弧实形的视图上，且相同的圆角半径只注一次，不在符号 "R" 前注圆角数目。如图 5-17c 的俯视图中注 R4，不能注成 2×R4。

3）为保持图形清晰，虚线上应尽量不注尺寸。

4）同轴回转体的直径尺寸，应尽量注在非圆视图上。但板件上多孔分布时，孔的直径尺寸应注在反映为圆的视图上。

5）避免尺寸线封闭。如果尺寸注成封闭形式，将产生重复尺寸，并且不易保证尺寸精度。因此，标注尺寸时，在尺寸链中应选一个不重要的尺寸不标注。有时出于某种需要也可标注出此尺寸，但必须加小括号，作为参考尺寸，加工时不作测量和检验。

4. 标注组合体尺寸的方法和步骤

现以图 5-12 所示的轴承架为例，说明标注组合体尺寸的方法和步骤。

1）形体分析，如图5-10、图5-11所示。

2）确定长、高、宽三个方向的尺寸基准和定位尺寸，如图5-19a所示。

3）标注各形体的定形尺寸，如图5-19b～d所示。

4）进行尺寸调整，标注总体尺寸。

5）检查尺寸标注是否正确、完整，有无重复、遗漏。轴承架的全部尺寸标注如图5-20所示。

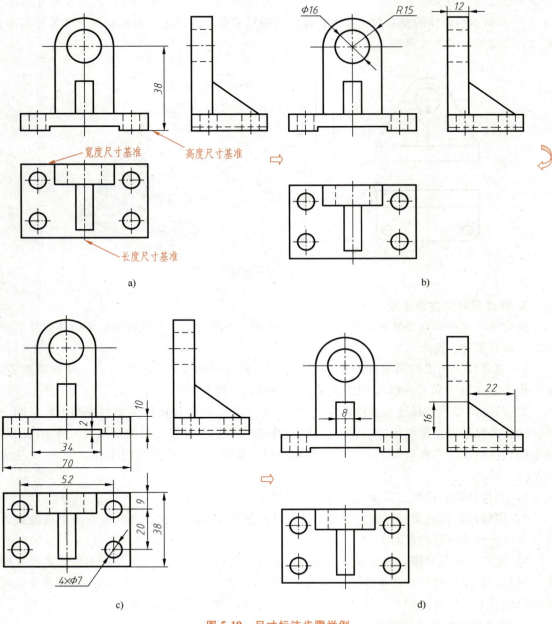

图5-19 尺寸标注步骤举例

a）选择基准，标注各部分定位尺寸 b）标注竖板尺寸 c）标注底板尺寸 d）标注肋板尺寸

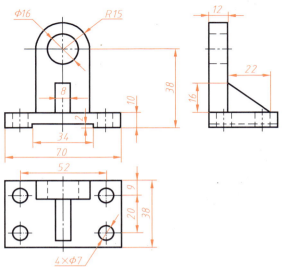

图 5-20　轴承架的全部尺寸标注

5.4　组合体的读图

5.4.1　读图的基本知识

读图是画图的逆过程，可以提高空间想象能力和对投影的分析能力。读图时应根据已知的视图，运用投影原理和三视图投影规律，正确分析视图中的图线、线框所表示的投影含义，综合想象出组合体的空间形状。

1. 视图中图线、线框的含义

如图 5-21 所示，视图中的每一封闭线框，其含义可能是单一面（平面或曲面）的投影，

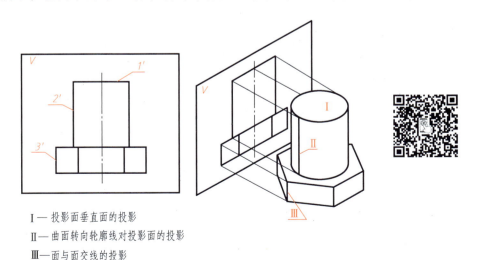

Ⅰ—投影面垂直面的投影

Ⅱ—曲面转向轮廓线对投影面的投影

Ⅲ—面与面交线的投影

图 5-21　图线、线框的含义

或是曲面及其相切面（平面或曲面）的投影，以及通孔的投影。视图中的粗实线（或虚线）包括直线或曲线，其含义可能是两表面交线（两平面、两曲面、平面与曲面）的投影、曲面转向轮廓线的投影，或是具有积聚性面（平面或柱面）的投影。视图中的细点画线，其含义可能是对称平面迹线的投影、回转体轴线的投影，或是圆的对称中心线。

2. 读图的基本要领

（1）从主视图入手　读图时，首先要找出最能反映组合体形状特征的那个视图。由于主视图往往能反映组合体的形状特征，故应从主视图入手，同时配合其他视图进行形体分析。

（2）几个视图联系起来分析　机件的形状是通过几个视图来表达的，每个视图只能反映机件一个方向的形状。因此，仅由一个或两个视图往往不能唯一地表达某一机件的形状。如图5-22所示的五组图形，虽然它们的主视图都相同，但实际上表示了多种不同形状的物体。因此，要把几个视图联系起来分析，才能确定物体的形状。

（3）分析视图中的封闭线框　视图中的每一个封闭线框可以代表物体上几个相切的面（如图5-22d、e中的 D）或某一表面（平面或曲面，如图5-22d、e中的 B），也可以表示一个孔。视图中任何相邻的线框是两个相交或不同位置上两个表面的投影，如图5-22b、d、e、f中的 B 与 D。

（4）分析视图内的虚、实线　视图中的每一条实线或虚线可以是物体上两表面交线、垂直于投影面的平面或曲面转向线的投影，如图5-22a、c中的 l、m 等。因此，根据视图内的虚、实线可以判断各形体之间的相对位置。

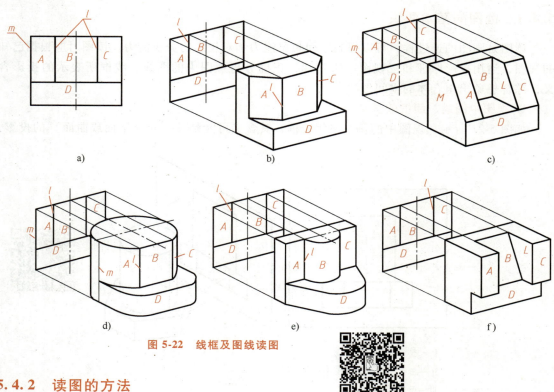

a)　　　　　　　　b)　　　　　　　　c)

d)　　　　　　　　e)　　　　　　　　f)

图 5-22　线框及图线读图

5.4.2　读图的方法

读图常用的方法是形体分析法和线面分析法，两者结合，相辅相成。

1. 形体分析法读图

根据基本形体及其常见组合形式，首先将一个视图按照轮廓线构成的封闭线框分解成几个图形，它们就是各个简单形体表面的一个投影；然后按照投影规律找出它们在其他视图上对应的图形，想象出简单形体的形状；同时，根据图形特点分析出各个简单形体之间的相对位置及叠加、切割等组合方式，综合想象出整体三维形状。

识读如图 5-23 所示轴承座的三视图，要求看懂该图形，想象出轴承座的立体形状。

（1）看视图，分线框 先结合三个视图粗略看，根据视图之间的投影关系可以大体上看出整个立体的组成情况。然后把主视图按图中所示分为四个线框，分别看作组成这个轴承座的四个部分。"1"是底板，"2"是空心圆柱，"3"是竖板，"4"是肋板。

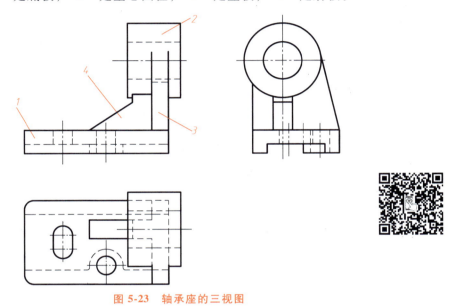

图 5-23 轴承座的三视图

（2）对投影、定形体

1）图 5-24 表示轴承座四个组成部分的读图分析过程。

2）图 5-24a 表示其下部底板的投影，它是一个左端带圆角的长方形板，底部开槽，槽中有一个半圆形搭子，中间有一个圆孔；板的左边还有一个长圆形孔。

3）图 5-24b 表示其右上方是一个空心圆柱，从俯、左视图可看出它偏在底板的右后方。

4）图 5-24c 表示在底板和空心圆柱之间加进一个竖板，由于它们结合成一整体，在图中用箭头表明了连接处原有线条的消失以及相切和相交处的画法与投影关系。

5）图 5-24d 表示在空心圆柱、竖板和底板间增加一块肋板，图中也用箭头表明了连接成整体后原有线段的消失以及肋板与空心圆柱间产生的交线。

（3）综合起来想整体 根据以上步骤逐个分析形体，最后综合起来想象出整个立体形状，如图 5-24d 所示。

2. 线面分析法读图

对于形体清晰的组合体，用形体分析法读图即可，但有些比较复杂的形体，尤其是切割或穿孔后形成的形体，往往在形体分析的基础上，还需要运用线面分析法来帮助想象和读懂

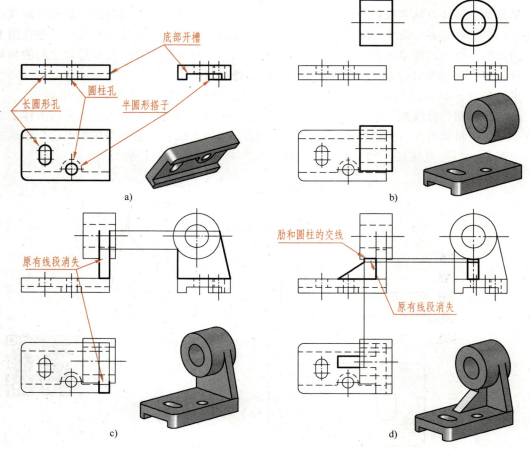

图 5-24　形体分析法读图

局部的形状。线面分析法就是根据视图中线条和线框的含义，分析相邻表面的相对位置、表面的形状及面与面的交线特征，从而确定空间物体的形体结构。

当平面图形平行于投影面时，它的投影反映实形；当倾斜于投影面时，它在该投影面上的投影一定是空间图形的类似形。如图 5-25 所示中四个物体上带填充平面的投影均反映了此特性。

下面以图 5-26 所示的压块为例说明用线面分析读图的一般方法。

先分析整体形状，由于压块的三个视图的轮廓基本上都是长方形，所以它的基本形体应该是一个长方体。进一步分析细节形状，从主、俯视图可以看出，压块右方从上到下有一阶梯孔；主视图的长方形缺个角，说明在长方块的左上方切掉一角；俯视图的长方形缺两个角，说明长方块左端切掉前、后两角；左视图也缺两个角，说明前后两边各切去一块。

用这样的形体分析法，压块的基本形状就大致有数了。但是，究竟是被什么样的平面切的？截切以后的投影为什么会是这个样子？还需要用线面分析法进行分析。

下面应用三视图的投影规律，找出每个表面的三个投影。

1）先读图 5-27a，从俯视图中的梯形线框出发，在主视图中找出与它对应的斜线 p'，可知 P 面是垂直于正面的梯形平面，长方块的左上角就是由这个平面切割而成的。平面 P

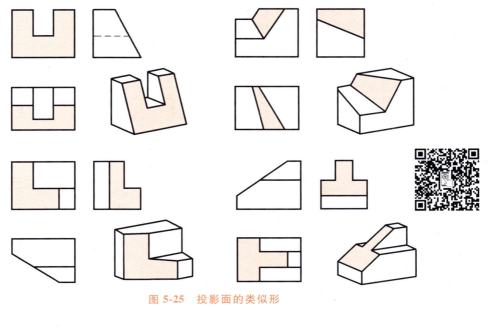

图 5-25 投影面的类似形

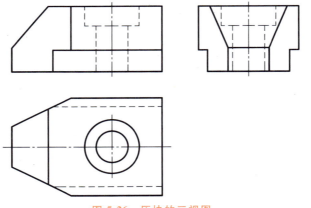

图 5-26 压块的三视图

对侧面和水平面都处于倾斜位置，所以它的侧面投影 p'' 和水平投影 p 是类似图形，不反映 P 面的真实图形。

2）再读图 5-27b，由主视图的七边形 q' 出发，在俯视图上找出与它对应的斜线 q，可知 Q 面是垂直于水平面的。长方块的左端，就是由这样的两个平面切割而成的。平面 Q 对正面和侧面都处于倾斜位置，因而侧面投影 q'' 也是一个类似的七边形。

3）然后，从主视图上的长方形 r' 入手，找出面的三个投影（图 5-27c）；从俯视图的四边形 S 出发，找到 S 面的三个投影（图 5-27d）。不难看出，R 面平行于正面，S 面平行于水平面，长方块的前后两边就是这两个平面切割而成的。在图 5-27d 中，$a'b'$ 线不是平面的投影，而是 R 面与 Q 面的交线，$c'd'$ 线是 Q 面和压块最前的正平面的交线。

其余的表面比较简单易看，这样既从形体上，又从线、面的投影上，彻底弄清了整个压块的三面视图，就可以想象出如图 5-28 所示物体的空间形状了。

读图时一般是以形体分析法为主，线面分析法为辅。线面分析方法主要用来分析视图中的局部复杂投影，对于切割式的零件用得较多。

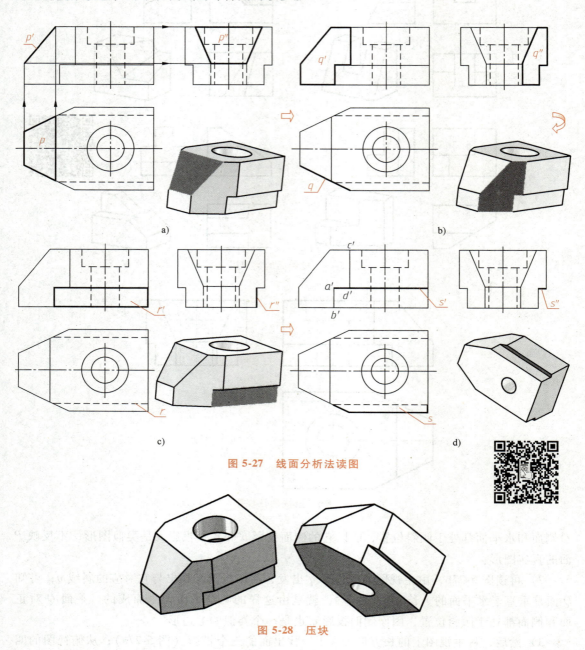

图 5-27 线面分析法读图

图 5-28 压块

5.5 AutoCAD 2024 的尺寸标注

在图形设计中，尺寸标注是绘图设计工作中的一项重要内容。AutoCAD 2024 包含了一套完整的尺寸标注命令和实用程序，用户使用它们足以完成图纸中要求的尺寸标注。

本节主要介绍 AutoCAD 2024 尺寸标注的组成，标注样式的创建和设置方法以及常用尺寸的标注方法。

5.5.1 尺寸标注的步骤

在 AutoCAD 2024 中，尺寸标注的基本步骤如下。

1）单击工具面板上【图层特性】命令，在打开的【图层特性管理器】对话框中创建一个独立的图层，用于尺寸标注。

2）单击工具面板上【文字样式】命令按钮，在打开的【文字样式】对话框中创建一种文字样式，用于尺寸标注。

3）单击工具面板上【标注样式】命令按钮，在打开的【标注样式管理器】对话框设置标注样式。

4）使用对象捕捉和标注等功能，对图形中的元素进行标注。

说明：按照我国国家标准规定，在工程图样上注写文字时比较合适的字体设置方式在后面讲述。

5.5.2 创建文字样式

单击工具面板上的【文字样式】命令按钮，打开如图 5-29 所示的【文字样式】对话框，单击 新建(N)... 按钮，新样式取名"工程字"，单击 确定 ，按照图 5-30 进行字体设置，然后单击 应用(A) 按钮，关闭对话框即可。

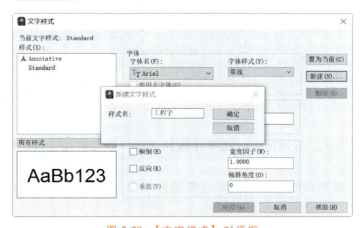

图 5-29 【文字样式】对话框

5.5.3 创建标注样式

在 AutoCAD 2024 中，使用【标注样式】可以设置标注的格式和外观。要创建标注样式，单击工具面板上的【标注样式】命令按钮，打开【标注样式管理器】对话框，单击按钮 新建(N)... ，在打开的【创建新标注样式】对话框中即可创建新标注样式，如图 5-31 所示。

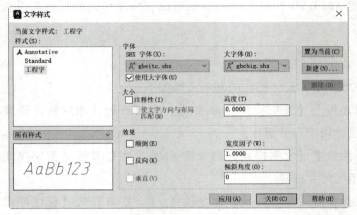

图 5-30　设置文字样式

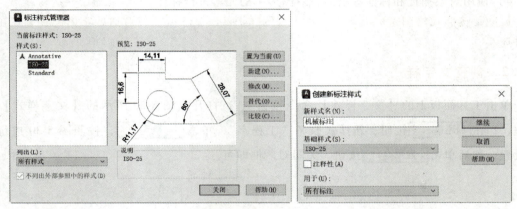

图 5-31　创建新标注样式

说明：AutoCAD 属于通用绘图软件，其默认标注格式并不和我国的国家标准一致，在绘图前应按照国家标准进行标注样式的设置。

1. 线设置

在【新建标注样式】对话框中，使用【线】选项可以设置尺寸线、尺寸界线的格式和位置。

在【尺寸线】选项组中，可以设置尺寸线的颜色、线宽、超出标记以及基线间距等属性。

在【尺寸界线】选项组中，可以设置尺寸界线的颜色、线宽、超出尺寸线的长度和起点偏移量、隐藏控制等属性。线设置如图 5-32 所示。

2. 符号和箭头设置

在【新建标注样式】对话框中，使用【符号和箭头】选项可以设置箭头、圆心标记、弧长符号和半径标注折弯的格式与位置，符号和箭头设置如图 5-33 所示。

3. 文字设置

在【新建标注样式】对话框中，可以使用【文字】选项设置标注文字的外观、位置和对齐方式，文字设置如图 5-34 所示。

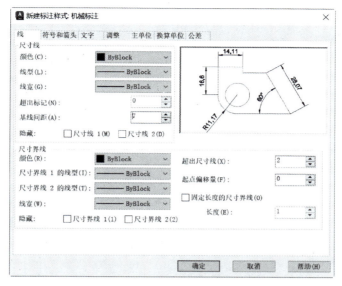

图 5-32　线设置

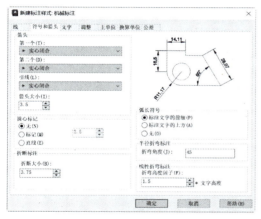

图 5-33　符号和箭头设置

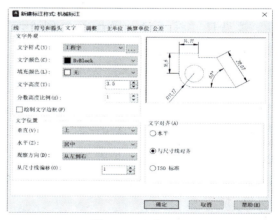

图 5-34　文字设置

4. 调整设置

在【新建标注样式】对话框中，可以使用【调整】选项设置标注文字、尺寸线、尺寸箭头的位置，调整设置如图 5-35 所示。

5. 主单位设置

在【新建标注样式】对话框中，可以使用【主单位】选项设置主单位的格式与精度等属性，包括线性标注和角度标注，主单位设置如图 5-36 所示。

说明：上述设置主要用于线性尺寸标注，非线性尺寸比如直径、半径、角度、公差等可在此基础上进行设置。

5.5.4　标注尺寸及公差

设置好符合国家标准的标注样式后，就可以使用标注命令标注尺寸了。AutoCAD 2024

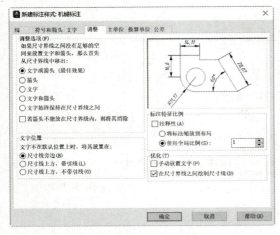

图 5-35　调整设置

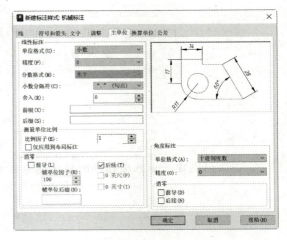

图 5-36　主单位设置

提供了完善的标注命令，例如使用"线性""直径""半径""角度"等标注命令，可以对线性尺寸、直径、半径、角度等进行标注。常见尺寸标注命令及图标如图 5-37 所示。

1. 水平竖直尺寸标注

用户选择【标注】/【线性】命令（DIMLINEAR），或在【注释】面板中单击【线性】按钮，可创建用于标注两个点之间的水平或竖直距离测量值，并通过指定点或选择一个对象来实现。

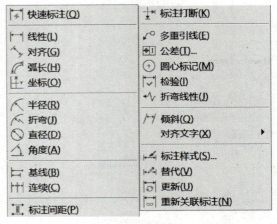

图 5-37　常见尺寸标注命令及图标

2. 倾斜尺寸标注

选择【标注】/【对齐】命令（DIMALIGNED），或在【注释】面板中单击【对齐】按钮，可以对对象进行对齐标注。

对齐标注是线性标注尺寸的一种特殊形式。在对倾斜直线段进行标注时，可以使用对齐标注。

3. 弧长标注

选择【标注】/【弧长】命令（DIMARC），或在【注释】面板中单击【弧长】按钮，可以标注圆弧线段或多段线圆弧线段部分的弧长。

4. 半径标注

选择【标注】/【半径】命令（DIMRADIUS），或在【注释】面板中单击【半径】按钮，可以标注圆和圆弧的半径。

5. 折弯标注

选择【标注】/【折弯】命令（DIMJOGGED），或在【注释】面板中单击【折弯】按钮，可以折弯标注圆和圆弧的半径。它与半径标注方法基本相同，但需要指定一个位置代替圆或圆弧的圆心。

6. 直径标注

选择【标注】/【直径】命令（DIMDIAMETER），或在【注释】面板中单击【直径标注】按钮，可以标注圆和圆弧的直径。

7. 基线标注

选择【标注】/【基线】命令（DIMBASELINE），或在【注释】面板中单击【基线】按钮，可以创建一系列由相同的标注原点测量出来的标注，即并列尺寸。

在进行基线标注之前必须先创建（或选择）一个线性、坐标或角度标注作为基准标注，然后执行该命令。

8. 连续标注

选择【标注】/【连续】命令（DIMCONTINUE），或在【注释】面板中单击【连续】按钮，可以创建一系列端对端放置的串列尺寸。

在进行连续标注之前，必须先创建（或选择）一个线性、坐标或角度标注作为基准标注，以确定连续标注所需要的前一尺寸标注的尺寸界线，然后执行该命令。

9. 角度标注

选择【标注】/【角度】命令（DIMANGULAR），或在【注释】面板中单击【角度】按钮，都可以测量圆和圆弧的角度、两条直线间的角度，或者三点间的角度。

10. 引线标注

选择【标注】/【多重引线】命令（MLEADER），或在【注释】面板中单击【多重引线】按钮，都可以创建引线和注释，而且引线和注释可以有多种格式。

11. 坐标标注

选择【标注】/【坐标】命令，或在【标注】面板中单击【坐标】按钮，都可以标注相对于用户坐标原点的坐标。

12. 快速标注

选择【标注】/【快速标注】命令，或在【注释】面板中单击【快速标注】按钮，都可以快速创建成组的基线、连续、阶梯和坐标标注，快速标注多个圆、圆弧，以及编辑现有标注的布局。

13. 几何公差标注

（1）几何公差的组成　在 AutoCAD 2024 中，可以通过特征控制框来显示几何公差信息，如图形的形状、轮廓、方向、位置和跳动的偏差等，如图 5-38 所示。

（2）几何公差标注　选择【标注】/【公差】命令，或在【注释】面板中单击【公差】按钮，打开【形位公差】对话框，可以设置公差的符号、值及基准等参数，如图 5-39 所示。

图 5-38　几何公差的组成

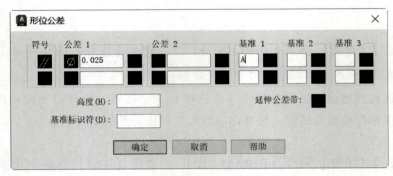

图 5-39　【形位公差】对话框

第6章

轴 测 图

正投影图的优点是能够完整、准确地表达形体的形状和大小，而且作图简便，但它缺乏立体感，没有经过专门训练的人是读不懂的。而轴测投影，能在一个投影中同时反映出形体的长、宽、高和不平行于投影方向的平面，因而具有较好的立体感，较易看出各部分的形状，并可沿长、宽、高三个方向标注尺寸。轴测投影的缺点是形体表达不全面，其次，轴测投影不反映实形，存在变形，在工业生产中一般作为辅助性图样配合正投影图使用，轴测图如图 6-1 所示。

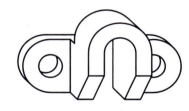

图 6-1　轴测图

【本章重点】

- 轴测图的基本知识
- 正等轴测图
- 斜二轴测图
- AutoCAD 2024 的正等轴测图画法

6.1　轴测图的基本知识

6.1.1　轴测图的形成

根据平行投影的原理，把形体连同确定其空间位置的三根坐标轴 OX、OY、OZ 一起，沿不平行于这三根坐标轴和由这三根坐标轴所确定的坐标面的方向，投影到新投影面 P，所得的投影称为轴测投影。

轴测图的形成一般有两种方式，一种是改变物体相对于投影面的位置，而投影方向仍垂直于投影面，所得轴测图称为正轴测图；另一种是改变投影方向使其倾斜于投影面，而不改变物体对投影面的相对位置，所得投影图为斜轴测图。

如图 6-2 左侧所示正轴测图，改变物体相对于投影面位置后，用正投影法在投影面 P 上作出四棱柱及其参考直角坐标系的平行投影，得到了一个能同时反映四棱柱长、宽、高三个方向的富有立体感的轴测图。其中平面 P 称为轴测投影面；坐标轴 OX、OY、OZ 在轴测投影面上的投影 O_1X_1、O_1Y_1、O_1Z_1 称为轴测投影轴，简称轴测轴；每两根轴测投影轴之间的夹角称为轴间角；空间点 A 在轴测投影面上的投影 A_1 称为轴测投影；直角坐标轴上单位长度的轴测投影长度与对应直角坐标轴上单位长度的比值，称为轴向伸缩系数，X、Y、Z 方向的轴向伸缩系数分别用 p、q、r 表示。图 6-2 右侧图为斜轴测图，物体相对于投影面正放，用斜投影的方法可以得到斜轴测图。

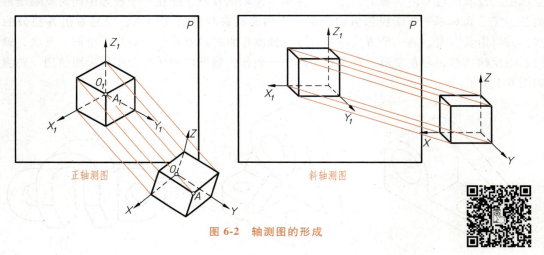

图 6-2　轴测图的形成

6.1.2　轴测图的特性及分类

1. 轴测图的特性

（1）平行性　凡在空间平行的线段，其轴测投影仍平行。其中在空间平行于某坐标轴（X、Y、Z）的线段，其轴测投影也平行于相应的轴测轴。

（2）定比性　点分空间线段长之比，等于其对应轴测投影长之比。

（3）从属性　点属于空间直线，则该点的轴测投影必属于该直线的轴测投影。

2. 轴测图的分类

根据投影方向不同，轴测图可分为两类：正轴测图和斜轴测图。根据轴向伸缩系数不同，正轴测图和斜轴测图又可各分为三类：三个轴向伸缩系数均相等的，称为等测轴测图；其中只有两个轴向伸缩系数相等的，称为二测轴测图；三个轴向伸缩系数均不相等的，称为三测轴测图。

以上两种分类方法结合，得到六种轴测图，分别简称为正等测、正二测、正三测和斜等测、斜二测、斜三测。其中正等测和斜二测最为常用，本章只介绍这两种轴测图的画法。

🖈 6.2 正等轴测图

6.2.1 轴间角和轴向伸缩系数

在正投影情况下，当 $p=q=r$ 时，三个坐标轴与轴测投影面的倾角都相等，三个轴向伸缩系数均为 $p=q=r \approx 0.82$。

为了作图方便取 $p=q=r=1$，相当于将正投影的对应尺寸放大 $1/0.82 \approx 1.22$ 倍；轴间角为 $120°$，一般使 O_1Z_1 处于铅垂位置，O_1X_1、O_1Y_1 分别与水平线成 $30°$，如图 6-3 所示。

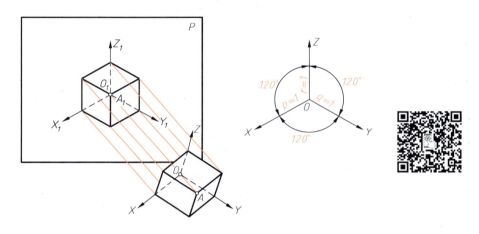

图 6-3 正等轴测图的轴间角和简化轴向伸缩系数

6.2.2 平面体的正等轴测图

画平面体正等轴测图的方法有叠加法、切割法和坐标法。

1. 叠加法

先将物体分成几个简单的组成部分，分别画轴测图，再将各部分的轴测图按照它们之间的相对位置叠加起来，并画出各表面之间的连接关系，最终得到物体轴测图的方法，称为叠加法。

例 6-1 绘制如图 6-4a 所示三视图的正等轴测图。

1）先用形体分析法将物体分解为底板、竖板和肋板三个部分。

2）画出底板的轴测投影图，如图 6-4b 所示。

3）以底板的顶面为准，画出竖板的轴测投影图，如图 6-4c 所示。

4）画出肋板的轴测投影图，如图 6-4d 所示。

5）擦去作图线，描深后即得物体的正等轴测图，如图 6-4e 所示。

注意：在轴测图中，为了使画出的图形更加明显，通常不画出物体的不可见轮廓。

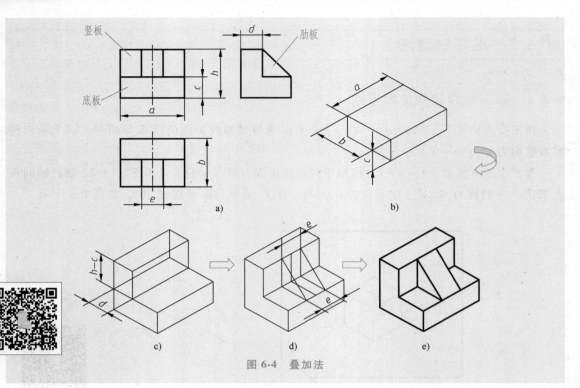

图 6-4 叠加法

2. 切割法

切割法又称方箱法，适用于画由长方体切割而成的轴测图，先画出完整的长方体，然后按形体分析的方法逐块切去多余的部分。

例 6-2 画出如图 6-5a 所示三视图的正等轴测图。

1）首先根据尺寸画出完整的长方体，如图 6-5b 所示。

2）用切割法切去左上方的三棱柱，如图 6-5c 所示。

3）用切割法切去左前方的三棱柱，如图 6-5d 所示。

4）擦去作图线，描深可见部分即得形体的正等轴测图，如图 6-5e 所示。

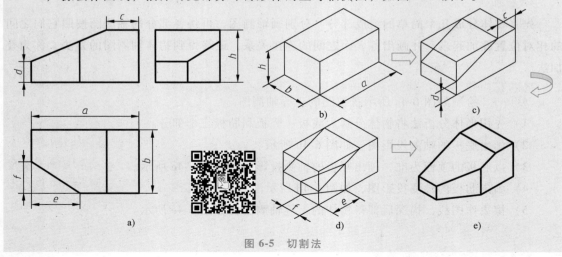

图 6-5 切割法

3. 坐标法

使用坐标法时，先在视图上选定一个合适的直角坐标系 $OXYZ$ 作为度量基准，然后根据物体上每一点的坐标，定出它的轴测投影。

例 6-3 画出如图 6-6a 所示正六棱柱的正等轴测图。

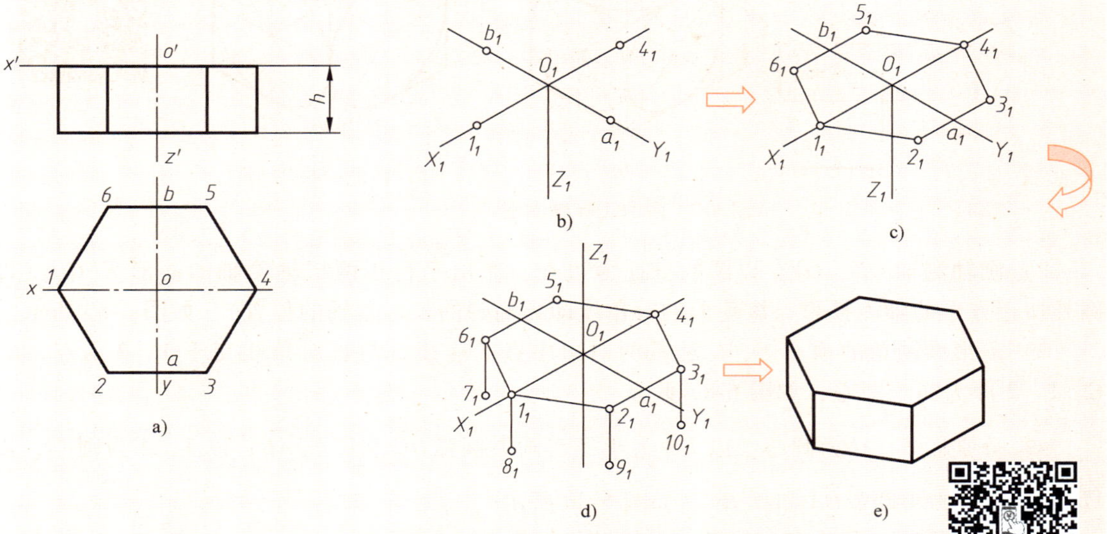

图 6-6 坐标法

1）首先进行形体分析，将直角坐标系的原点 O 放在顶面中心位置，并确定坐标轴。

2）再作轴测轴，并在其上采用坐标量取的方法，得到顶面各点的轴测投影。

3）接着从顶面各点沿 Z 向向下量取 h 高度，得到底面上的对应点；分别连接各点，用粗实线画出物体的可见轮廓，擦去不可见部分，得到六棱柱的轴测投影，作图过程如图 6-6b~e 所示。

6.2.3 回转体的正等轴测图

1. 平行于坐标面圆的正等轴测图画法

在作回转体的轴测图时，主要是圆的轴测图画法。圆的正等轴测图是椭圆，三个坐标面或其平行面上的圆的正等轴测图是大小相等、形状相同的椭圆，只是长短轴方向不同，位于 XOY 面上的圆，短轴和 O_1Z_1 轴同向；位于 XOZ 面上的圆，短轴和 O_1Y_1 轴同向；位于 YOZ 面上的圆，短轴和 O_1X_1 轴同向，如图 6-7a 所示。

正等轴测图状态下，正方体边长变成 $0.82d$，如图 6-7b 所示。为了作图方便，一般将正方体的正等轴测图边长取 d，此时椭圆的长轴约等于 $1.22d$，短轴约等于 $0.7d$，如图 6-7c 所示。

在实际作图时，一般不要求准确地画出椭圆曲线，经常采用平行弦法或菱形法进行近似作图。下面以水平面上圆的正等轴测图为例，说明菱形求近似椭圆的方法。

1）设立坐标体系，以圆心 O_0 为坐标原点，两条中心线为坐标轴 O_0X_0、O_0Y_0，如图 6-8a 所示。

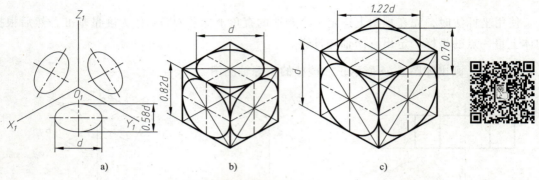

图 6-7　圆的正等轴测图

2）画轴测轴 OX、OY。以圆的直径为边长，作出平行于两根轴测轴的菱形 $EFGH$（即圆外切正方形的轴测投影，该菱形的对角线即为椭圆的长、短轴的位置），如图 6-8b 所示。

3）菱形两钝角的顶点 E、G 和其两对边中点的连线，与长对角线交于 1、2 两点，E、G、1、2 即为四个圆心，如图 6-8c 所示。

4）分别以 E、G 为圆心，以 ED 为半径，画大圆弧 $\overset{\frown}{DC}$ 和圆弧 $\overset{\frown}{AB}$；以 1、2 为圆心，以 $1D$ 为半径，画小圆弧 $\overset{\frown}{DA}$ 和弧 $\overset{\frown}{BC}$，如图 6-8d 所示。

5）加深椭圆，删除多余线条，最终结果如图 6-8e 所示。

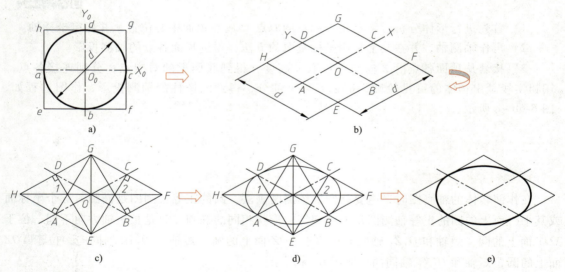

图 6-8　菱形法求近似椭圆

例 6-4　画出如图 6-9a 所示圆柱的正等轴测图。

分析　圆柱体实际上就是在两个不同的位置作出圆的正等轴测图，然后作出两椭圆的切线即可。

1）画轴测轴，确定圆柱顶面和底面的相对位置。

2）利用前面所讲的方式分别作出两个圆的正等轴测图。

3）作出两椭圆的切线。

4）擦去作图线并加深，作图过程如图 6-9b～e 所示。

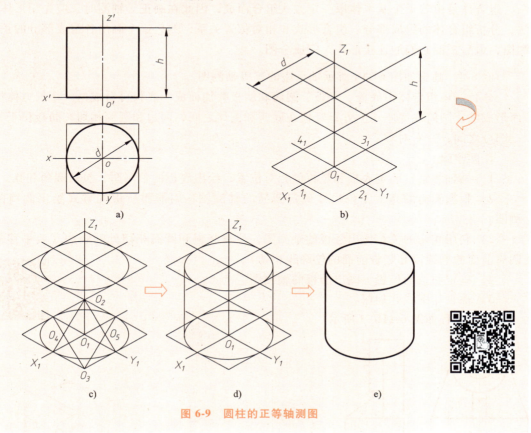

图 6-9　圆柱的正等轴测图

2. 圆角的正等轴测图画法

圆角的近似画法是由菱形法画椭圆演变而来的。

如图 6-10 所示，根据已知圆角半径 R，找出切点 1、2、3、4，过切点作切线的垂线，两垂线的交点即为圆心 O_1、O_2，两圆心向下平移 h，即为 O_3、O_4，以 O_1、O_2、O_3、O_4 为圆心，由圆心到切点的距离为半径画圆弧，作两个小圆弧的外公切线，即得两圆角的正等轴测图。

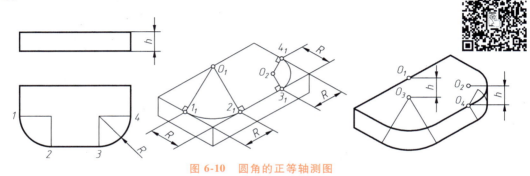

图 6-10　圆角的正等轴测图

6.2.4　组合体的正等轴测图

　　组合体是由若干个基本体以一定方式组合而成，因此在画正等轴测时，应先用形体分析法，分析组合体的组成部分、组合形式和相对位置关系，然后逐个画出各组成部分的正等轴测图，最后按照它们的连接形式，完成全图。

　　例 6-5　画出如图 6-11a 所示轴承座的正等轴测图。

　　分析　该组合体由底板、竖板、圆筒和肋板叠加而成。底板可看成由一个长方体切割而形成的；圆筒在底座正上方；竖板在底座和圆筒之间，两边和圆筒相切；肋板位于其他三部分之间，左右对称。

　　作图步骤

　　1）画轴测轴，确定底板和竖板的相对位置，绘出底板的轴测图，包括圆角和孔。

　　2）根据圆筒的高度定位尺寸确定圆筒的轴测轴，用前面所讲的方式绘出圆筒的轴测图。

　　3）利用相切的关系作出竖板的轴测图，注意竖板和圆筒相切处的画法（要平移复制圆筒前面的椭圆以和竖板前面的轮廓线相切）。

　　4）确定肋板的位置，画出肋板的轴测图。

　　5）擦去作图线并加深。

　　作图过程如图 6-11b~f 所示。

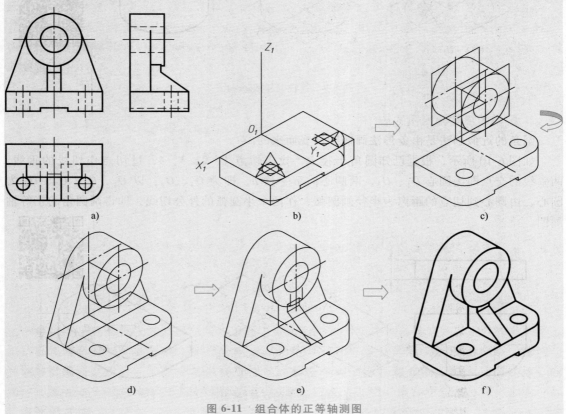

a)　　　　　b)　　　　　c)

d)　　　　　e)　　　　　f)

图 6-11　组合体的正等轴测图

6.3 斜二轴测图

6.3.1 轴间角和轴向伸缩系数

按照三个轴向伸缩系数的异同，斜轴测投影分为如下几种。

1）斜等轴测投影（斜等轴测图），即三个轴向伸缩系数均相等的斜轴测投影。

2）斜二等轴测投影（斜二轴测图），即轴测投影面平行于一个坐标平面，且平行于坐标平面的那两个轴的轴向伸缩系数相等的斜轴测投影。

3）斜三轴测投影（斜三轴测图），即三个轴向伸缩系数均不相等的斜轴测投影。

如果让坐标面 XOZ 平行于轴测投影面，则该坐标面上的轴测投影反映实形，此时 OX、OZ 轴上的轴向伸缩系数为 1，轴间角为 90°。如图 6-12 所示，为了作图简便，又富有立体感，常选用 $\angle X_1O_1Y_1 = \angle Y_1O_1Z_1 = 135°$，$OY$ 轴的轴向伸缩系数为 0.5，即 $p = r = 1$，$q = 0.5$。

图 6-12 给出了轴测轴的画法和各轴向伸缩系数。

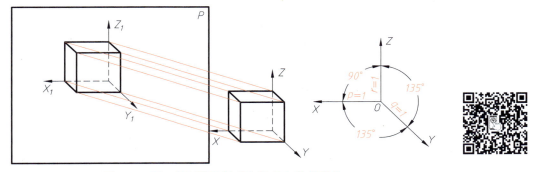

图 6-12 斜二轴测图的轴间角和轴向伸缩系数

6.3.2 平行于坐标面圆的斜二轴测图画法

平行于 $X_1O_1Z_1$ 面的圆的斜二轴测投影还是圆，大小不变。平行于 $X_1O_1Y_1$ 和 $Z_1O_1Y_1$ 面的圆的斜二轴测投影都是椭圆，且形状相同，它们的长轴与圆所在坐标面上的一根轴测轴成 7°9′20″（可近似为 7°）的夹角。根据理论计算，椭圆长轴长度为 1.06d，短轴长度为 0.33d，如图 6-13 所示。由于此时椭圆作图较繁琐，所以当物体的某两个方向有圆时，一般不用斜二轴测图，而采用正等轴测图。

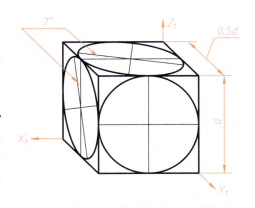

图 6-13 平行于坐标面圆的斜二轴测图

6.3.3 组合体斜二轴测图的画法

由于斜二轴测图能如实表达物体正面的形状，因而它适合表达某一方向的复杂形状或只有一个方向有圆的物体。

例 6-6　画出如图 6-14a 所示形体的斜二轴测图。

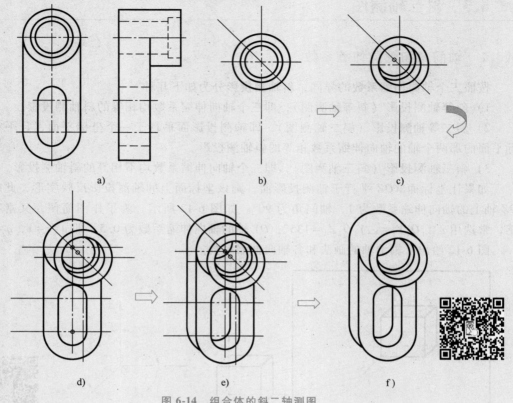

图 6-14　组合体的斜二轴测图

分析　该组合体由圆筒和背板叠加而成。圆筒可看成一个圆柱开一个阶梯通孔而形成的；背板可看成上下均为半圆柱体中间为长方体，然后开一个同形状的孔组成，该形体上的所有圆形都平行于正面。

1）在视图中定出直角坐标系。

2）画出前面的形状——将主视图原形抄画出来。

3）在该图形中所有转折点处，沿 OY 轴画平行线，在其上截取 1/2 物体厚度，画出后面的可见轮廓线。

4）擦去多余线条，加深图线，完成图形。

作图过程如图 6-14b~f 所示。

6.4　AutoCAD 2024 的正等轴测图画法

在 AutoCAD 2024 中提供了等轴测投影模式，可在该模式下很容易地绘制等轴测投影视图。因为等轴测投影是二维绘图技术，所以掌握二维绘图知识就可以较形象地描述三维物体。

6.4.1　使用等轴测投影模式

在等轴测投影模式下，有三个等轴测面。如果用一个正方体来表示一个三维坐标系，那么在等轴测图中，这个正方体只有三个面可见，这三个面就是等轴测面。这三个面的平面坐标系是各不相同的，因此，在绘制二维等轴测投影图时，首先要在左、顶、右三个等轴测面中选择一个设置为当前的等轴测面。

用户可在命令提示行中直接输入"ISODRAFT"命令来指定当前等轴测平面，执行该命令后系统提示如下：

ISODRAFT 输入选项［正交(O)/左等轴测平面(L)/顶部等轴测平面(T)/右等轴测平面(R)］<右等轴测平面(R)>：

用户可分别选择各项来激活相应的等轴测面，也可使用快捷键<Ctrl+E>或<F5>在三个等轴测面间相互切换，还可以用【状态栏】中的【等轴测】按钮来切换，如图 6-15 所示。

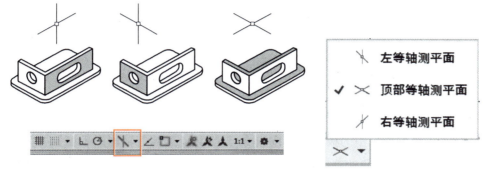

图 6-15 【等轴测】按钮的切换

6.4.2 在等轴测面中绘制图形

例 6-7 绘制一幅简单的等轴测图。

1）按下【状态栏】中的极轴追踪按钮，按下【顶部等轴测图平面】按钮，绘制顶部矩形；按下【左等轴测图平面】按钮，绘制左侧矩形；按下【右等轴测图平面】按钮，绘制右侧矩形，过程如图 6-16 所示。

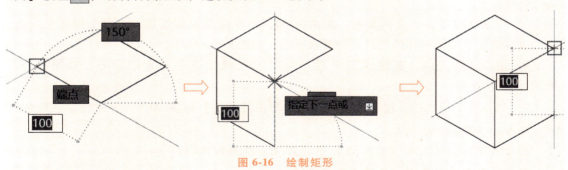

图 6-16 绘制矩形

2）分别绘制三个矩形的对角线。

单击【绘图】面板上的【椭圆】按钮，并进行如下操作。

命令：_ellipse

指定椭圆轴的端点或 ［圆弧（A）/中心点（C）/等轴测圆（I）］：i

指定等轴测圆的圆心：（选择辅助线中点）

指定等轴测圆的半径或 直径（D）］：<等轴测平面 俯视>（F5切换到上轴测面）50

命令：

3）重复上述操作，分别绘制左等轴测和右等轴测的圆。

4）加深轮廓线，删除多余图线，结果如图6-17所示。

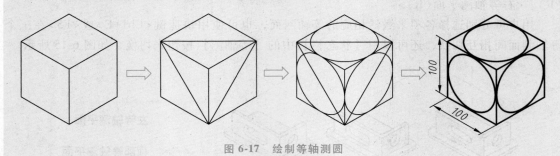

图6-17 绘制等轴测圆

例6-8 绘制一幅简单的等轴测图，如图6-18a所示。

1）按下【状态栏】中的极轴追踪按钮 ，按下【顶部等轴测图平面】按钮 ，绘制顶部矩形；按下【左等轴测图平面】按钮 ，绘制左侧矩形；按下【右等轴测图平面】按钮 ，绘制右侧矩形，结果如图6-18b所示。

2）绘制顶部矩形的对角线作为作辅助线，这条线是为确定圆柱底面中心点而作的辅助线；单击【绘图】面板上的【椭圆】按钮 ，并进行如下操作。

命令：_ellipse

指定椭圆轴的端点或 ［圆弧（A）/中心点（C）/等轴测圆（I）］：i

指定等轴测圆的圆心：（选择辅助线中点）

指定等轴测圆的半径或 ［直径（D）］：<等轴测平面 俯视>（F5切换到上轴测面）20

命令：

3）将该圆向Z轴正方向复制，距离为50，并使用象限点捕捉，将两个圆用直线连接，这样就完成了圆柱体的二维等轴测投影图，如图6-18c所示。

4）沿着轴线方向，在顶面三个角点量取10，确定三个圆角的圆心，如图6-18d所示。

5）切换到上轴测面，在【绘图】面板中单击【椭圆】按钮 ，并进行如下操作。

命令：_ellipse

指定椭圆轴的端点或 ［圆弧（A）/中心点（C）/等轴测圆（I）］：i

指定等轴测圆的圆心：选择1点作为圆心

指定等轴测圆的半径或 ［直径（D）］：10

命令：

6）重复上一步，作出所有圆角椭圆，如图6-18e所示。

7）利用修剪命令修剪掉多余线条，如图6-18f所示。

8）补全剩余图线，加深轮廓线，最终结果如图 6-18a 所示。

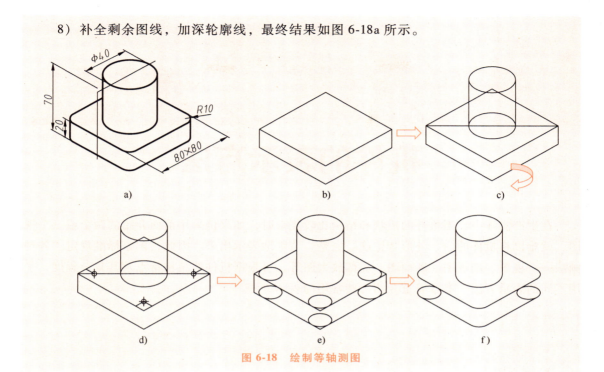

图 6-18 绘制等轴测图

第 7 章

机件的表示方法

在生产实际中，当机件的形状和结构比较复杂时，如果仍采用前面介绍的两个或三个视图，就难以将机件的内、外形状正确、完整、清晰地表示出来。因此，国家标准规定了各种画法——视图、剖视图、断面图、局部放大图等，可根据机件的结构特点及其复杂程度，采用不同的表示方法。本章着重介绍一些常用的表示方法。

【本章重点】

- 视图
- 剖视图
- 断面图
- AutoCAD 2024 的图案填充
- AutoCAD 2024 样板文件的规划

7.1　视图

技术图样应采用正投影法绘制，并优先采用第一角画法。绘制图样时，根据机件的结构特点，选择适当的表示方法，在完整、清晰表达物体形状的前提下，力求制图简便。在图中应用粗实线画出机件的可见轮廓，必要时用虚线画出机件的不可见轮廓。

视图通常有基本视图、向视图、局部视图和斜视图四种。

7.1.1　基本视图

为了清晰地表达一个外形比较复杂的机件，仅仅采用三视图是不够的，因此，国家标准中规定，在原 H、V、W 三个投影面的基础上，再增加三个投影面，组成一个正六面体，基本投影面如图 7-1 所示。

以正六面体的六个投影面为基本投影面，把机件放在六个基本投影面体系内，将机件向六个基本投影面投射，所得到的六个视图称为基本视图，如图 7-2 所示，其名称依次为主视图、俯视图、左视图、右视图（由右向左投射）、仰视图（由下向上投射）、后视图（由后向前投射）。基本视图可以清楚地表达机件的上、下、左、右、前、后等外部表面的形状。

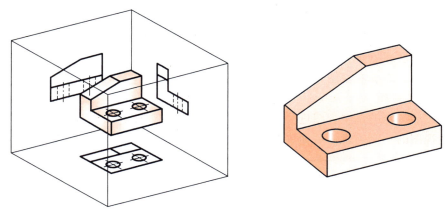

图 7-1　基本投影面

正投影面保持不动，其他投影面按如图 7-3 所示箭头方向旋转展开，并与正投影面共面。基本视图的规定配置如图 7-4 所示。

提示：如果在同一张图纸内各视图按图 7-4 配置，一律不需要标注视图的名称。

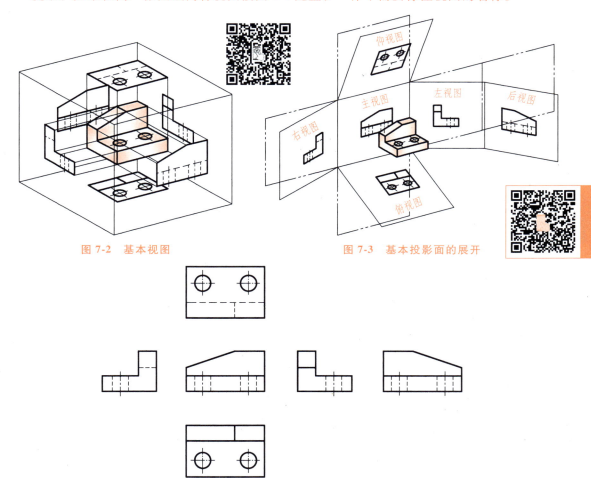

图 7-2　基本视图　　　　　　　　图 7-3　基本投影面的展开

图 7-4　基本视图的规定配置

1. 投影规律

各视图按照规定的基本视图进行投影，其六个基本视图之间仍保持"长对正，高平齐，宽相等"的投影关系，如图7-5所示，即主、俯、仰、后视图长对正，主、左、右、后视图高平齐，俯、仰、左、右视图宽相等。

2. 前后位置关系

各视图按照规定的基本视图进行投影，除了后视图外，左视图、右视图、俯视图和仰视图其靠近主视图的一侧为机件后面，远离主视图的一侧反映机件前面，如图7-5所示。

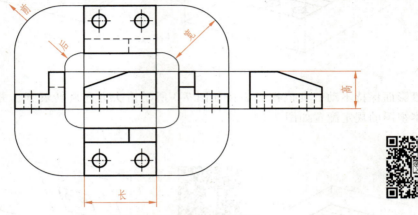

图7-5　基本视图的配置关系

3. 基本视图的应用

在实际绘图时，应根据机件的形状和结构特点，在完整、清晰地表达机件形状特征的前提下，力求画图简便，读图方便。选择基本视图的原则如下。

1）选择表达物体形状特征和信息量最多的视图作为主视图。

2）在物体表达清楚的前提下，视图数量最少。

3）尽量避免使用虚线表达物体的轮廓及棱线。

在以上选择基本视图的原则的基础上，一般应优先选用主、俯、左三个基本视图，然后再考虑其他基本视图。

7.1.2　向视图

向视图是可自由配置的视图，即机件的基本视图不按基本视图的规定配置。向视图应进行视图的标注，即在向视图的上方标出视图的名称——大写拉丁字母，在相应的视图附近用箭头指明投射方向，并标注相同的字母，如图7-6所示。

7.1.3　局部视图

局部视图是将机件的某一部分结构向基本投影面投射所得到的视图，常用来表达机件的局部外形。局部视图可按基本视图配置，也可按向视图配置并标注，还可按第三角画法配置。

如图7-7所示的机件，用主、俯两个基本视图，其主要结构已表示清楚，但左、右两个凸台的形状还需要采用 A 向、B 向两个局部视图表达。局部视图是以波浪线（或双折线）

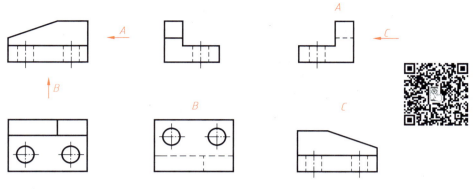

图 7-6　向视图及其标注

表示断裂的边界线。当所表示的局部结构具有完整封闭的外轮廓线时，以其外轮廓画出，波浪线省略不画，如图 7-7 中的 A 向局部视图。局部视图画在符合投影关系的位置，中间又无其他图形隔开时，不需标注，如图 7-7 中的 B 向局部视图中的标注可省略不画，否则必须标注，其标注方法同向视图。

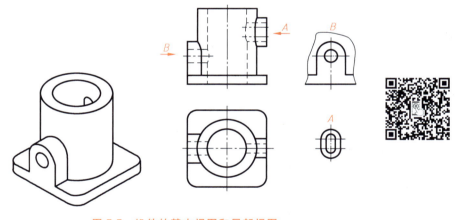

图 7-7　机件的基本视图和局部视图

7.1.4　斜视图

当机件上的某些倾斜结构不平行于任何基本投影面时，投影不能反映实形，给画图和读图带来不便。可以设立一个平行于倾斜结构的辅助投影面，并将倾斜结构向该投影面进行投射（正投影）所得到的视图称为斜视图，如图 7-8 所示。当机件倾斜结构投射后，必须将辅助投影面按基本投影面展开，如图 7-9 所示。

斜视图仅表示机件的倾斜结构的实形，故机件的其他部分在斜视图中可以断去不画，并用波浪线（或双折线）表示断裂的边界线。若机件倾斜结构具有完整、封闭的外形轮廓时，可省略表示断裂边界的线，而用完整的外轮廓画出。斜视图可画在符合投影关系的位置，也可以旋正画出（见图 7-9）。无论采用哪种画法，都应进行标注。其标注方法与向视图类同，只是当把斜视图旋正画出时，要在斜视图上方名称（大写拉丁字母）边上画出旋转符号，

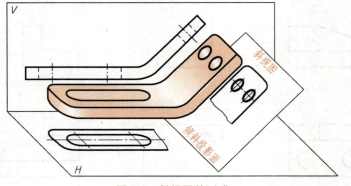

图 7-8　斜视图的形成

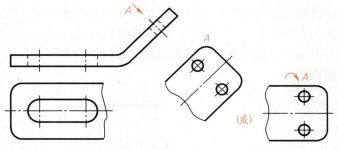

（或）

图 7-9　局部视图和斜视图的应用示例

字母应靠近箭头一端，也允许将旋转角度标注在字母之后。角度值是实际旋转角的大小，箭头方向表示旋转的实际方向。

🖈 7.2　剖视图

7.2.1　剖视的基本概念

　　剖视图主要表达机件被剖开后的原来看不见的结构形状。当视图中存在虚线而难以用视图表达机件的不可见部分的形状时，常用剖视图表达。如图 7-10b 所示，压盖的主视图出现了一些表达内部结构的虚线，为清楚表达机件的内部形状，假想用剖切面切开，将处在观察者和剖切线之间的部分移去，而将其余部分向投影面投影，所得的图形称为剖视图。

　　如图 7-10 所示，将视图与剖视图相比较，由于图 7-10c 中的主视图采用了剖视的表示方法，在视图中不可见部分的轮廓线变为可见的，图中原有的细虚线改画成粗实线，再加上剖面线的作用，使图形更为清晰。由于主视图中左、右两孔的形状（加上直径尺寸 φ）已经表达清楚，故俯视图上所对应的细虚线圆可以省略不画出。

　　下面以图 7-10 所示的压盖为例，说明画剖视图的步骤。

　　（1）确定剖切面的位置　选取平行于正面的对称面为剖切面。

　　（2）画剖视图　将剖开的压盖移去前半部分，并将剖切面截切压盖所得断面及压盖后半部分向正面投影，画出剖视图。由于剖视图是假想剖开物体后画出的，当物体的一个视图

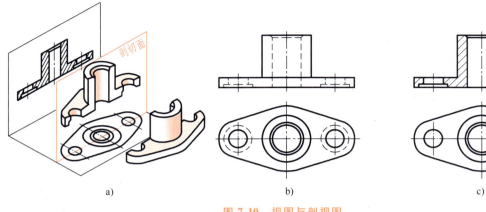

a)　　　　　　　　　　　　　b)　　　　　　　　　　　　　c)

图 7-10　视图与剖视图

a）剖视图的形成　b）视图　c）剖视图

画成剖视后，其他视图不受影响，仍完整画出。

（3）画剖面符号　剖切平面与机件内、外表面的交线所围成的图形，称为剖断面（又称剖面区域），其剖断面的轮廓线即为截交线。在剖断面上应画出剖面符号，表 7-1 列出了部分不同材料的剖面符号。机械工程中的机件多为金属材料制造而成，其剖面符号应画成与主要轮廓线或剖断面（剖面区域）的对称线成 45°且间隔相等的细实线，通常称为剖面线。对于同一机件，无论在哪个剖面区域上，剖面线的方向和间隔都应一致，不可反向。

表 7-1　材料的剖面符号（GB/T 4457.5—2013）

材料	剖面符号	材料	剖面符号	材料	剖面符号
金属材料		型砂、填砂、粉末冶金、砂轮、硬质合金刀片		木质胶合板	
非金属材料		线圈绕组元件		木材横剖面	
钢筋混凝土		混凝土		基础周围的泥土	
普通砖		液体		玻璃及供观察用的其他透明材料	

在技术制图标准 GB/T 17453—2005 中规定，当不需要表示材料类别时，可采用通用剖面线来表示剖面区域。所谓通用剖面线，即机械制图标准 GB/T 4457.5 中的金属材料的剖面符号。

剖视图标注的三要素如下。

1）剖切线，表示剖切面位置的线，用细点画线绘制，也可省略不画。

2）剖切符号，表示剖切面的起、讫和转折位置，用短粗实线绘制，以及表示投射方向（箭头）的符号，箭头与短粗实线垂直组成了剖切符号。当剖视图按投影关系配置，中间又无其他图形隔开时，可以省略箭头。

3）字母，注在剖视图的上方，用以表示剖视图名称的大写拉丁字母"×-×"。为了便于查找读图，在剖切符号边上注写相同的字母。

以上三个要素的组合标注如图7-11所示。

当单一剖切平面通过机件的对称平面或基本对称平面，并且剖视图按投影关系配置时，中间又无其他图形隔开时，可省略全部标注。单一剖切面的局部剖视图一般不标注，如图7-10所示。

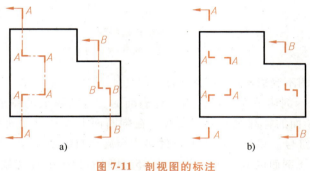

图 7-11　剖视图的标注
a）有剖切线　b）省略剖切线

7.2.2　剖视图的种类

按剖切平面剖开机件的范围不同，剖视图可分为全剖视图、半剖视图和局部剖视图。

1. 全剖视图

用剖切平面将机件全部剖开所得到的剖视图，称为全剖视图。

当机件的外形简单或外形已在其他视图中表达清楚时，为了表示机件的内部结构常采用全剖视图，如图7-10c中的主视图。

2. 半剖视图

当机件具有对称平面，且内外结构都需要表达时，在垂直于对称平面的投影面上投射的图形，应以对称中心线为界，一半画成表示机件内部结构的剖视图，而另一半则画成表示机件外形的视图，这种剖视图称为半剖视图，如图7-12a中的俯视图和左视图。

在半剖视图中，被剖去部分一般是主视图剖去右前方的四分之一、左视图剖去左前方的四分之一、俯视图剖去前上方的四分之一，如图7-12b所示。

画图时的注意事项如下。

1）画半剖视图是以对称线（点画线）为界，一半画外形视图（内腔细虚线不画），一半画内腔剖视图。

2）读图时，画外形视图的一半，其内腔与画内腔剖视图的一半相同（镜像过来）；而画内腔剖视图的一半，其外形与画外形视图的一半相同（镜像过来）。

3）半剖视图中虽然有一半是机件的外形视图，但在标注剖切平面的剖切位置时，与全部剖开机件的全剖视图的标注方法完全相同，如图7-12a所示。

4）对称的机件，在对称线上有棱线时，不允许采用半剖视图来表示，这是因为半剖视图是以对称线为界进行画图的。

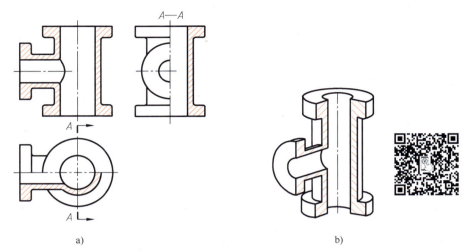

a)　　　　　　　　　　　　　　　　b)

图 7-12　全剖视图和半剖视图

3. 局部剖视图

用剖切平面将机件局部地剖开所得到的剖视图，称为局部剖视图，如图 7-13 所示。

局部剖视图用于内外结构都需表示且不对称的机件，以及实心件上的局部结构，如图 7-14 所示，或对称线上有棱线而不宜采用半剖视图的机件，如图 7-15 所示。

国家标准规定，局部剖视图中剖与不剖部分的分界线是波浪线。因此，画图时首先要考虑波浪线画在何处。但波浪线不允许超出被切部位的轮廓线，也不允许穿通孔而过，如图 7-16a 所示，同时不允许与任何轮廓线重合，如图 7-16b、c 所示。

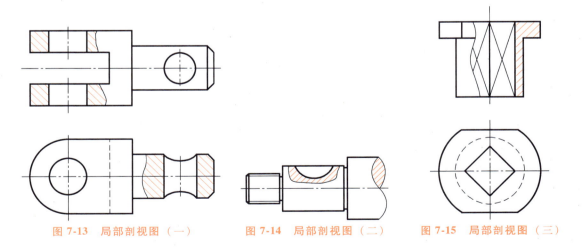

图 7-13　局部剖视图（一）　　　　图 7-14　局部剖视图（二）　　　　图 7-15　局部剖视图（三）

7.2.3　剖切面的种类

一般用平面剖切机件，也可用柱面剖切机件。制图标准 GB/T 17452—1998 中将剖切面分为三类，这三类剖切面在三种剖视图中均可采用。

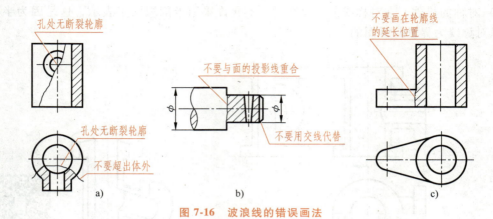

图 7-16　波浪线的错误画法

1. 单一剖切面

用一个剖切面剖开机件的方法，称为单一剖切面。单一剖切面又分为正剖切平面（平行于基本投影面的剖切平面）、斜剖切平面、剖切柱面。

图 7-12～图 7-15 中的剖切面为正剖切平面。图 7-17 中，$A—A$ 剖视图为不平行于任何基本投影面的单一斜剖切平面剖开的机件，经旋转后绘制的局部剖视图。斜剖切平面剖开机件的结构，既可按符合投影关系配置，也可旋正画出。当旋正画出时，也要加注旋转符号。有时根据机件的结构特点，还可采用单一剖切柱面，如图 7-18 所示为采用单一剖切柱面画出的全剖视图。剖切柱面剖得的剖视图，一般采用展开画法，此时，剖视图与视图之间会出现"三等不等"的投影规律，标注名称时应加注"展开"二字。

图 7-17　单一斜剖切平面剖开机件的局部剖视图　　　图 7-18　单一剖切柱面剖开机件的全剖视图

2. 几个平行的剖切面

采用几个平行的剖切平面画剖视图时，应注意以下几点。

1）剖切平面的转折处不应画线，如图 7-19 所示。

2）要正确选择剖切平面的位置，在剖视图内不应出现不完整要素。如图 7-20b 所示的全剖视图中出现不完整的肋板，应适当地调配剖切平面的位置，如图 7-20a 所示。

3）当机件上的两个要素在图形上具有公共对称线（面）或轴线时，应以对称线（面）或轴线各画一半，如图 7-21 中的 $A—A$ 全剖视图。

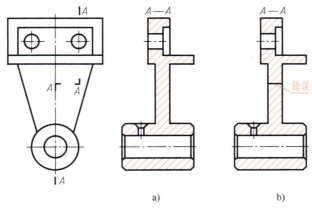

图 7-19 几个平行剖切平面的全剖视图示例（一）
a）正确 b）错误

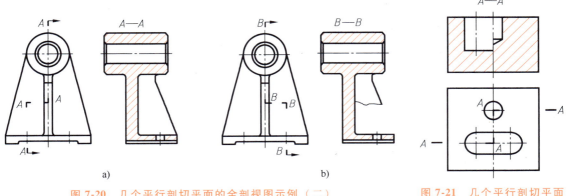

图 7-20 几个平行剖切平面的全剖视图示例（二）
a）正确 b）错误

图 7-21 几个平行剖切平面的全剖视图示例（三）

3. 几个相交的剖切面

用两个或两个以上相交的剖切面（其中包括平面和柱面，且剖切面的交线必须垂直于某一投影面）剖开机件，其剖切面的交线是机件的回转轴线，如图 7-22 所示。

采用几个相交的剖切面的方法绘制剖视图时，先假想按剖切位置剖开机件，然后将被斜剖切面剖开的结构及有关部分旋转到与基本投影面平行，再进行投影得到剖视图。

画几个相交剖切面的剖视图时，应注意以下几点。

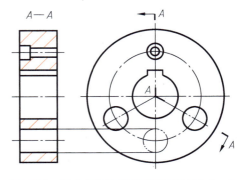

图 7-22 相交剖切面的全剖视图示例（一）

1）剖视图与视图之间会出现"三等不等"的投影规律。采用几个相交的剖切面这种"先剖切后旋转"的方法绘制的剖视图，往往有些部分的图形会伸长，有些剖视图还要展开绘制，如图 7-23、图 7-24 所示。

2）采用几个相交的剖切面的方法绘制剖视图时，在剖切平面后，未剖到的其他结构一般仍按原来的位置投影，如图 7-23 中的油孔。

3）当剖切面沿着连接板、肋板等薄板方向剖开这些结构时，该结构按不剖绘制，即不画剖面线，但要以相邻结构的轮廓线隔开，如图 7-23 中连接板结构的画法。

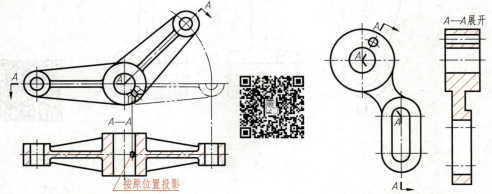

图 7-23　相交剖切面的全剖视图示例（二）　　　图 7-24　相交剖切面的全剖视图示例（三）

4）采用几个相交的剖切面剖开机件时，当剖到不完整要素，应将此部分按不剖绘制，如图 7-25 所示。

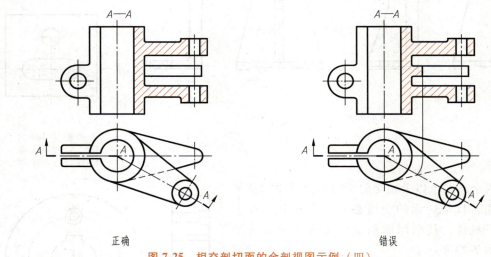

图 7-25　相交剖切面的全剖视图示例（四）

7.3　断面图

7.3.1　断面图的概念

假想用剖切平面垂直于机件的轮廓线切开，仅画出断面（截交线）的图形，这样的图形称为断面图，如图 7-26 所示。在断面图中，机件和剖切面接触的部分称为剖面区域，国家标准规定，在剖面区域内要画上剖面符号。断面图在机械图样中常用来表达机件上某一部分的断面形状，可分为移出断面图和重合断面图。

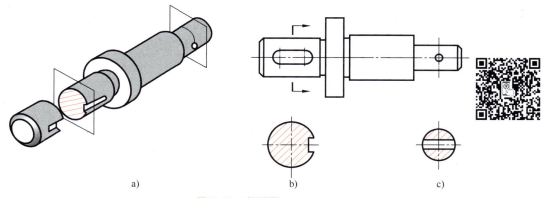

图 7-26　断面图

7.3.2　断面图的种类

1. 移出断面图

　　画在视图之外的断面图称为移出断面图，移出断面轮廓线用粗实线绘制。布置图形时，尽量将移出断面图画在剖切位置的延长线上；当断面图的图形对称时，可将断面图画在视图的中断处，如图 7-27 所示。移出断面图也可配置在其他适当位置，如图 7-28 所示。

　　移出断面图的特殊情况有下面几种。当剖切平面过回转曲面构成的孔或凹坑的轴线时，这些结构按剖视绘制，如图 7-28 所示。当剖开的断面完全分离成两个断面图时，此结构也按剖视来绘制，如图 7-29 所示。在由两个或多个相交的剖切平面剖切的移出断面图中，相交处应断开，如图 7-30 所示。

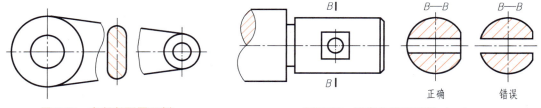

图 7-27　中断断面图示例　　　　　　　图 7-28　移出断面图示例（一）

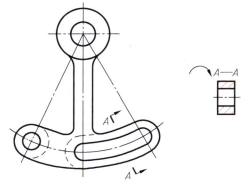

图 7-29　移出断面图示例（二）

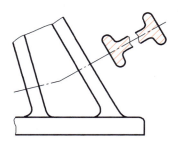

图 7-30　移出断面图示例（三）

2. 重合断面图

画在视图之内的断面图称为重合断面图，其断面轮廓线为细实线。当断面轮廓线与视图中的轮廓线重合时，视图中的轮廓线仍应连续画出，不可断开，如图7-31所示。

肋板的重合断面图的画法是轮廓线不封闭，如图7-32所示。

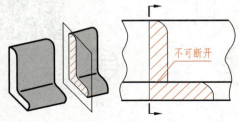

图7-31　重合断面图示例（一）

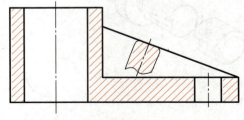

图7-32　重合断面图示例（二）

7.3.3　断面图的标注

断面图的完整标注同剖视图的标注一样，但断面图的标注与图形的配置和图形的对称性有关，具体如下。

1）当移出断面图画在剖切线的延长线上且图形对称时，可省略标注，如图7-26c所示。当移出断面图画在剖切符号的延长线上，且图形不对称时，则可省略字母，如图7-26b所示。断面图画在视图中断处时，不需标注，如图7-27所示。

2）当移出断面图没有画在剖切位置的延长线上且图形对称，或画在符合投影关系的位置时，可省略箭头，如图7-28所示。

3）对于重合剖面图的不对称图形，只可省略字母，如图7-31所示。当不致引起误解时，也可省略标注。

7.4　其他表示方法

国家标准还规定了局部放大图、简化画法、第三角画法等。

7.4.1　局部放大图

将机件的部分结构用大于原图形所采用的比例画出的图形，称为局部放大图。它用于表达机件上较小结构，应尽量配置在被放大部位的附近，以便于读图。局部放大图可以画成视图、剖视图、断面图，与原图的表达形式无关；图形所采用的放大比例应根据结构需要来选定，与原图的画图比例无关。

局部放大图的断裂边界，可以采用细实线圆为边界线，也可以采用波浪线（图7-33a、d）或双折线为边界线。

局部放大图的标注方式是用细实线圆或长圆圈出被放大部位，在局部放大图的上方写出放大的比例（图7-34）；当多处放大时，要用罗马数字编号并写在指引线上，在放大图的上方用分式标注出相应的罗马数字和采用的比例（图7-33a、d）。必要时也可采用几个视图表达同一个被放大部位的结构，如图7-35所示。

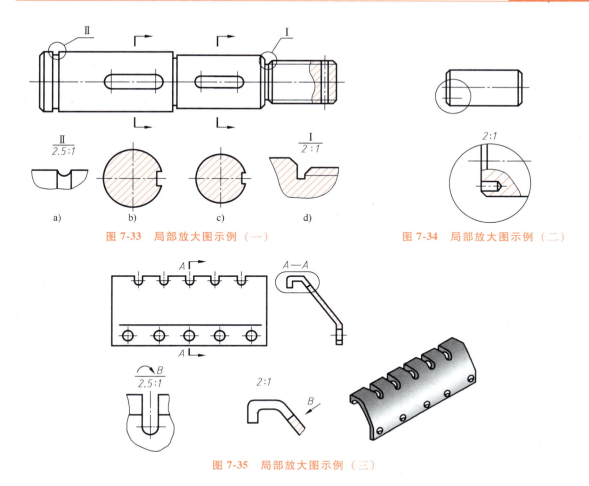

图 7-33　局部放大图示例（一）　　　　图 7-34　局部放大图示例（二）

图 7-35　局部放大图示例（三）

7.4.2　简化画法

为了读图和绘图的方便，国家标准中规定了一些简化画法。

1. 肋板、轮辐、实心杆状结构在剖视图中的简化画法

这些结构如沿纵向剖切，都不画剖面符号，而用粗实线（相邻结构的轮廓线）将它与其相邻结构隔开，如图 7-36a 和图 7-37b 所示。从图中可以看出，上述结构被剖切时，只有在反映其厚度的剖面图中才画出剖面符号。

2. 均布在圆周上的孔、肋板、轮辐等结构的简化画法

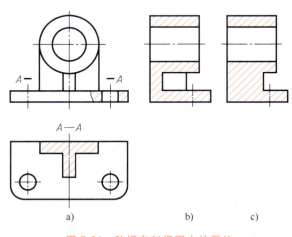

图 7-36　肋板在剖视图中的画法
a）主、俯视图　b）正确　c）错误

当这些结构不处在剖切平面上时，可以将其结构旋转到剖切平面的位置，再按剖开后的对称形状画出，如图 7-38 中主视图所示。

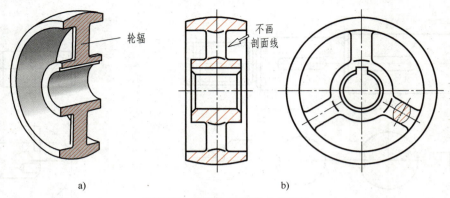

图 7-37　轮辐在剖视图中的画法

注意：孔只剖开一个，另一个仅用细点画线示出位置，且是旋转以后的位置，如图 7-38 中的主视图。

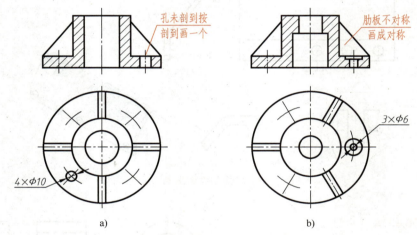

图 7-38　均匀分布的孔和肋板的画法

3. 对称和基本对称机件的简化画法

为了节省绘图时间和图幅，在不致引起误解时，对称机件的视图可以只画出二分之一或四分之一，并在对称线的两端画出对称符号，如图 7-39 所示。

而对于基本对称的机件，仍可按对称机件的画法绘制，但要对其中不对称的结构加注说明，如图 7-39b 所示；也可使图形适当地超过基本对称中心线（画大于一半的图形），此时不再画上对称符号，如图 7-39c 所示。

4. 平面的画法

当图形不能充分表示平面时，可用平面符号（相交的细实线）来表示这个平面，如图 7-40 所示。

5. 较长杆件的简化画法

较长机件（如轴、杆、型材、连杆等）沿长度方向的形状为一致或按一定的规律变化时，可采用折断后缩进画出，如图 7-41 所示。但应注意采用这种画法时，尺寸仍按实际长度注出。

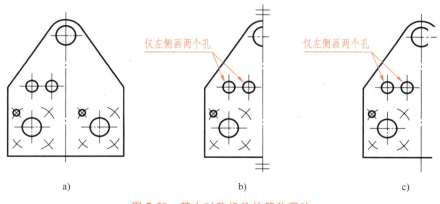

仅左侧画两个孔

仅左侧画两个孔

a)   b)   c)

图 7-39　基本对称机件的简化画法

a）完整视图　b）对称画法　c）大于一半画出

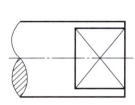

图 7-40　平面的画法

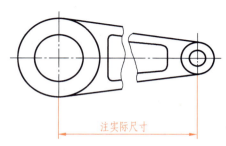

注实际尺寸

图 7-41　折断画法

6. 相同要素的简化画法

机件上相同结构，如齿、孔（包括柱孔和沉孔）、槽等，按一定规律分布时，可只画出一个或几个完整的结构，其余用细点画线或者"十"（十字线加圆黑点，十字线为细实线）或十字线示出中心位置，但在图中应注明该结构的数量，如图 7-42、图 7-43 所示。当相同结构的孔数量较多，只要能确切地说明孔的位置、数量和分布规律时，表示孔的中心位置的细点画线和十字线不需一一画出，如图 7-44 所示。

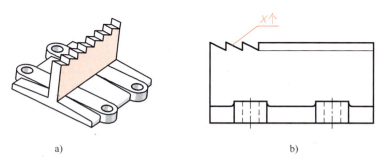

X个

a)   b)

图 7-42　相同要素的简化画法（一）

7. 网纹和滚花的简化画法

机件上的滚花和网纹部分，可以在轮廓线附近用粗实线示意画出一部分，并在图上注明这些结构的具体要求，如图 7-45 所示。

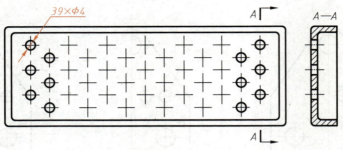

图 7-43　相同要素的简化画法（二）

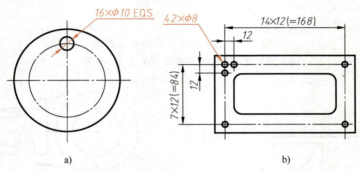

图 7-44　相同要素的简化画法（三）

8. 左右手件的简化画法

　　左右手件（零件或装配件）是指在装配时安装于左右（或上下，或前后）位置的，成对使用的两个零件（或装配件），犹如人的左右手一样。对于左右手零件（或装配件）允许只画出其中一个件的图形，而另一个用文字加以说明，如图 7-46 所示。图中"LH"为左手件，"RH"为右手件。

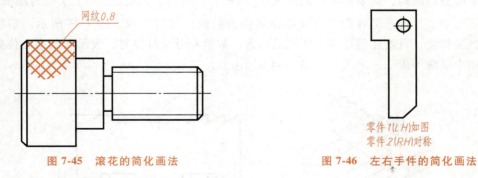

图 7-45　滚花的简化画法　　　　　　**图 7-46　左右手件的简化画法**

9. 较小结构的简化画法

　　对于机件上较小结构，如果已在图形中表示清楚，且又不影响读图时，可不按投影而简化画出或省略，如图 7-47 中锥度不大的孔，其圆的视图可按两端面圆的直径近似画出，而轴线视图的相贯线按直线画出。

10. 圆柱形法兰盘上均布孔的简化画法

　　法兰盘端面的形状可以不用局部视图来表示，而仅画出端面上孔的形状及分布情况，如图 7-48 所示。

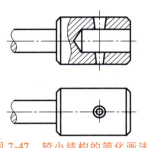

图 7-47　较小结构的简化画法

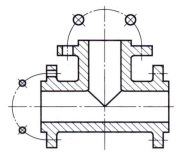

图 7-48　法兰盘上均布孔的简化画法

7.4.3　第三角画法

世界各国的技术图样有两种画法：第一角画法和第三角画法。

我国制图标准规定绘制图样时应优先采用第一角画法。美国、日本等国家采用第三角画法。为了适应国际科学技术交流的需要，应学习第三角画法的有关知识。

将三面投影体系中的三个相互垂直投影面在空间无限延伸，它会将空间分隔成八部分（又称八个分角），也即第一分角、第二分角、……、第八分角，如图 7-49 所示。

第一角画法是将物体置于第一分角内，使其处于观察者与投影面之间，即保持人—物—面的位置关系来得到正投影的方法，如图 7-50 所示。而第三角画法是将物体置于第三分角内，使投影面处于观察者与物体之间，即保持人—面—物的位置关系来得到正投影的方法，如图 7-51 所示。

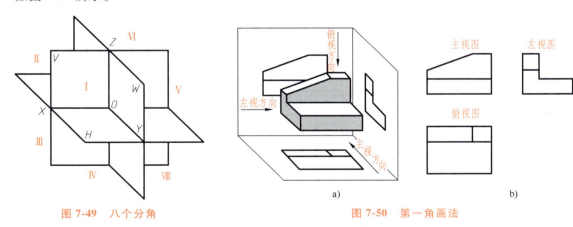

图 7-49　八个分角　　　　　　　图 7-50　第一角画法

这两种画法的主要区别如下。

（1）各个视图的配置不同　第三角画法规定，投影面展开时前立投影面不动，顶面向上旋转 90°、侧面向前旋转 90°、后立投影面随着右侧面一起旋转与前立投影面在一个平面上，如图 7-52 所示。各个视图的配置如图 7-53 所示。

（2）里前外后　由于视图的配置位置不同，各视图中表示物体上的方位也不同。在第一角画法中的俯视图、左视图、仰视图、右视图，其靠近主视图的一边（里边）为物体的后面，即里后外前；而在第三角画法中则是靠近主视图的一边（里边）为物体的前面，即里前外后，二者正好相反。

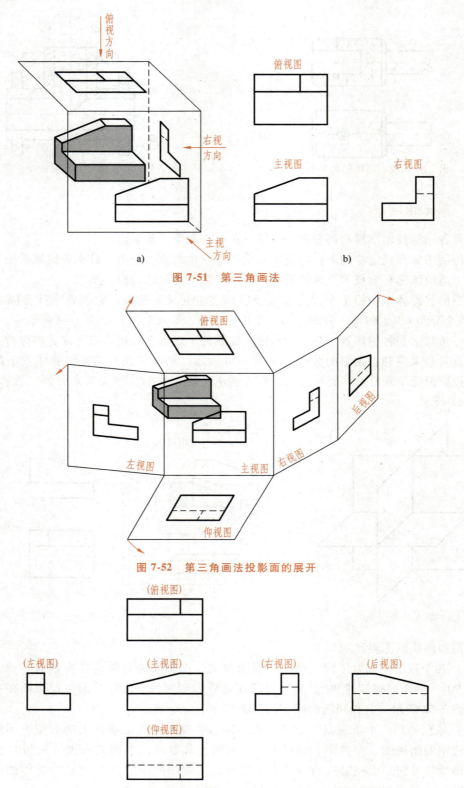

图 7-51　第三角画法

图 7-52　第三角画法投影面的展开

图 7-53　第三角画法六面基本视图的配置

在 ISO 国际标准中规定了第一角画法和第三角画法的识别符号，第一角画法的识别符号如图 7-54a 所示，第三角画法的识别符号如图 7-54b 所示，并且应将画法的识别符号画在标题栏附近。

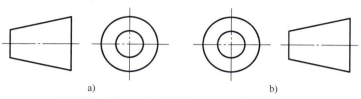

a)   b)

图 7-54 第一角画法和第三角画法的识别符号

a）第一角画法的识别符号   b）第三角画法的识别符号

🖈 7.5 表示方法的综合应用和读图

7.5.1 综合应用举例

在选择表示方法时，应首先了解机件的组成及结构特点，确定机件上哪些结构需要剖开表示，采用什么样的剖切方法，然后对表示方案进行比较，确定最佳方案。下面以图 7-55 所示的托架为例进行分析。

1. 形体分析

托架是由两个圆筒、十字肋板、长圆形凸台组成的，凸台与上边的圆筒相贯后，又加工了两个小孔，下边圆筒前方有两个沉孔。

2. 选择主视图

托架上两个圆筒的轴线交叉垂直，且上边长圆形凸台不平行于任何基本投影面，因此将托架下方圆筒的轴线水平放置，并以图 7-55 中所示的 S 方向为主视图的投射方向。

图 7-56 所示为托架的表示方案，主视图采用了单一剖切面的剖切方法，画成局部剖视图，既表示了肋板、上下圆筒、凸台和下边圆筒前边两个沉孔的外部结构形状以及相对位置关系，又表示了下边圆筒内部阶梯孔的形状。

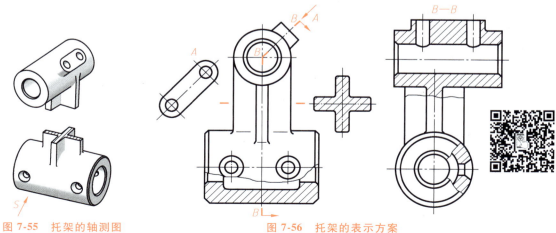

图 7-55 托架的轴测图   **图 7-56 托架的表示方案**

3. 确定其他视图

由于上方圆筒上的长圆形凸台倾斜，俯视图和左视图都不能反映其实形，而且内部结构也需要表示，故方案的左视图上部采用相交的剖切面画成局部剖视图，下方圆筒上的沉孔采用单一剖切面的局部剖视图。这样既表示了上下两圆筒与十字肋板的前后关系，又表示了上方圆筒的孔、凸台上的两个小孔和下边圆筒前方两个沉孔的形状。为了表示凸台的实形，采用了 A 斜视图，并且采用了移出断面图表示十字肋板的断面形状。

7.5.2 读图举例

读图是根据已有的表示方案，分析了解剖切关系以及表示意图，从而想象出机件的内外结构形状，下面以图 7-57 为例进行读图分析。

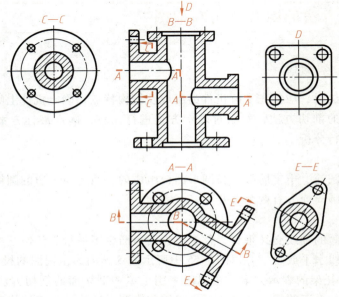

图 7-57 四通管的表示方案

1. 概括了解

首先了解机件选用了哪些表示方法，图形的数量、所画的位置、轮廓等，初步了解机件的复杂程度。

2. 仔细分析剖切位置及相互关系

根据剖切符号可知，主视图是用相交剖切平面剖开而得到的 $B—B$ 全剖视图；俯视图是用相互平行的剖切面剖开而得到的 $A—A$ 全剖视图；$C—C$ 右视图和 $E—E$ 剖视图都是用单一剖切面剖开而得到的全剖视图；D 局部视图反映了顶部凸缘的形状。

3. 分析机件的结构，想象空间形状

由分析可知，该机件的基本结构是四通管体，主体部分是上下带有凸缘和凹坑的圆筒，上部凸缘是方形，由于安装需要，凸缘上带有四个圆柱形的安装孔，下方凸缘是圆形，也同样带有四个圆柱形的安装孔。主体的左边是带有圆形凸缘的圆筒与主体相贯，圆形凸缘上均布有四个小孔，主体的右边是带有菱形凸缘的圆筒与主体相贯，菱形凸缘上有两个小孔，从

俯视图中看出主体左右两边的圆筒轴线不在一条轴线上。

通过以上分析，想象出机件的空间形状，如图 7-58 所示。

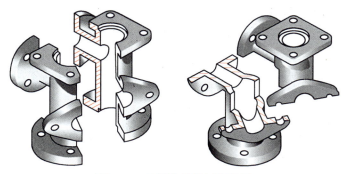

图 7-58　四通管的轴测剖视图

7. 6　AutoCAD 2024 的图案填充

在 AutoCAD 中，图案填充是一种使用指定线条图案来充满指定区域的图形对象，常常用于表达剖切面和不同类型物体对象的外观纹理。

7. 6. 1　设置图案填充

要重复绘制某些图案以填充图形中的一个区域，从而表达该区域的特征，这种填充操作称为图案填充。图案填充的应用非常广泛，例如，在机械工程图样中，可以用图案填充表达一个剖切的区域，也可以使用不同的图案填充来表达不同的零部件或者材料。

选择【绘图】/【图案填充】命令（BHATCH），或在【绘图】面板中单击【图案填充】按钮 ▨，打开【图案填充创建】对话框，可以设置图案填充时的类型和图案、角度和比例等特性，如图 7-59 所示。本节只对常用的选项进行介绍。

图 7-59　【图案填充创建】对话框

1. 图案

在【图案】选项组中，可以设置图案填充的图案类型。在机械图样中，一般常用 "ANSI31" 图案，该图案是默认 45° 斜线，一般用来表示金属材料，如图 7-60a 所示。需要表示非金属材料时，一般使用 "ANSI37" 图案，如图 7-60b 所示。

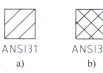

图 7-60　常用图案

2. 角度和比例

在【特性】选项组中，可以设置用户定义类型的图案填充的角度和比例等参数。在机械图样中，当剖面线需要调整不同方向和间隔时，可以在此设定。

3. 边界

在【边界】选项组中，包括"拾取点""选择边界对象"等按钮，其功能如下。

（1）拾取点　以拾取点的形式来指定填充区域的边界。单击该按钮切换到绘图窗口，可在需要填充的区域内任意指定一点，系统会自动计算出包围该点的封闭填充边界，同时亮显该边界。如果在拾取点后系统不能形成封闭的填充边界，则会显示错误提示信息。

（2）选择边界对象　单击该按钮将切换到绘图窗口，可以通过选择对象的方式来定义填充区域的边界。

7.6.2　图案填充举例

例 7-1　绘制图 7-61 所示两处图案填充。

由于图 7-61a 被中心线分割成四个封闭线框，因此选择边界时用"选择边界对象"比较合适。

1）在【绘图】面板中单击【图案填充】按钮 ▨。

2）在【图案填充】对话框中的【图案】选项卡中，设置图案为"AN-SI31"选项。

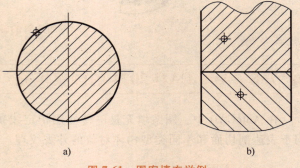

图 7-61　图案填充举例

3）在【边界】选项卡中单击"选择边界对象"按钮。

4）在图 7-61a 中点位置选择圆边界，单击鼠标右键，在弹出菜单中选择"确认"；单击【图案填充】对话框中的关闭按钮即可。

5）图 7-61b 所示图案填充由两部分组成，国家标准规定，相邻的剖面线方向或者间隔要有区别，因此做图案填充时，其中一处要做角度或者比例的变化。因此，其中一处可以重复上面的操作过程，只是由于该填充部分是个独立的封闭线框。可以在边界选择时可以选择"拾取点"的方式。另一处需修改角度和比例，可在"特性"选项卡中设置。

🖊 7.7　AutoCAD 2024 样板文件的规划

7.7.1　样板文件的创建

1. 样板文件的概念与作用

样板文件是一种包含有特定图形设置的图形文件（扩展名为"DWT"），通常在样板文件中的设置包括单位类型和精度，图形界限，捕捉、栅格和正交设置，图层组织，标题栏、边框和徽标，标注和文字样式，线型和线宽。

如果使用样板来创建新的图形，则新的图形继承了样板中的所有设置。这样就避免了大量的重复设置工作，而且也可以保证同一项目中所有图形文件的统一和标准。新的图形文件与所用的样板文件是相对独立的，因此新图形中的修改不会影响样板文件。

2. 样板文件的创建

（1）选项的设置　选择【工具】/【选项】命令（OPTIONS），或单击左上角的应用程序按钮，然后单击【选项】命令，可打开【选项】对话框。在该对话框中包含【文件】【显示】【打开和保存】【打印和发布】【系统】【用户系统配置】【绘图】【三维建模】【选择集】和【配置】10个选项卡，可将各参数进行设置（推荐初学者使用默认设置），如图7-62所示。

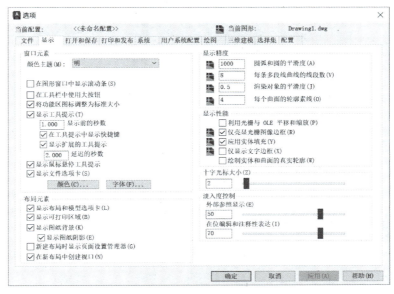

图 7-62　选项窗口

（2）设置图形单位　在 AutoCAD 中，用户可以采用 1∶1 的比例绘图，因此，所有的直线、圆和其他对象都可以以真实大小来绘制。例如，如果一个零件长 200mm，那么它也可以按 200mm 的真实大小来绘制，在需要打印出图时，再将图形按图纸大小进行缩放。

在 AutoCAD 2024 中，用户可以选择【格式】/【单位】命令，在打开的【图形单位】对话框中设置绘图时使用的长度单位、角度单位，以及单位的显示格式和精度等参数，如图7-63所示。

（3）设置绘图界限　在 AutoCAD 2024 中，用户不仅可以通过设置参数选项和图形单位来设置绘图环境，还可以设置绘图图幅。使用"LIMITS"命令可以在模型空间中设置一个矩形绘图区域。

AutoCAD 默认的绘图界限是长 420mm、宽 297mm 的图幅，一般绘图前应按照所绘图形设置合适的绘图界限。

（4）设置图层　AutoCAD 会自动创建一个名为 0 的特殊图层，用户不能删除或重命名该图层。用户在绘图前需要先创建新图层。

在【图层特性管理器】对话框中单击【新建图

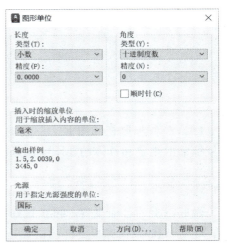

图 7-63　图形单位设置

层】按钮，可以创建一个名称为"图层1"的新图层。默认情况下，新建图层与当前图层的状态、颜色、线型、线宽等设置相同。用户应根据需要设置好新图层的颜色、线型、线宽等属性。例如要绘制机械图样，一般应将不同类型的要素分层绘制，以方便管理和编辑，如图7-64所示。

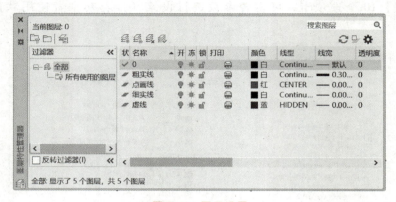

图 7-64　图层设置

（5）设置标注样式　由于AutoCAD是通用绘图软件，其默认标注样式未必符合用户需要，所以在绘图之前还应该按照国家标准设置好相应的标注样式，如图7-65所示，具体设置方式见第5章。

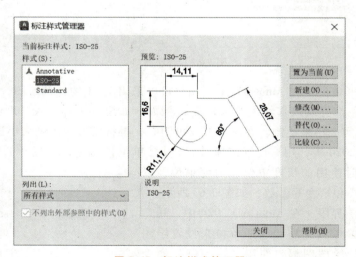

图 7-65　标注样式管理器

（6）绘制标题栏和图框　一般工程图样都有图框和标题栏，在绘图之前，还应该根据国家标准的规定和具体的要求绘制好图框和标题栏。

7.7.2　保存和调用样板文件

做好以上的各项设置，再设置好捕捉、栅格和正交模式等设置，就可以将样板文件保存了，注意AutoCAD样板文件的格式是"DWT"。保存好以后，在以后绘图时就可以随时调用设置好的样板文件，下面介绍样板文件的保存和调用。

单击保存命令按钮![save],弹出【图形另存为】对话框,如图7-66所示,在【文件类型】下拉列表中选择【AutoCAD 图形样板文件（＊.dwt）】选项,在【文件名】文本框中输入样板文件的名字"A3",单击 保存(S) 按钮出现【样板选项】对话框,如图7-67所示,用户可以在【说明】文本框中输入对样板文件的描述,单击 确定 按钮,样板文件就会保存到"安装目录＼Template"这个目录中。

图 7-66 【图形另存为】对话框

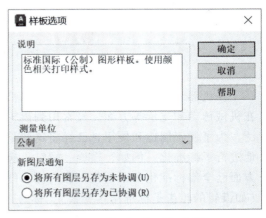

图 7-67 【样板选项】对话框

如果希望以某样板文件为基础新建 AutoCAD 文档,单击【新建】按钮![new]出现【选择文件】对话框,如图7-68所示,在下拉列表中选择要使用的样板文件,单击 打开(O) ▼按钮新建文档。在这个新建文档中就包含了样板文件定义的环境设置、图层、文本样式和标注样式等,不需用户再设置,大大提高了工作效率。

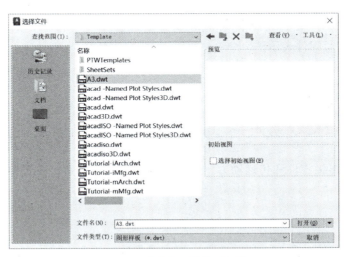

图 7-68 【选择文件】对话框

第 8 章

标准件与常用件

在机器或部件的装配和安装中，螺纹紧固件及其他连接件被广泛使用以实现紧固连接；在机械传动和支承等方面，经常用到齿轮、轴承和弹簧等机件。由于这些常用的机件应用广泛，为了便于制造和使用，已经将这些零件的结构、形式、画法、尺寸和精度等全部或部分地进行了标准化。例如，螺栓、螺钉、螺母、键、销、轴承等机件的结构、尺寸、画法等各方面已全部标准化和系列化，称为标准件；而齿轮、弹簧等零件的结构和参数是部分标准化（如齿轮的轮齿是标准结构要素），称为常用件。

加工这些机件时，可以使用标准的切削刀具或专用机床，从而提高生产效率并降低成本；装配或维修机器时，可以按规格选用或更换这些机件；绘图时，这些机件的结构形状（如螺纹的牙型、齿轮的齿廓、弹簧的螺旋外形等）不需要按真实的投影画出，只要根据国家标准规定的特殊表示法、代号和标记进行绘图和标注。本章主要介绍标准件和常用件的基本知识、表示法、代号和标记，以及相应的国家标准和机械设计手册的查询方法。

【本章重点】

- 螺纹及螺纹紧固件表示法
- 齿轮表示法
- 键连接表示法

8.1　螺纹及螺纹紧固件

螺纹主要用来连接零件和传递动力，是一种常用的结构要素，在螺栓、螺母、丝杠等零件上都有螺纹结构。

8.1.1　螺纹的形成

螺纹是根据螺旋线的原理在圆柱表面上制作而成的，即在回转体表面上，沿螺旋线所形成的具有相同剖面形状（如三角形、矩形、梯形等）的连续凸起和沟槽称为螺纹。螺纹分为内螺纹和外螺纹，且成对使用。在圆柱（或圆锥）外表面所形成的螺纹称为外螺纹；在圆柱（或圆锥）内表面所形成的螺纹称为内螺纹。

螺纹的加工方法很多，图 8-1 所示为在车床上车削内、外螺纹，圆柱体（工件）做等速旋转，车刀沿着轴线方向做等速直线移动，刀尖即形成螺旋运动；车刀切削刃的形状不同，在圆柱面上切去部分的截面形状也不同，即可得到不同形式的螺纹。也可在工件上先钻孔，后再用丝锥攻制成螺纹孔，如图8-2所示。因钻头的钻尖顶角为118°，用它钻出的不通孔，底部有个顶角为118°的圆锥面，绘图时应画成120°，但不必标注尺寸。

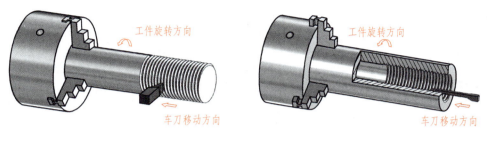

a)   b)

图 8-1 螺纹的加工方法

a）车内螺纹   b）车外螺纹

8.1.2 螺纹的结构和要素

螺纹按其截面形状（牙型）分为普通（三角形）螺纹、矩形螺纹、梯形螺纹、锯齿形螺纹及其他特殊形状螺纹。其中，普通螺纹主要用于连接，矩形、梯形和锯齿形螺纹主要用于传动。

螺纹由牙型、直径、线数、导程和螺距、旋向五个要素确定，五个要素中改变其中任何一项，就会得到不同规格的螺纹。内、外螺纹一般要成对使用，且相互旋合的内、外螺纹的这五个要素必须完全相同，否则不能旋合。

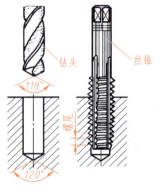

图 8-2 丝锥加工内螺纹

（1）牙型 牙型是指在螺纹轴线平面内的螺纹轮廓形状。螺纹的牙型标志着螺纹的特征。常见的螺纹牙型有三角形、梯形、锯齿形和矩形等，如图8-3所示。不同牙型有不同的用途，见表8-1。

三角形   梯形   锯齿形   矩形

图 8-3 螺纹的牙型

表 8-1　常见螺纹的种类、牙型、代号和用途

螺纹种类及特征符号			牙型及牙型角	标记及标注示例	说明
普通螺纹		粗牙普通螺纹（M）	60°	M8-6g	用于一般零件的连接，是应用最广泛的连接紧固螺纹 图中为公称直径为8mm，中、顶径公差带代号为6g，右旋，中等旋合长度的粗牙普通外螺纹
		细牙普通螺纹（M）		M8×1-7H-L	对同样的公称直径，细牙螺纹比粗牙螺纹的螺距要小，多用于精密零件、薄壁零件的连接 图中为公称直径为8mm，螺距为1mm，中、顶径公差带代号为7H，右旋，长旋合长度的细牙普通内螺纹
连接螺纹	管螺纹	55°非密封管螺纹（G）	55°	G1/2A	常用于低压管路系统连接的旋塞等管件附件 G1/2A表示管孔直径为1/2in，右旋，公差等级为A级的非螺纹密封的圆柱外管螺纹，对内螺纹不注写公差等级
		55°密封管螺纹	圆锥外螺纹（R₁，R₂）		$R_1 1/2$ 或 $R_2 1/2$	用于密封性要求高的水管、油管、煤气管等中、高压管路系统；圆锥管螺纹的锥度为1:16，其密封性比圆柱管螺纹好 R_1 表示与圆柱内螺纹旋合的圆锥外螺纹；R_2 表示与圆锥内螺纹旋合的圆锥外螺纹；$Rc1\frac{1}{2}$ 表示管孔直径为3/2in，右旋，用螺纹密封的圆锥内管螺纹；Rp1 表示管孔直径为1in，右旋，用螺纹密封的圆柱内螺纹
			圆锥内螺纹（Rc）	55°	$Rc1\frac{1}{2}$	
			圆柱内螺纹（Rp）		Rp1	

（续）

螺纹种类及特征符号	牙型及牙型角	标记及标注示例	说明
传动螺纹 梯形螺纹（Tr）	30°	Tr40×14P7-7H-LH	用于承受两个方向轴向力的场合，如机床的传动丝杠等 图中为公称直径为40mm，导程为14mm，螺距为7mm，左旋，中径公差带代号为7H，中等旋合长度的双线梯形外螺纹
锯齿形螺纹（B）	3° 30°	B32×6	用于只承受单向轴向力的场合，如台虎钳、千斤顶的丝杠等 图中为公称直径为32mm，螺距为6mm，右旋，中等旋合长度的单线锯齿形外螺纹

注：1in = 25.4mm。

（2）直径　螺纹的直径有大径、中径和小径之分，如图8-4所示。

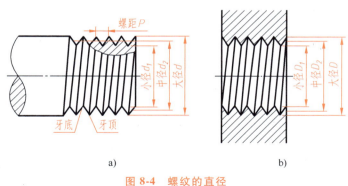

图8-4　螺纹的直径

a）外螺纹　b）内螺纹

大径（d、D）指与外螺纹牙顶或内螺纹牙底相切的假想圆柱或圆锥的直径，又称为公称直径。外螺纹的大径用 d 表示，内螺纹的大径用 D 表示。

小径（d_1、D_1）指与外螺纹牙底或内螺纹牙顶相切的假想圆柱或圆锥的直径。外螺纹的小径用 d_1 表示，内螺纹的小径用 D_1 表示。

中径（d_2、D_2）指在大小径之间的一个假想圆柱体的直径，该圆柱母线通过牙型上沟槽和凸起尺寸相等的地方。外螺纹的中径用 d_2 表示，内螺纹的中径用 D_2 表示。

（3）线数（n）　螺纹有单线和多线之分。在同一螺纹件上只有一条螺纹线的螺纹称为单线螺纹，如图8-5a所示，$n = 1$；有两条或两条以上螺纹线的螺纹称为多线螺纹，如图8-5b所示，$n = 2$。

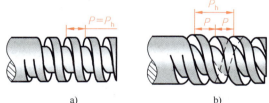

图8-5　螺纹的线数、导程和螺距

（4）导程（P_h）和螺距（P）　导程是指在同一条螺纹线上，相邻两牙在螺纹中径线上对应两点间的轴向距离，用字母 P_h 表示。螺距是指相邻两牙在螺纹中径线上对应两点间的轴向距离，用大写字母 P 表示。导程与螺距的关系为：导程＝线数×螺距，即 $P_h = n \times P$。单线螺纹的导程＝螺距，双线螺纹的一个导程内包括两个螺距，如图 8-5 所示。

（5）旋向　根据螺纹的形成和加工方法，螺纹的旋向有右旋和左旋之分，如图 8-6 所示，顺时针方向旋转时旋入的螺纹称为右旋螺纹，逆时针方向旋转时旋入的螺纹称为左旋螺纹。

为了便于进行螺纹的设计、制造和选用，国家标准规定，螺纹牙型、大径和螺距是决定螺纹结构规格的最基本的要素，称为螺纹的三要素。当这三个要素都符合国家标准规定时，

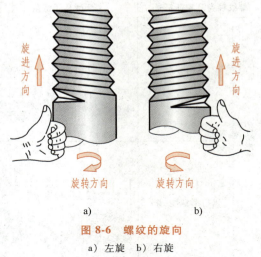

图 8-6　螺纹的旋向
a）左旋　b）右旋

称为标准螺纹；当牙型符合国家标准，而其他两个要素不符合时，称为特殊螺纹；当三要素都不符合国家标准时，称为非标准螺纹。

8.1.3　螺纹的规定画法

由于螺纹的真实投影比较复杂，为简化画图，提高工作效率，国家标准 GB/T 4459.1—1995《机械制图　螺纹及螺纹紧固件表示法》规定了螺纹紧固件在图样中的表示方法。

1. 外螺纹的画法

外螺纹的画法如图 8-7 所示。在平行于螺纹轴线的投影面视图中，外螺纹的牙顶（大径）用粗实线表示，牙底（小径）用细实线表示，螺杆的倒角或倒圆部分也应画出，螺纹终止线（有效螺纹的终止界线）用粗实线表示。螺尾（由切削刀具的倒角或退出而形成的牙底不完整的螺纹）一般不画出，当需要表示螺尾时，用与螺杆轴线成30°的细实线绘出。在投影为圆的视图中，牙顶（大径）用粗实线圆表示，牙底（小径）用约3/4圈的细实线圆弧来表示，螺纹端面的倒角圆不画出。在剖视图或剖面图中，剖面线都应画到粗实线。

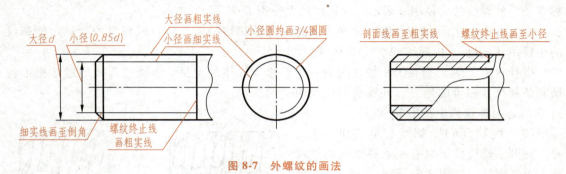

图 8-7　外螺纹的画法

2. 内螺纹的画法

内螺纹（螺孔）通常采用剖视图，如图 8-8a 所示，内螺纹的牙顶（小径）用粗实线表

示，牙底（大径）用细实线表示，螺纹终止线用粗实线表示，螺尾一般也不画出，剖面线画到粗实线（牙顶小径）。在投影为圆的视图中，牙顶（小径）用粗实线圆表示，牙底（大径）用约 3/4 圈的细实线圆弧来表示，螺纹孔端面的倒角圆不画出。

如果不剖切，则螺纹孔所有图线用细虚线来表示，如图 8-8b 所示。

绘制不穿通的螺孔时，一般应将钻孔深度与螺纹部分的深度分别画出，钻孔顶端应画出 120°。

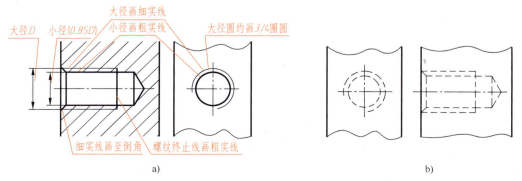

图 8-8 内螺纹的画法

3. 内外螺纹连接的画法

内外螺纹连接构成螺纹副时，一般情况下也采用剖视图。在平行于螺纹轴线的剖视图中，旋合部分应按外螺纹的画法绘制，未旋合部分仍按各自的画法表示，此时应注意内外螺纹大小径的粗、细实线要对齐画在一条直线上，剖面线画到粗实线，如图 8-9a 所示。旋合长度、螺孔深度及钻孔深度，可按比例画法画出，也可查阅国家标准 GB/T 3—1997 得到有关尺寸后画出。

如果在旋合部位 A—A 处作剖切，将投影为圆的视图也画成剖视图时，旋合部分仍然按外螺纹画出，如图 8-9b 所示。

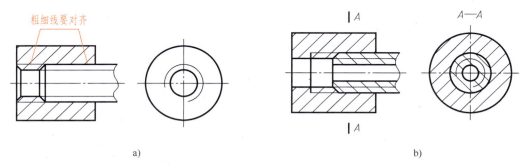

图 8-9 螺纹副的画法

4. 螺纹退刀槽及相贯线的画法

螺纹退刀槽的画法：在平行于螺纹轴线的视图中，应画出退刀槽的形状；在投影为圆的视图中，不画出该结构，如图 8-10 所示。

当两螺纹孔相贯或螺纹孔与光孔相贯时，其相贯线的画法如图 8-11 所示，即仅画出螺纹孔小径相交处的相贯线。

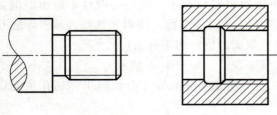

图 8-10　螺纹退刀槽的画法

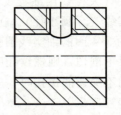

图 8-11　螺纹孔相贯

5. 螺纹牙型的表示法

对于标准螺纹一般不画出牙型，当需要表示牙型时，可以用局部剖视图或局部放大图来表示，如图 8-12 所示。

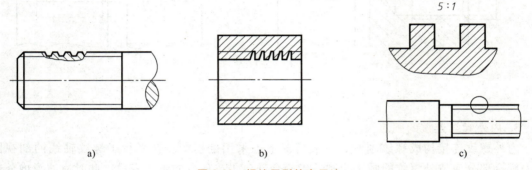

a)　　　　　　　　　b)　　　　　　　　　c)

图 8-12　螺纹牙型的表示法

8.1.4　螺纹的标注及标记

螺纹的种类很多，但国家标准规定的画法却相同。因此，在图样上对标准螺纹只能根据标注的螺纹代号或标记来识别螺纹的种类和要素。

1. 普通螺纹

普通螺纹的标注格式为：

螺纹特征代号　尺寸代号-公差带代号-旋合长度代号-旋向代号

（1）螺纹特征代号　普通螺纹的特征代号为 M。

（2）普通螺纹尺寸代号　包括公称直径×Ph 导程 P 螺距

按螺距大小不同，普通螺纹可分为粗牙和细牙两种。单线粗牙普通螺纹其螺距不注出，细牙螺纹注写螺距；单线普通螺纹的尺寸代号为"公称直径×螺距"，此时无须注写"Ph"和"P"字样；而多线螺纹必须注出表示导程和螺距的字样。例如，M24 表示公称直径为 24mm 的单线粗牙普通螺纹；M24×2 表示公称直径为 24mm、螺距为 2mm 的单线细牙普通螺纹；M16×Ph6 P2 表示公称直径为 16mm、导程为 6mm、螺距为 2mm 的三线粗牙普通螺纹。

（3）普通螺纹公差带代号　由中径和顶径公差带代号组成，螺纹公差带代号由公差等级代号（数字）和基本偏差代号（字母，外螺纹用小写字母，内螺纹用大写字母）两部分组成，如 6H、5g 等。当中径公差带代号与顶径公差带代号相同时，只标注一个代号，如 M20-5g；当两者不相同时，要分别标注，如 M20-5g6g。详细请查阅机械设计手册。

最常用的中等公差精度（公称直径≤1.4mm 的 5H、6h 和公称直径≥1.6mm 的 6H、6g）不标注公差带代号。例如，M24×2 表示公称直径为 24mm、螺距为 2mm、中径及顶径公差带代号都为 6H 或 6g 的单线细牙普通内螺纹或外螺纹。

螺纹副（内、外螺纹旋合在一起）需要标记时，内、外螺纹公差带代号用斜分式表示，分子为内螺纹公差带代号，分母为外螺纹公差带代号，例如 M20-6H/5g6g。当内、外螺纹的公差带代号均为中等公差精度时，公差带代号省略不标，例如螺纹副的标记为 M20。

注意：普通螺纹的上述简化标记的规定，同样适用于内外螺纹旋合（螺纹副）的标记。

（4）旋合长度代号　旋合长度是指内、外螺纹旋合在一起的有效长度，普通螺纹的旋合长度分为短、中、长三组，其代号分别用大写字母 S、N、L 表示。相应的长度可以根据螺纹公称直径及螺距从国家标准中查得，螺纹标准中规定当为中等旋合长度时，代号"N"省略标注。

（5）旋向代号　螺纹标准中规定右旋螺纹不注出旋向，左旋螺纹注写大写字母"LH"。

在普通螺纹的标记中，若需要表明螺纹的线数时，应注写"two starts"以表明线数，如 M24×Ph6 P3（two starts）。

在图样上，普通螺纹和螺纹副的标记注写在内、外螺纹的大径尺寸线上或其引出线上，如图 8-13a 所示。根据标记，普通螺纹的直径和螺距等可以查阅相应的国家标准或附录中的附表 1。

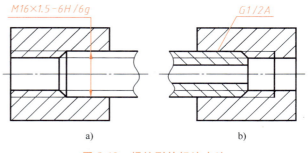

图 8-13　螺纹副的标注方法

2. 梯形螺纹

梯形螺纹的标注格式为：

螺纹代号-中径公差带代号-旋合长度代号

（1）螺纹代号　包括螺纹特征代号　公称直径×导程 螺距 旋向

1）梯形螺纹特征代号为 Tr。

2）右旋螺纹不注出旋向代号，左旋螺纹注写大写字母"LH"。

3）单线螺纹其螺纹代号中注写"公称直径×螺距"，导程不注写；而多线螺纹其螺纹代号中的螺距和导程都注写，且在螺距数值前加注代号"P"。

（2）公差带代号　仅注出螺纹中径的公差带代号。表示螺纹配合，内螺纹公差带代号在前，外螺纹公差带代号在后，中间用斜线分开。

例如：Tr40×7-7H/7e 表示公称直径 40mm，螺距为 7mm 的内外螺纹旋合，内螺纹中径公差带代号为 7H，外螺纹中径公差带代号为 7e。

（3）旋合长度代号　有中等和长旋合长度两组，分别用大写字母 N、L 表示。当为中等旋合长度时代号"N"不注写。

例如，Tr36×12P6-8e-L-LH 表示公称直径为 36mm，导程为 12mm，螺距为 6mm，中径公差带代号为 8e，长旋合长度的左旋双线梯形外螺纹（螺杆）。

3. 锯齿形螺纹

锯齿形螺纹的标注格式为：

螺纹代号-旋合长度代号-中径公差带代号

（1）螺纹代号　包括螺纹特征代号 公称直径×导程（螺距）旋向

1）锯齿形螺纹特征代号为 B。

2）右旋螺纹不注出旋向代号，左旋螺纹注写大写字母"LH"。

3）单线螺纹其螺纹代号中注写"公称直径×螺距"，导程不注写；而多线螺纹其螺纹代号中的导程和螺距都注写，且在螺距数值前加注代号"P"，且需外加圆括号。

（2）旋合长度代号　有中等和长旋合长度两组，分别用大写字母 N、L 表示。当为中等旋合长度时代号"N"不注写。

（3）公差带代号　仅注出螺纹中径的公差带代号。

例如，B36×12（P6）LH-8e 表示公称直径为 36mm，导程为 12mm，螺距为 6mm，中等旋合长度的左旋双线锯齿形外螺纹，中径公差带代号为 8e。

必须指出：梯形螺纹和锯齿形螺纹及螺纹副在图样上的标记与普通螺纹一样，水平注写在内、外螺纹的大径尺寸线上或其引出线上。根据标记，梯形螺纹的直径和螺距等可以查阅相关的国家标准或附录的附表 2。

4. 管螺纹

管螺纹的标注内容及格式为：

螺纹特征代号　尺寸代号-旋向

（1）管螺纹特征代号　分为 G、Rc、Rp、R 等。

（2）尺寸代号　包括公称直径和公差等级。公称直径是指管孔直径，而不是管螺纹的直径，以英寸表示。根据管螺纹的标记，其内容和尺寸可以查阅相关的国家标准。55°非密封管螺纹，其外螺纹公差等级分为 A 级和 B 级两种，内螺纹公差等级只有一种且不注写，而 55°密封管螺纹，内外螺纹均只有一种公差带。

（3）旋向　右旋螺纹的旋向不注出，左旋螺纹注写大写字母"LH"。

例如，G2-LH 表示尺寸代号为 2 的左旋 55°非密封管内螺纹；G4B-LH 表示尺寸代号为 4 的 B 级左旋 55°非密封管外螺纹；Rp3/4-LH 表示尺寸代号为 3/4 的左旋 55°密封圆柱内螺纹。

对 55°非密封管螺纹的螺纹副，仅需标注外螺纹的标记，如图 8-13b 所示。对 55°密封管螺纹的螺纹副，螺纹特征代号用斜分式注出，分子为内螺纹的特征代号，分母为外螺纹的特征代号，尺寸代号仅注写一次，如 Rc/$R_2$3/4 和 Rp/$R_1$3。

在图样上，管螺纹及螺纹副的标记一律水平注写在从大径线上引出的指引线上。根据标记，管螺纹的尺寸和公差等可以查阅相关的国家标准或附录中的附表 3 和附表 4。

8.2　螺纹紧固件及其表示法

8.2.1　螺纹紧固件及其标记

螺纹紧固件是指用一对内、外螺纹实现连接和紧固作用的零部件。螺纹紧固件的种类很多，常见的有螺栓、螺柱（又称双头螺柱）、螺母、垫圈和螺钉等，其结构和尺寸都已标准化，并由有关的标准厂大量地生产。

螺纹紧固件及表示法见 GB/T 4459.1—1995，在图样中不需要画出它的零件图，而是按国家标准规定的标记标注，根据其标记查阅相应的国家标准中即可查出有关的结构、尺寸，格式一般如下：

名称　标准编号　螺纹规格尺寸

例如，螺栓　GB/T 5780　M24×100 表示公称直径为 24mm、右旋单线的粗牙普通螺纹，杆长为 100mm 的螺栓，通过查找 GB/T 5780，即可得到有关的尺寸。常见螺纹紧固件及其规定标记见表 8-2。

表 8-2　常见螺纹紧固件及其规定标记

名称及标准号	图例	标记示例及说明
六角头螺栓 GB/T 5782—2016		螺栓　GB/T 5782　M16×80 表示 A 级六角头螺栓，螺纹规格为 M16，公称长度为 80mm
双头螺柱 GB/T 897—1988		螺柱　GB/T 897　M12×50 表示两端均为粗牙普通螺纹，螺纹规格为 M12，公称长度为 50mm，B 型，$b_m = d$ 的双头螺柱
开槽沉头螺钉 GB/T 68—2016		螺钉　GB/T 68　M10×60 表示开槽沉头螺钉，螺纹规格为 M10，公称长度为 60mm
开槽锥端紧定螺钉 GB/T 71—2018		螺钉　GB/T 71　M12×30 表示开槽锥端紧定螺钉，螺纹规格为 M12，公称长度为 30mm
1 型六角螺母 GB/T 6170—2015		螺母　GB/T 6170　M16 表示 A 级 1 型六角螺母，螺纹规格为 M16
1 型六角开槽 螺母-A 级和 B 级 GB/T 6178—1986		螺母　GB/T 6178　M16 表示 A 级 1 型六角开槽螺母，螺纹规格为 M16
平垫圈 A 级 GB/T 97.1—2002		垫圈　GB/T 97.1　12 表示 A 级平垫圈，螺纹规格为 M12，性能等级为 140HV 级
标准型弹簧垫圈 GB/T 93—1987		垫圈　GB/T 93　20 表示标准型弹簧垫圈，螺纹规格为 M20

8.2.2　螺纹紧固件在装配图中的画法

螺纹紧固件连接有三种基本形式：螺栓连接、螺柱连接、螺钉连接。在装配图中画螺纹紧固件，应遵守以下规定。

1）两个被连接零件的接触面画一条线，而非接触面不论其间隙多小，也要画出两条线，以表示间隙。

2）相邻两个被连接的零件的剖面线应不同，可以方向相反或者方向一致而间隔不等来区别两个零件的断面。

3）对于紧固件和实心零件，如螺栓、螺柱、螺母、垫圈、键、销、球及实心轴等，若剖切平面通过它们的轴线，则这些零件都按不剖绘制，即只画出外形；需要时，可采用局部剖视图表示。

1. 螺栓连接

螺栓连接的紧固件包括螺栓、螺母、垫圈（平垫圈或弹簧垫圈），其装配图如图 8-14 所示，将螺栓杆穿过两个被连接零件的通孔，再套上垫圈，后用螺母旋紧，即将两个被连接零件固定在一起，螺栓连接通常用来连接不太厚并能钻成通孔的两个被连接零件。

螺栓连接的装配图有两种画法。

（1）查表法　根据其各个螺纹紧固件的标记，分别查阅有关的国家标准或附录中的附表 5、10、11，得出各螺纹紧固件的尺寸，然后绘制连接图。

（2）近似画法（比例画法）　实际画图时，常常根据螺纹紧固件各部分的尺寸与公称直径的比例关系（见表 8-3），计算出各部分的尺寸，进而近似绘制连接图，这样可减少查表的繁琐。图 8-15 即为螺栓连接装配图的比例画法，六角头螺栓头部倒角的画法与螺母端面倒角的画法相同。

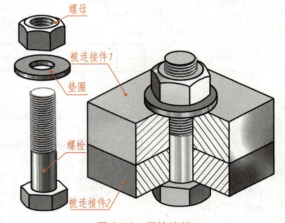

图 8-14　螺栓连接

表 8-3　螺栓连接近似画法的比例关系

部位	比例关系	部位	比例关系
螺栓	$b = 2d$	螺母	$R = 1.5d$
	$k = 0.7d$		$R_1 = d$
	$d_1 = 0.85d$		$e = 2d$
	$c = 0.1d$		$m = 0.8d$
	$a = 0.3d$		r 由作图决定（见图 8-15）
	$l =$ 两个被连接件的厚度$+h+m+a$	垫圈	$h = 0.15d$
			$d_2 = 2.2d$
			$S = 0.2d$
			$D = 1.5d$
		被连接件	$d_0 = 1.1d$

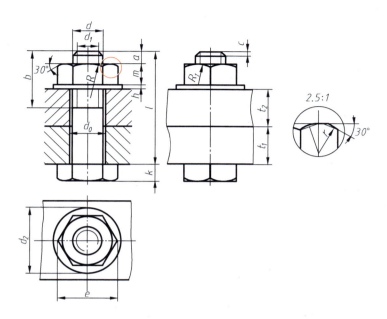

图 8-15 螺栓连接装配图的比例画法

必须指出，无论采用哪种画法，螺栓的杆长（公称长度）都应按下式计算后，查阅有关的国家标准或附录中的附表 5 取标准长度，其杆长的计算式为

$$螺栓长度\ l=t_1+t_2+h+m+a$$

式中，t_1 和 t_2 分别为两个被连接零件的厚度；h 是垫圈的厚度；m 是螺母的厚度；a 是螺栓杆伸出螺母的长度。

绘制螺栓连接的装配图时，除了应遵守螺纹紧固件在装配图中的三点注意事项之外，还应注意以下问题。

1）螺栓杆伸出螺母的螺纹与垫圈下方螺栓杆螺纹的大小径的粗细实线应对齐在一条直线上。

2）两个被连接件结合面的线应画到螺栓杆的转向轮廓线（大径处）。

3）螺母及螺栓的六角头的三个视图应符合投影关系。

4）螺栓的螺纹终止线必须画到垫圈之下、被连接两零件结合面之上。

2. 螺柱连接

螺柱连接的紧固件包括双头螺柱、螺母、垫圈（平垫圈或弹簧垫圈），通常用于被连接件有一个较厚（需要制成不通的螺纹孔）、另一个较薄（可制成通孔），或不适宜采用螺栓连接的情况，其装配图如图 8-16 所示，先将螺柱的旋入端（螺纹长用 b_m 表示）旋入一个被连接件的螺孔中，再从螺柱的另一端（紧固端）将带光孔的被连接件套入螺柱，然后套上垫圈并用螺母旋紧。

双头螺柱的旋入端长度 b_m 是根据被旋入零件（螺孔）的材料而确定的，见表 8-4。

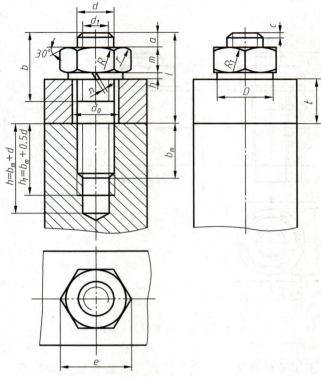

图 8-16 螺柱连接的装配图

表 8-4 双头螺柱旋入端长度参考值

被旋入零件的材料	旋入端长度 b_m
青铜、钢	$b_m = d$（GB/T 897—1988）
铸铁	$b_m = 1.25d$（GB/T 898—1988）
	$b_m = 1.5d$（GB/T 899—1988）
铝合金	$b_m = 2d$（GB/T 900—1988）

  螺柱连接装配图的画法，同样可以采用查表法或比例画法两种。图 8-16 即为螺柱连接的比例画法，旋入端的画法与内外螺纹不通孔连接的画法（图 8-9）相同，而紧固端的画法与螺栓连接图的上部画法（图 8-15）一致。画图时应注意以下几点。

  1）旋入端的螺纹终止线要与两个被连接的零件的结合面平齐，表示旋入端已经拧紧。

  2）双头螺柱的杆长 l（不包括旋入端 b_m 的长度）也需要通过下式计算后，查阅附录中的附表 6 或有关的国家标准，取标准长度来画图，其计算式为

$$l = t + h + m + a$$

式中，t 是上部带光孔被连接件的厚度；h 是垫圈的厚度；m 是螺母的厚度；a 是螺柱伸出螺母的长度。其中，h、m、a 的尺寸见表 8-3。

  3）若采用弹簧垫圈，根据其标记，有关尺寸可从附录中的附表 12 或有关的国家标准中查得，也可以按比例画法作图：弹簧垫圈的外径 $D = 1.5d$，厚度 $h = 0.2d$，开槽的间距 $n = 0.1d$，开槽的方向与螺纹旋向有关，当为右旋螺纹时，开槽的方向与水平成左斜 60° 画出，

开槽在左视图中不需要画出。

3. 螺钉连接

螺钉按用途不同分为连接螺钉（用来连接零件）和紧定螺钉（用来固定零件）两大类。根据螺钉的标记，其有关的内容和尺寸可查阅附录中的附表7、8、9或有关的国家标准。

（1）连接螺钉 螺钉连接一般用于受力不大又不需要经常拆卸的场合，螺钉杆部穿过一个零件的通孔进而旋入另一个零件的螺孔中，靠螺钉头部支承面压紧将两个零件固定在一起。

如图8-17所示，画螺钉连接装配图时，还应注意以下几点。

1）螺钉的螺纹终止线应高出螺孔的端面，或螺杆的全长都有螺纹，表示螺钉已拧紧。

2）螺钉的有效长度 l 可先按 $l = b_m +$ 通用零件厚度估算，再查阅附录中的附表7或有关的国家标准，选取与其近似的标准值。

3）螺钉的旋入端长度 b_m 与带螺孔的被连接件的材料有关，可参照双头螺柱。

4）具有沟槽的螺钉头部，在画主、左视图时，沟槽应放正画出，即以轴线对称画出，而在俯视图中则规定画成45°倾斜方向。

5）螺钉头与沉孔之间、螺钉大径与通孔之间，都应画成两条线。

6）沉孔的台面和螺钉头部的台面应画成一条线，表示螺钉已经拧紧。

7）设计时沉孔、通孔和螺孔的尺寸均可以从有关的国家标准中查得，也可以采用比例画法。螺钉头部的比例画法如图8-17所示，也可查阅国家标准画出。

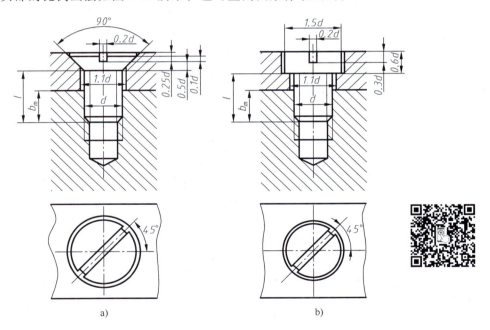

a)   b)

图8-17 螺钉连接（沉孔）装配图的比例画法

（2）紧定螺钉 紧定螺钉用来固定两个零件的相对位置，并使两个零件之间不能产生相对运动，如图8-18所示，用一个开槽锥端紧定螺钉旋入轮毂的螺孔中，使螺钉端部90°锥顶角的锥面与轴上90°锥坑顶紧，从而固定轴和轮毂的相对位置。

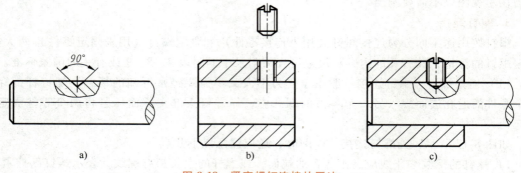

图 8-18　紧定螺钉连接的画法

4. 螺纹紧固件的简化画法

国家标准规定，在装配图中螺纹紧固件的某些结构可以采用简化画法，如螺栓、螺柱、螺母、螺钉的端部倒角均可以省略不画，如图 8-19a 所示；不穿通的螺纹孔，可以不画出钻孔深度，仅按有效螺纹部分的深度（不包括螺尾）画出，如图 8-19b 所示；螺钉头部的开槽用加粗的粗实线表示，如图 8-19c 所示。

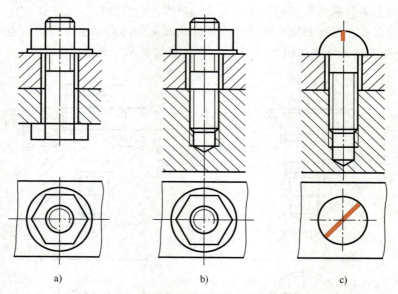

图 8-19　装配图中螺纹紧固件的简化画法

8.3　齿轮及其表示法

齿轮作为一种重要的传动零件，能够将一根轴（主动轴）的动力传递给另一根轴（从动轴），以实现动力传递、改变转速或方向等功能，在机器或部件中应用非常广泛，如图 8-20 所示。根据一对啮合齿轮两轴线的相对位置不同，其传动形式可以分为三大类。

（1）圆柱齿轮　用于两轴线平行的传动，如图 8-20a 所示。

（2）锥齿轮　用于两轴线相交的传动，如图 8-20b 所示。

（3）蜗轮蜗杆 用于两轴线交叉的传动，如图 8-20c 所示。

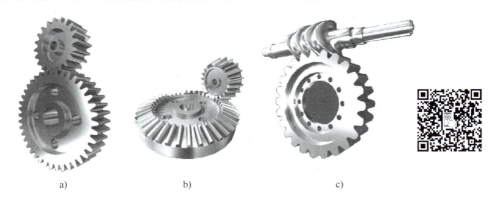

图 8-20 齿轮传动

齿轮属于常用件，国家标准对其部分设计参数进行了标准化。齿轮一般由轮体和轮齿两部分组成，其中，轮齿部分属于常用结构要素，最常用的齿廓曲线为渐开线；轮体部分根据设计要求不同可以设计成平板式、轮辐式、辐板式等。

8.3.1 直齿圆柱齿轮

圆柱齿轮的外形是圆柱体，由轮齿、齿圈、轮毂、轮辐或辐板等组成，轮齿的形状有直齿、斜齿和人字齿等，如图 8-21 所示。以下重点介绍直齿圆柱齿轮。

图 8-21 圆柱齿轮
a）直齿 b）斜齿 c）人字齿

1. 直齿圆柱齿轮轮齿部分的名称及代号

直齿圆柱齿轮轮齿部分的名称及代号如图 8-22 所示。

（1）齿顶圆 齿轮上齿顶所在圆柱面的圆，直径用 d_a 表示。

（2）齿根圆 齿轮上齿根所在圆柱面的圆，直径用 d_f 表示。

（3）分度圆 当齿轮的齿厚弧长（s）和齿槽弧长（e）相等时，二者所在分度圆柱面的圆，直径用 d 表示。

当两个齿轮啮合时，啮合点所在的圆称为节圆，直径用 d' 表示。理想状态下，一对齿轮啮合安装后，两个分度圆是相切的，此时分度圆与节圆重合，即 $d = d'$。

（4）全齿高 轮齿在齿顶圆与齿根圆之间的径向距离，用 h 表示。

（5）齿顶高 轮齿在齿顶圆与分度圆之间的径向距离，用 h_a 表示。

（6）齿根高　轮齿在齿根圆与分度圆之间的径向距离，用 h_f 表示。

（7）齿距　分度圆上相邻两齿对应点的弧长，用 p 表示。

（8）齿厚　分度圆上一个轮齿齿廓间的弧长，用 s 表示。

（9）齿槽　分度圆上相邻两个轮齿间槽的弧长，用 e 表示。

（10）齿宽　沿齿轮的轴线方向量得的轮齿宽度，用 b 表示。

（11）齿数　轮齿的数量，用 z 表示。

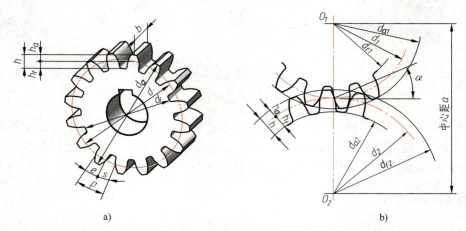

a)　　　　　　　　　　　　　　　b)

图 8-22　直齿圆柱齿轮轮齿部分的名称及代号

2. 直齿圆柱齿轮的基本参数及计算式

（1）模数 m　由于一个轮齿对应一个齿距，故分度圆的周长为 $\pi d = zp$，即 $d = p/\pi \times z$，式中 π 为无理数，为计算和测量方便，令 $m = p/\pi$，则 $d = mz$。其中，m 称为模数，即齿距 p 与 π 的比值，单位为 mm。

由于两个齿轮啮合时齿距 p 必须相等，因此，一对齿轮要正确啮合，其模数也必须相等。

模数是设计和制造齿轮的一个重要参数，模数越大，轮齿越厚，齿轮承载能力越大。因此，模数决定了齿轮的大小和承载能力。不同模数的齿轮，要用不同模数的刀具来加工制造，为了便于设计和加工制造，国家标准对模数的数值进行了标准化、系列化，见表 8-5。

表 8-5　标准模数（摘自 GB/T 1357—2008）　　　　　　　　（单位：mm）

第一系列	1　1.25　1.5　2　2.5　3　4　5　6　8　10　12　16　20　25　32　40　50
第二系列	1.125　1.375　1.75　2.25　2.75　3.5　4.5　5.5　(6.5)　7　9　11　14　18　22　28　36　45

注：优先选用第一系列，括号内的模数尽可能不选用。

（2）齿形角 α　一对齿轮啮合时，两个齿轮齿廓曲线的接触点 P 称为啮合点（又称节点），过该点作两个齿轮齿廓曲线的公法线，该公法线（齿廓的受力方向）与两节圆公切线（节点 P 处的瞬时运动方向）所夹的锐角，称为齿形角，用 α 表示。国家标准规定齿形角为 $20°$，如图 8-22b 所示。

（3）传动比 i　主动齿轮转速 n_1 与从动齿轮转速 n_2 之比，称为传动比，即 $i = n_1/n_2$。由于主动齿轮与从动齿轮单位时间内转过的齿数相等，即 $n_1 z_1 = n_2 z_2$，因此，传动比 i 也等

于从动齿轮齿数 z_2 与主动齿轮齿数 z_1 之比，即 $i = n_1/n_2 = z_2/z_1$。

（4）中心距 a　一对啮合齿轮中心之间的距离。

标准直齿圆柱齿轮各部分的尺寸都与模数有关，设计齿轮时，先确定模数 m 和齿数 z，然后根据表8-6计算出各部分尺寸。

表 8-6　直齿圆柱齿轮各部分的计算式

名称	代号	计算公式	名称	代号	计算公式
分度圆直径	d	$d = mz$	齿顶高	h_a	$h_a = m$
齿顶圆直径	d_a	$d_a = m(z+2)$	齿根高	h_f	$h_f = 1.25m$
齿根圆直径	d_f	$d_f = m(z-2.5)$	中心距	a	$a = (d_1+d_2)/2 = m(z_1+z_2)/2$
全齿高	h	$h = h_a+h_f = 2.25m$	齿距	p	$p = \pi m$

8.3.2　圆柱齿轮的画法

1. 单个圆柱齿轮的画法

齿轮轮齿部分一般不按真实形状绘制，而是按 GB/T 4459.2—2003 中规定的特殊表示法来绘制。齿轮一般用两个视图，或者用一个视图和一个局部视图（即左视图中只画键槽），如图8-23所示。在视图中，齿轮的齿顶圆和齿顶线用粗实线绘制，分度圆和分度线用细点画线绘制，齿根圆和齿根线用细实线绘制（或者省略不画），而剖视图中齿根线用粗实线绘制。

在剖视图中，当剖切平面通过齿轮的轴线时，轮齿部分无论是否剖到都按不剖来处理，如图8-23a所示。其他圆柱齿轮的绘制方法与直齿圆柱齿轮类似，但需要表示齿线的特征（斜齿、人字齿），可用三条与齿线方向一致的细实线表示，如图8-24所示，直齿则不需表示。

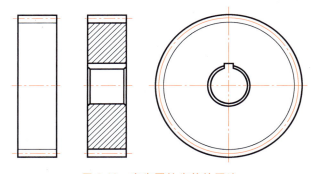

图 8-23　直齿圆柱齿轮的画法

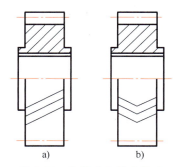

图 8-24　齿线方向的表示法

a）斜齿　b）人字齿

2. 圆柱齿轮副的啮合画法——外啮合

齿轮副的啮合图一般也采用两个视图，如图8-25所示。在剖视图中，当剖切面通过两啮合齿轮轴线时，啮合区内两齿轮节线用一条细点画线绘制；一个齿轮的齿顶线用粗实线绘制，另一个齿轮的齿顶线被遮挡部分用虚线绘制，如图8-26所示；其他同单个齿轮画法，但两个齿轮的剖面线方向应相反，如图8-25a所示。

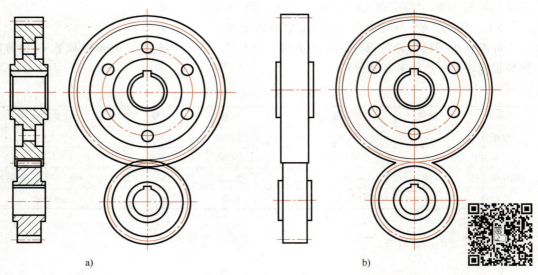

a)　　　　　　　　　　　　　　　　　b)

图 8-25　圆柱齿轮副外啮合画法

在垂直于圆柱齿轮轴线的投影面的视图中，啮合区内的齿顶圆都用粗实线绘制，节圆（分度圆）相切，如图 8-25a 中的左视图所示，也可省略不画，如图 8-25b 所示。

在平行于圆柱齿轮轴线的投影面的外形视图中，啮合区仅用粗实线绘制节线，而其余线不需要画出；当需要表示齿线的特征（斜齿、人字齿）时，可用三条与齿线方向一致的细实线表示，画法与单个齿轮相同。

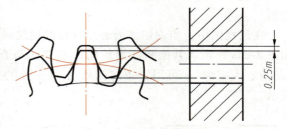

图 8-26　轮齿啮合区在剖视图中的画法

当齿轮的直径无限大时，齿轮就成为齿条，如图 8-27a 所示。此时，齿顶圆、分度圆、齿根圆和齿廓曲线都成为直线。绘制齿轮-齿条副的啮合图时，如图 8-27b 所示，在齿轮表示为圆的视图中，齿轮节圆（分度圆）与齿条节线（分度线）应相切，齿条画出一个齿形的轮廓，其余的齿根线用细实线绘制。在剖视图中，啮合区的画法与两个齿轮啮合图的画法相同。

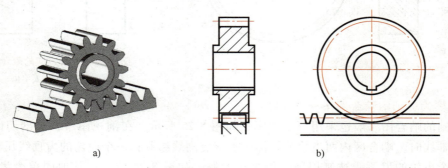

a)　　　　　　　　　　　　　　　　b)

图 8-27　齿轮、齿条副的啮合画法

a）轴测图　b）画法

圆柱齿轮副内啮合的画法与外啮合类似，可以查阅 GB/T 4459.2—2003。

3. 圆柱齿轮的零件图

直齿圆柱齿轮的零件图如图 8-28 所示，包括一组视图（全剖视的主视图和左视图）、完整尺寸、技术要求（详见第 9 章）和制造齿轮所需要的基本参数（其中大多数内容将在后续课程中学习）。

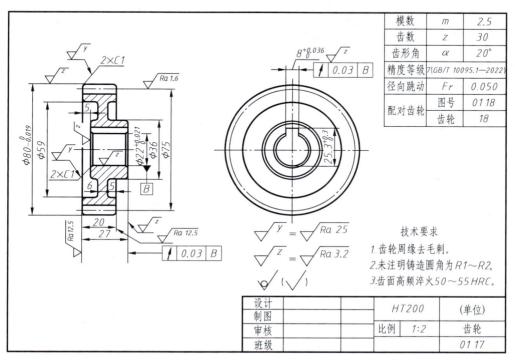

模数	m	2.5
齿数	z	30
齿形角	α	20°
精度等级	7(GB/T 10095.1—2022)	
径向跳动	Fr	0.050
配对齿轮	图号	0118
	齿轮	18

技术要求
1. 齿轮周缘去毛刺。
2. 未注明铸造圆角为 $R1～R2$。
3. 齿面高频淬火 $50～55HRC$。

设计		HT200	（单位）
制图			
审核		比例	1:2	齿轮
班级			0117

图 8-28　直齿圆柱齿轮的零件图

8.4　键

键是一种常用的标准件，用于连接轴与轴上传动件（如齿轮、带轮等），以使传动件与轴一起转动，实现转矩和旋转运动的传递，如图 8-29 所示。

键的种类有很多，根据使用要求的不同，有普通平键、半圆键、钩头型楔键、花键等，如图 8-30 所示。其中，普通平键、半圆键和钩头型楔键等称为常用键；花键的键数比较多，通常与轴（称为花键轴）或孔（称为花键孔）制成一体，能传递较大的动力、被连接零件之间的同轴度和轴向导向性好。本节重点介绍常用键。

1. 常用键的种类和标记

常用键的种类、型式、标记和键连接示例

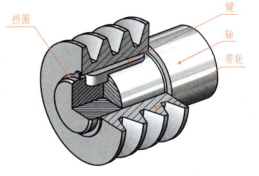

图 8-29　键连接

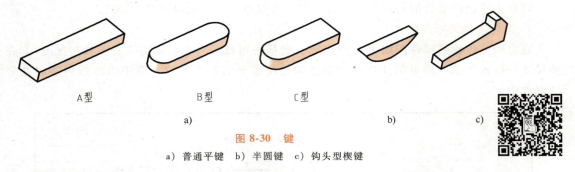

图 8-30　键

a）普通平键　b）半圆键　c）钩头型楔键

见表 8-7。选用时，可根据轴的直径或键的标记查阅附录中的附表 13 或有关的国家标准，得到键的有关尺寸。

2. 键连接的画法

键连接的画法见表 8-7。普通平键和半圆键的两个侧面是工作面，所以键与键槽侧面之间应不留间隙；而键的顶面是非工作面，它与轮毂的键槽顶面之间应留有间隙。钩头型楔键的顶面有 1∶100 的斜度，连接时需要将键打入键槽。因此，键的顶面和底面为工作面，画图时上、下表面与键槽接触，而两个侧面留有间隙。

表 8-7　常用键的种类、型式、标记和键连接示例

名称及标准	图例及标记	键连接示例
普通平键 A 型 GB/T 1096—2003	GB/T 1096 键 b×h×L	
半圆键 GB/T 1099.1—2003	GB/T 1099.1 键 b×h×D	
钩头型楔键 GB/T 1565—2003	GB/T 1565 键 b×L	

3. 轴和轮毂上键槽的画法和尺寸注法

轴和轮毂上键槽的画法和尺寸注法如图 8-31 所示，其尺寸数值的大小可根据轴的直径查阅附录中的附表 13 或有关的国家标准获得。

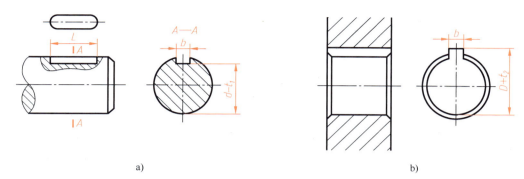

图 8-31　键槽的画法和尺寸注法

8.5　销

销是标准件，主要用于机器零件间的连接或定位。常用销有圆柱销、圆锥销、开口销等，见表 8-8。其中，圆柱销、圆锥销主要用于连接和定位；开口销用于带孔螺栓与开槽螺母的连接，使用时将销穿过开槽螺母的槽口和螺栓上的孔并把销的尾部分开，以防止螺母松动脱落。

表 8-8　销的型式和标记示例

名称及标准	图例	标记示例
圆柱销 GB/T 119.1—2000		销　GB/T 119.1　$d \times l$
圆锥销 GB/T 117—2000		销　GB/T 117　$d \times l$
开口销 GB/T 91—2000		销　GB/T 91　$d \times l$

根据标记，销的型式和尺寸等可以从附录中的附表 14、附表 15 或有关的国家标准中查得。销在装配图中的画法如图 8-32 所示。需要注意，当剖切平面过销的轴线时，销按不剖绘制。

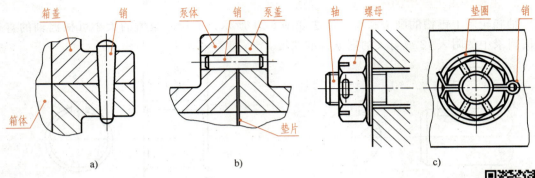

图 8-32 销在装配图中的画法

a）圆锥销连接 b）圆柱销连接 c）开口销连接

8.6 滚动轴承

滚动轴承是一种应用广泛的标准件，用来支承旋转轴系，以滚动摩擦代替滑动摩擦，具有结构紧凑、摩擦力小、能在较大载荷、转速及较高精度范围内工作且机械传动效率很高等优点。

1. 滚动轴承的结构、代号及标记

（1）滚动轴承的结构　滚动轴承的种类很多，但它们的结构大致相似，一般是由外圈、内圈、滚动体和保持架四部分组成，如图 8-33 所示。一般情况下，轴承外圈装在机座孔内固定不动，内圈套在轴上随轴一起旋转。

常用的滚动轴承有下面几种。

1）深沟球轴承，适用于承受径向载荷（见图 8-33a，GB/T 276—2013）。

2）推力球轴承，适用于承受轴向载荷（见图 8-33b，GB/T 301—2015）。

3）圆锥滚子轴承，适用于同时承受径向载荷和轴向载荷（见图 8-33c，GB/T 297—2015）。

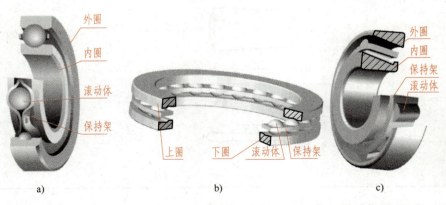

图 8-33 滚动轴承的结构

a）深沟球轴承 b）推力球轴承 c）圆锥滚子轴承

（2）滚动轴承的代号 国家标准《滚动轴承 代号方法》（GB/T 272—2017）规定了滚动轴承的代号由前置代号、基本代号和后置代号三部分组成。其中，基本代号是滚动轴承代号的基础，用以表示滚动轴承的基本类型、结构和尺寸；前置代号和后置代号是在基本代号左右添加的补充代号，一般当轴承的结构形状、尺寸、公差、技术性能等发生改变时添加，此处仅介绍基本代号的相关内容。

滚动轴承的基本代号由轴承类型代号、尺寸系列代号和内径代号三部分组成。

1）类型代号用阿拉伯数字或大写拉丁字母表示，见表8-9。

2）尺寸系列代号由两位数字组成，前者表示宽度系列代号（对应同一直径系列的宽度尺寸系列），后者表示直径系列代号（对应同一内径的外径尺寸系列）。尺寸系列代号反映了结构相同、内径相同的轴承，内外圈的宽度、厚度以及滚动体大小的不同。因此，尺寸系列代号不同，轴承的外廓尺寸不同，承载能力也不同。除圆锥滚子轴承外，其余各类轴承宽度系列代号是"0"时，"0"均省略不标出。

3）内径代号表示滚动轴承的公称直径 d（轴承内圈孔径），由两位数字组成。当 $10\mathrm{mm} \leqslant d \leqslant 480\mathrm{mm}$，内径代号00、01、02、03分别表示公称直径是10mm、12mm、15mm、17mm；当内径代号≥04时，代号数字乘以5即为轴承内径的尺寸。

例如，滚动轴承代号6208中，6表示轴承类型为深沟球轴承；2表示尺寸系列代号为02，其中"0"省略不注出；08表示内径代号，公称直径 $d = 8 \times 5\mathrm{mm} = 40\mathrm{mm}$。

（3）滚动轴承的标记 滚动轴承的标记一般为

滚动轴承 基本代号 标准编号

其中，基本代号最常见的是四位或五位数。从右边数起，第一、第二位数表示轴承的公称内径；第三、第四位数表示轴承的尺寸系列；第五位数表示轴承的类型。

例如，"滚动轴承6208 GB/T 276"表示内径为40mm，尺寸系列为02系列的深沟球轴承，可以从国家标准GB/T 276或附录中的附表16中查得轴承内径 d、外径 D、宽度 B 等。

"滚动轴承51203 GB/T 301"表示内径为17mm，尺寸系列为12系列的推力球轴承，可以从国家标准GB/T 301或附录中的附表16中查得轴承内径 d、外径 D、宽度 B 等。

表8-9 滚动轴承的类型代号（摘自 GB/T 272—2007）

代号	轴承类型	代号	轴承类型
0	双列角接触球轴承	6	深沟球轴承
1	调心球轴承	7	角接触球轴承
2	调心滚子轴承和推力调心滚子轴承	8	推力圆柱滚子轴承
3	圆锥滚子轴承	N	圆柱滚子轴承 双列或多列圆柱滚子轴承用字母NN表示
4	双列深沟球轴承	U	外球面球轴承
5	推力球轴承	QJ	四点接触球轴承

2. 滚动轴承的表示法

滚动轴承是标准件，不需要画零件图。在装配图中，可按国家标准（GB/T 4459.7—2017）规定的画法或简化画法绘制，见表8-10。

（1）规定画法 滚动轴承的轴承内径 d、外径 D、宽度 B 等主要尺寸，可根据标记从相应的国家标准中查得，作图时尺寸不可以改变，从而使其能正确反映出与其相配合零件的装配关系。其内部结构可以按规定画法（近似于真实投影，但不完全是真实的）绘制，如表8-10中规定画法和通用画法示例的轴线上部图形所示。

（2）简化画法　简化画法包括通用画法和特征画法，但在同一张图样中一般只允许采用一种画法。

通用画法是指在滚动轴承的剖视图中，采用粗实线的矩形线框及位于矩形线框中央正立的十字形（粗实线）符号表示轴承的断面轮廓，十字形符号不允许与矩形线框接触，如表8-10规定画法和通用画法示例的轴线下部图形所示。

表 8-10　轴承的规定画法和特征画法（摘自 GB/T 4459.7—2017）

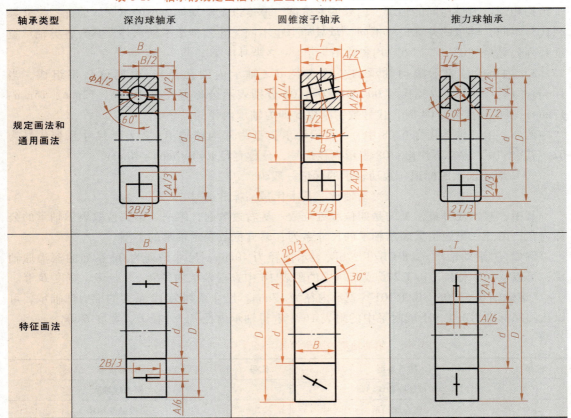

特征画法是指在滚动轴承的剖视图中，采用在矩形线框内画出其结构要素符号（粗实线表示）的方法表示，见表8-10。在垂直于滚动轴承轴线的投影面的视图中，无论滚动体的形状（如球、柱、针等）及尺寸如何，均按图8-34所示的方法绘制。

由于滚动轴承是用来支承其他零件的，所以画图时，一般将轴一侧的轴承断面用通用画法绘制，另一侧则用规定画法绘制。

必须指出，在剖视图中采用简化画法绘制滚动轴承时，表示轴承断面轮廓的矩形线框内一律不画剖面符号（剖面线）；而

图 8-34　滚动轴承轴线垂
直于投影面的特征画法

当采用规定画法绘制时，其滚动体不画剖面线，内、外圈的断面画成方向和间隔一致的剖面线。

8.7 弹簧

弹簧是一种常用件，主要用于减振、夹紧、测力、贮存或输出能量等。弹簧的种类很多，常见的有圆柱螺旋弹簧、涡卷弹簧、板弹簧等，其中圆柱螺旋弹簧按用途又可分为压缩弹簧、拉伸弹簧和扭力弹簧，如图8-35所示。本节只介绍圆柱螺旋压缩弹簧的画法，其他种类弹簧的画法可以参阅国家标准GB/T 4459.4—2003的有关规定。

1. 圆柱螺旋压缩弹簧各部分的名称及尺寸关系

圆柱螺旋压缩弹簧由钢丝绕成，为使压缩弹簧在工作时受力均匀、工作平稳，通常将弹簧两端的弹簧圈并紧且磨平端面，使其端面与轴线垂直便于支承或固定。其各部分的尺寸关系如图8-36所示。

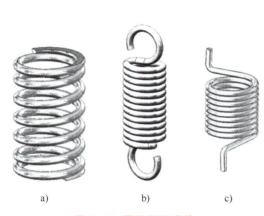

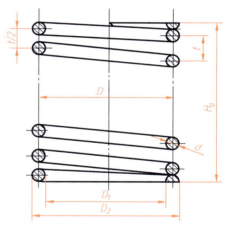

图 8-35　圆柱螺旋弹簧

a）压缩弹簧　b）拉伸弹簧　c）扭力弹簧

图 8-36　圆柱螺旋压缩弹簧各部分的尺寸关系

（1）支承圈数　磨平并紧的这部分弹簧圈，基本上不产生弹力，仅起支承或固定作用，称为支承圈。支承圈用 n_2 来表示，通常的支承圈数有1.5圈、2圈和2.5圈三种。

（2）有效圈数　指参与弹性变形能够有效工作的圈数，即除支承圈数以外，保持节距相等的圈数，用 n 来表示。

（3）总圈数　指弹簧的有效圈数和支承圈数之和，用 n_1 来表示，即 $n_1 = n + n_2$。

（4）弹簧的自由高度　指弹簧在不受外力时的高度，用 H_0 来表示，即 $H_0 = nt + (n_2 - 0.5)d$。

（5）弹簧的展开长度　指制造弹簧的簧丝长度，用 L 来表示，$L \approx n_1 V(\pi D)^2 + t^2 \approx n_1 \pi D$。

（6）簧丝直径　指制造弹簧的金属材料弹簧丝的直径，用 d 表示。

（7）弹簧直径

1）弹簧外径——弹簧的最大直径，用 D_2 表示。

2）弹簧内径——弹簧的最小直径，用 D_1 表示，$D_1 = D_2 - 2d$。

3）弹簧中径——弹簧的平均直径，用 D 表示，$D = (D_1 + D_2)/2 = D_1 + d = D_2 - d$。

（8）弹簧的节距 指除支承圈外，相邻两圈对应点之间的轴向之距，用 t 表示。

2. 圆柱螺旋压缩弹簧的规定画法

国家标准 GB/T 4459.4—2003 中规定了圆柱螺旋压缩弹簧的画法（视图、剖视图和示意图），如图 8-37 所示，画图时应注意以下几点。

1）在平行于螺旋弹簧轴线的投影面的视图中，各圈的轮廓画成直线，以直线代替螺旋线。

2）螺旋弹簧（无论左旋还是右旋）均可以画成右旋，但左旋弹簧不论画成右旋还是左旋，必须要在"技术要求"中注明旋向，而右旋弹簧不需要注明旋向。

3）有效圈数在 4 圈以上的螺旋弹簧中间部分可以省略不画，省略后用通过簧丝断面中心的点画线连起来即可，并允许适当缩短图形的长度（弹簧的自由高度 H_0）。

4）对圆柱螺旋压缩弹簧，如要求两端并紧磨平时，不论支承圈的圈数多少和并紧情况如何，均按支承圈数为 2.5 圈的形式绘制（图 8-37）；必要时也可按支承圈的实际结构绘制。

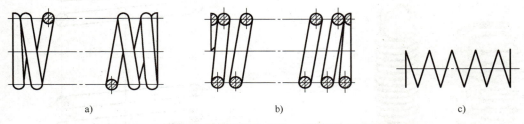

a)　　　　　　　　　　　b)　　　　　　　　　　c)

图 8-37　圆柱螺旋压缩弹簧的视图、剖视图和示意图的画法

国家标准中也规定了在装配图中弹簧的画法，如图 8-38 所示。

1）被弹簧挡住的零件结构一般不画出，可见部分应从弹簧的外轮廓线或弹簧钢丝断面的中心线画起。

2）型材尺寸较小（直径或厚度小于或等于 2mm）的螺旋弹簧，允许用示意画法，如图 8-38b 所示。当弹簧被剖切时，其剖断面也可用涂黑表示，如图 8-38c 所示。

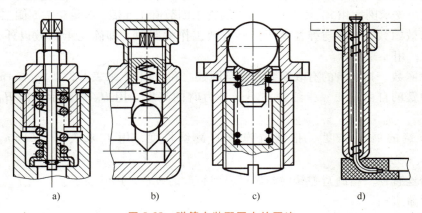

a)　　　　　　b)　　　　　　c)　　　　　　d)

图 8-38　弹簧在装配图中的画法

3）被剖切弹簧的直径在图形上小于或等于 2mm，并且弹簧内还有零件时，为了便于表达，可用示意画法绘制，如图 8-38d 所示。

3. 圆柱螺旋压缩弹簧的作图步骤

已知圆柱螺旋压缩弹簧的弹簧线直径 d、弹簧外径 D、弹簧节距 t、有效圈数 n、支承圈数 n_2，右旋，作图步骤如下。

1）根据尺寸关系计算出弹簧的自由高度 H_0 和弹簧中径 D，作出矩形，如图 8-39a 所示。

2）以簧丝直径 d，画出支承圈的圆，如图 8-39b 所示，其中，左边第二个簧丝断面的中心是借助右边第一个节距的对中垂线而得到的。

3）按右旋旋向作相应圆的公切线，即完成全剖图，如图 8-39c 所示，图 8-39d 为外形视图。

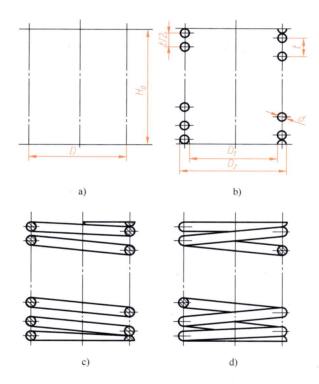

图 8-39　圆柱螺旋压缩弹簧的作图步骤

4. 圆柱螺旋压缩弹簧的零件图

圆柱螺旋压缩弹簧的零件图可以采用视图，也可以采用剖视图，如图 8-40 所示，绘制时应按实际情况适当增、减图例中的内容。绘图的几项要求如下。

1）弹簧的参数应直接标注在图形上，当直接标注有困难时，可在"技术要求"中说明。

2）一般用图解方式表示弹簧特性，即弹簧受到压力负荷时，弹簧压缩的长度与所受负荷的关系，其中，F_1、F_2 为弹簧的工作负荷，F_3 为弹簧的工作极限负荷。圆柱螺旋压缩弹簧的机械性能曲线（粗实线）均画成直线，标注在主视图上方。

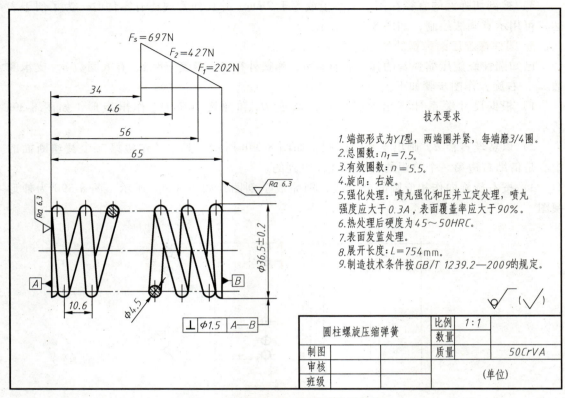

技术要求

1. 端部形式为YI型，两端圈并紧，每端磨3/4圈。
2. 总圈数：$n_1=7.5$。
3. 有效圈数：$n=5.5$。
4. 旋向：右旋。
5. 强化处理：喷丸强化和压并立定处理，喷丸强度应大于0.3A，表面覆盖率应大于90%。
6. 热处理后硬度为45～50HRC。
7. 表面发蓝处理。
8. 展开长度：$L=754$mm。
9. 制造技术条件按GB/T 1239.2—2009的规定。

圆柱螺旋压缩弹簧		比例	1:1
		数量	
制图		质量	50CrVA
审核			
班级		(单位)	

图 8-40　圆柱螺旋压缩弹簧的零件图

第9章

零 件 图

零件图表达了机器零件的详细结构形状、尺寸大小和技术要求，它是用于加工、检验和生产机器零件的重要依据。在设计一个零件时，应考虑这个零件的功能、作用、技术要求、加工工艺和制造成本。零件图直接用于机器零件的加工和生产，学会画零件图和读零件图，是人们从事技术工作的基础。

【本章重点】

- 零件图的视图选择
- 零件上的常见结构
- 零件图的尺寸标注
- 零件图读图

9.1 零件图概述

9.1.1 零件图的作用

一台机器是由若干个零件按一定的装配关系和技术要求装配而成，构成机器的最小单元称为零件。表达零件的结构、形状、大小和技术要求的图样称为零件图，如图9-1所示。零件图是用于指导加工、检验和生产零件的依据，是设计和生产部门的重要技术文件。

9.1.2 零件图的内容

零件图是制造和检验零件的重要技术文件，一张完整的零件图应包括下列基本内容。

1. 一组视图

用恰当的视图、剖视图、断面图等，完整、清晰地表达零件各部分的结构形状。

2. 完整的尺寸

要标注零件制造和检验所需的全部尺寸。所标尺寸必须正确、完整、清晰、合理。

3. 技术要求

要给出零件制造和检验应达到的技术指标。除用文字在图纸空白处书写出技术要求外，还有用符号表示的技术要求，如表面粗糙度、尺寸公差、几何公差等。

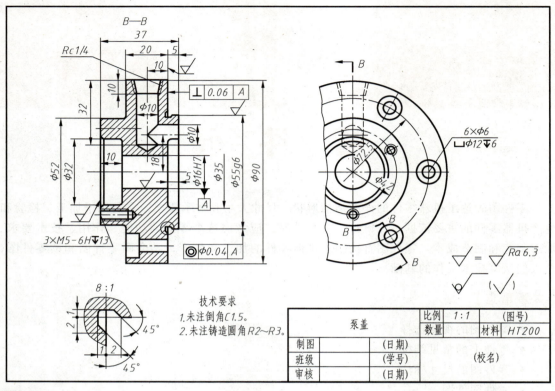

图 9-1　泵盖零件图

4. 标题栏

图纸右下角的标题栏中填写零件的名称、材料、数量、比例、图号以及设计人员的签名等。

9.2　零件图的视图选择及尺寸标注

9.2.1　零件图的视图选择

零件图的视图选择，要综合运用前面所学的知识。首先要了解零件的用途及主要加工方法，才能合理地选择视图。对于较复杂的零件，可拟定几种不同的表达方案进行对比，最后确定合理的表达方案。

1. 选择主视图

主视图是一组图形的核心，在表达零件结构形状、画图和看图中起主导作用，因此应把选择主视图放在首位，选择时应考虑以下几个方面。

（1）形状特征原则　应能清楚地反映零件的结构形状特征。

（2）工作位置原则　主视图的表达应尽量与零件的工作位置一致。

（3）加工位置原则　为便于工人生产，主视图所表示的零件位置应和零件在主要工序中的装夹位置保持一致。

一个零件的主视图，并不一定完全符合以上原则，而是根据零件的结构特征，各有侧重。如图 9-2 所示的支座，其主视图的投射方向有 A、B、C 三个方向可供选择，若选 B 或 C 作为主视图的投射方向，均不能较好地反映主要形状特征，而且有部分结构被遮挡，使图形上出现较多的虚线。经过比较，沿 A 方向投射能较好地反映零件的形状特征，所以确定 A 向为主视图投射方向。

2. 选择其他视图

对于结构形状较复杂的零件，主视图还不能完全地反映其结构形状，必须选择其他视图，包括剖视图、断面图、局部放大图和简化画法等各种表达方法。选择其他视图的原则：在完整、清晰地表达零件内、外结构形状的前提下，尽量减少图形个数，以方便画图和看图。如图 9-3a

图 9-2 主视图的选择

所示的轴承端盖，其主视图为全剖视图，四周均匀分布的螺纹孔采用简化画法来表达，省去了左视图。如图 9-3b 所示的轴，除主视图外，又采用了断面图、局部剖视图和局部放大图来表达销孔、键槽和退刀槽等局部结构。

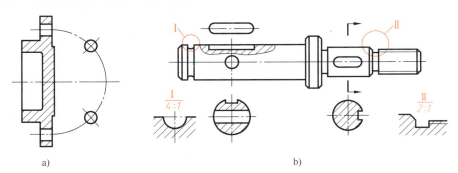

图 9-3 零件主视图和其他视图选择

9.2.2 零件图的尺寸标注

零件图的尺寸是加工和检验零件的重要依据。标注零件图的尺寸，除满足正确、完整、清晰的要求外，还必须使标注的尺寸合理，符合设计、加工、检验和装配的要求。以下主要介绍一些合理标注尺寸的基本知识。

1. 零件图的尺寸基准

尺寸基准是确定零件上尺寸位置的几何元素，是测量或标注尺寸的起点。通常将零件上的一些面（主要加工面，两零件的结合面，对称面）和线（轴、孔的轴线，对称中心线等）作为尺寸基准。根据基准在生产过程中的作用不同，一般将基准分为设计基准和工艺基准。

设计基准也是零件的主要基准，是根据零件的结构和设计要求而选定的基准，如轴、盘类零件的轴线。工艺基准是根据零件的加工要求和测量要求而选定的基准。在标注尺寸时，设计基准与工艺基准应尽量统一，以减少加工误差，提高加工质量。

零件的长、宽、高三个方向上都各有一个主要基准，还可有辅助基准，如图9-4中，零件长度方向基准Ⅰ、宽度方向基准Ⅱ、高度方向基准Ⅲ都是主要基准。另外，为了便于加工和测量沉孔的深度尺寸，增加了辅助基准Ⅳ；考虑到结构上对两沉孔中心距的要求，又增加了辅助基准Ⅴ。由此可见，辅助基准是根据具体情况选定的，并由主要基准确定其位置。

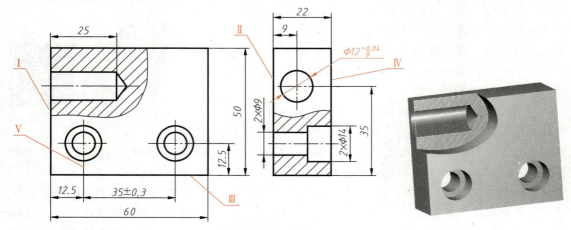

图9-4　主要基准和辅助基准

2. 重要尺寸直接标注

零件的重要尺寸必须从基准直接注出。加工好的零件尺寸存在误差，为使零件的重要尺寸不受其他尺寸的影响，应在零件图中把重要尺寸直接注出，如图9-4中35、12.5等尺寸。

3. 避免尺寸链封闭

封闭的尺寸链是指同一方向的尺寸头尾相接，组成一个封闭的形式，如图9-5a所示。每个尺寸是尺寸链中的一环，尺寸链中去掉的一个环，称为开口环，如图9-5b所示。如果尺寸A、B、C、D组成一个封闭的尺寸链，由于$A=B+C+D$，若尺寸A的误差已确定，A的误差应为B、C、D的误差之和，则B、C、D的误差必须很小，这对于加工就比较困难。如果将一个不重要的尺寸D去掉，为了便于加工，尺寸B、C的误差可适当加大，尺寸A、B、C所积累的误差全部集中到开口环处，这样即可保证精度，又便于加工。

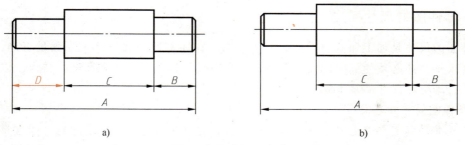

图9-5　尺寸链不应封闭

a）错误　b）正确

4. 尺寸应便于加工测量

标注尺寸要便于测量，并尽量使用通用量具。标注尺寸时还应考虑便于加工，如图9-6和图9-7所示。

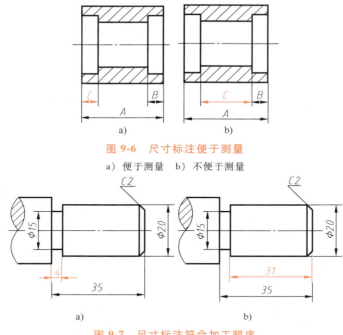

图 9-6 尺寸标注便于测量

a）便于测量 b）不便于测量

图 9-7 尺寸标注符合加工顺序

a）符合加工顺序 b）不符合加工顺序

9.3 常见典型零件分析

由于零件的用途不同，其结构形状也是多种多样的，为了便于了解、研究零件，根据零件的结构形状，大致可将其分为四类，即轴套类零件、轮盘类零件、叉架类零件、箱体类零件。下面对其表达方法和尺寸标注作简要分析。

9.3.1 轴套类零件

轴套类零件主要包括轴、蜗杆、衬套、钻模套、柱塞套等，一般是由细长的同轴回转体组成，轴向尺寸大于径向尺寸。在这类零件上通常有圆角、倒角、退刀槽、销孔、键槽、螺纹等结构要素，如图 9-8 所示。

a）　　　　　　　　b）　　　　　　　　c）

图 9-8 常见轴套类零件

a）轴 b）轴承套 c）钻模套

1. 视图选择

轴套类零件一般在车床上加工，要按形状和加工位置确定主视图。轴线水平放置，大头在左、小头在右，键槽和孔结构可以朝前。轴套类零件主要结构形状是回转体，一般只画一个主视图。对于零件上的键槽、孔等，可作出移出断面。砂轮越程槽、退刀槽、中心孔等可用局部放大图表达。

2. 尺寸分析

1）这类零件的尺寸主要是轴向和径向尺寸，径向尺寸的主要基准是轴线，轴向尺寸的主要基准是端面。

2）主要形体是同轴的，可省去径向定位尺寸。

3）重要尺寸必须直接注出，其余尺寸多按加工顺序注出。

4）为了清晰和便于测量，在剖视图上，内外结构形状尺寸应分开标注。

5）零件上的标准结构，应按该结构标准尺寸注出。

在图 9-9 中，以轴线作为径向尺寸的主要基准标注 $\phi18$、$\phi8$、$\phi14$ 等直径尺寸，这样就把设计要求与加工要求统一起来了。轴向尺寸的主要基准是左端面，由此注出 13、40；以直径 $\phi18$ 的轴肩右端面作为轴向辅助基准，由此标注 6、6.5、2.5 等轴向尺寸。其他轴向尺寸可以根据加工、测量的方便注出。

3. 零件图示例

图 9-9 和图 9-10 所示分别为柱塞阀的零件图和直观图。

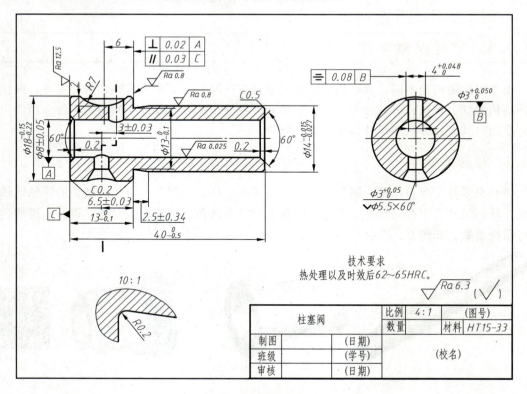

图 9-9　柱塞阀的零件图

图 9-10　柱塞阀的直观图

9.3.2　轮盘类零件

常见的轮盘类零件有轴承盖以及各种轮子、法兰盘、端盖等。其主要形体是回转体，径向尺寸一般大于轴向尺寸，如图 9-11 所示。

　a)　　　　　　　　b)　　　　　　　　c)　　　　　　　　d)

图 9-11　常见轮盘类零件

a）阀盖　b）电机端盖　c）轴承盖　d）变速箱盖

1. 视图选择

1）轮盘类零件的毛坯有铸件或锻件，机械加工以车削为主，主视图一般按加工位置水平放置，但有些较复杂的盘盖，因加工工序较多，主视图也可按工作位置画出。

2）一般需要两个以上基本视图。

3）根据结构特点，视图具有对称面时，可作半剖视；无对称面时，可作全剖或局部剖视。其他结构形状如轮辐和肋板等可用移出断面或重合断面，也可用简化画法。

2. 尺寸分析

1）此类零件的尺寸一般分为两大类，即轴向尺寸和径向尺寸，径向尺寸的主要基准是回转轴线，轴向尺寸的主要基准是重要的端面。

2）定形和定位尺寸都较明显，尤其是在圆周上分布的小孔的定位圆直径是这类零件的典型定位尺寸，多个均布小孔一般采用如"数量×ϕ"形式标注，角度定位尺寸就不必标注了。

3）内外结构形状尺寸应分开标注。

在图 9-12 中，以轴线作为径向尺寸的主要基准注出 $\phi160$、$\phi140$、$\phi120$、$\phi82$、$\phi62$、$\phi56$ 等尺寸；以左端面作为轴向尺寸的主要基准注出 15、17、28、40；以右端面为辅助基准注出 8、12；均布的六个阶梯小孔以"6×φ9 ⌴ φ14"的格式注出。

3. 零件图示例

图 9-12 和图 9-13 所示分别为端盖的零件图和直观图。

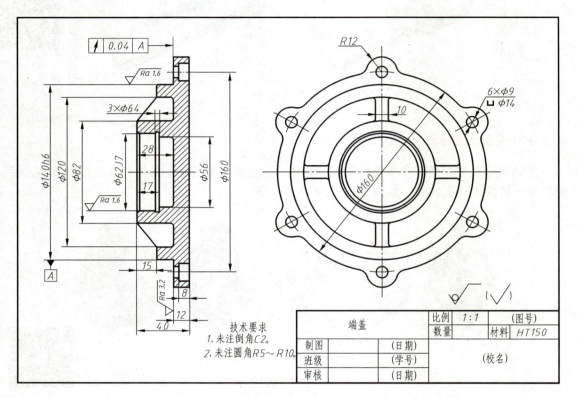

图 9-12　端盖的零件图

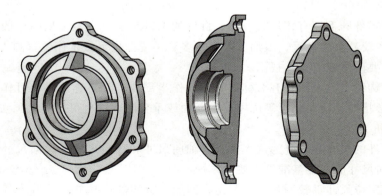

图 9-13　端盖的直观图

9.3.3　叉架类零件

图 9-14 所示的摇臂、支架、托架、拨叉等属于叉架类零件。

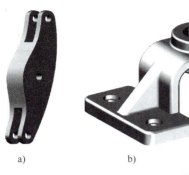

a)   b)   c)   d)

图 9-14　常见叉架类零件

a）摇臂　b）支架　c）托架　d）拨叉

1. 视图选择

1）这类零件结构较复杂，需经多种工序加工，主视图主要由形状特征和工作位置来确定。

2）一般需要两个以上基本视图，并用斜视图、局部视图，以及剖视、断面等表达内外形状和细部结构。

2. 尺寸分析

1）它们的长、宽、高方向的主要基准一般为加工的大底面、对称平面或大孔的轴线。

2）定位尺寸较多，一般注出孔的轴线（中心）间的距离，或孔轴线到平面间的距离，或平面到平面间的距离。

3）定形尺寸多按形体分析法标注，内外结构形状都要标注。

在图 9-15 中，长度方向的主要尺寸基准是底座的左端面，以此注出工作孔 $\phi20$ 长度方向的位置；以底座对称中心面作为高度方向的主要基准，以此注出 $\phi20$ 高度方向的位置；宽度方向的主要尺寸基准则是零件的对称中心面，以此注出 30、60、90 等尺寸。其他尺寸可以根据加工、测量的方便注出。

3. 零件图示例

图 9-15 所示为托架的零件图。

9.3.4　箱体类零件

图 9-16 所示的减速器箱盖、阀体、箱体等属于箱体类零件，它们大多为铸件，一般起支承、容纳、定位和密封等作用，内外形状较为复杂。

1. 视图选择

1）箱体类零件一般经多种工序加工而成，因而主视图主要根据形状特征和工作位置确定，图 9-17 中的主视图就是根据工作位置选定的。

2）由于零件结构较复杂，常需三个以上的基本视图，并广泛地应用各种方法来表达。在图 9-17 中，由于主视图上无对称面，故采用了大范围的局部剖视来表达内外形状，左视图用局部剖视表达了内外形状，并选用了较大的局部视图表示底面的实型。

2. 尺寸分析

1）它们的长、宽、高方向的主要基准是大孔的轴线、中心线、对称平面或较大的加工面。

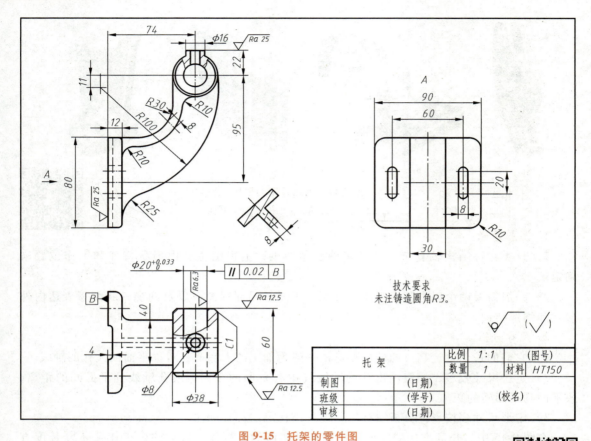

图 9-15　托架的零件图

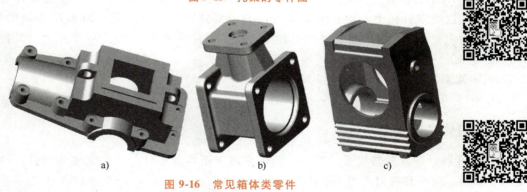

图 9-16　常见箱体类零件

a）减速器箱盖　b）阀体　c）箱体

2）较复杂的零件定位尺寸较多，各孔轴线或中心线间的距离要直接注出。

3）定形尺寸仍用形体分析法注出。

在图 9-17 中，长度方向的主要尺寸基准是左端面，由此注出总长尺寸 255、底座的定位尺寸 10、工作孔的长度 40；高度方向的主要尺寸基准为底面，由此注出工作孔高度 115、底座高度 18、底面开槽深度 5；宽度方向的主要尺寸基准为对称中心面，由此注出底座宽度相关的 190、150、110，肋板相关尺寸 96、120、15；工作孔轴线作为辅助尺寸基准注出了相关的直径尺寸，其他尺寸考虑加工、安装和测量方便，进行标注。

3. 零件图示例

图 9-17 和图 9-18 所示分别为铣刀头座体的零件图和直观图。

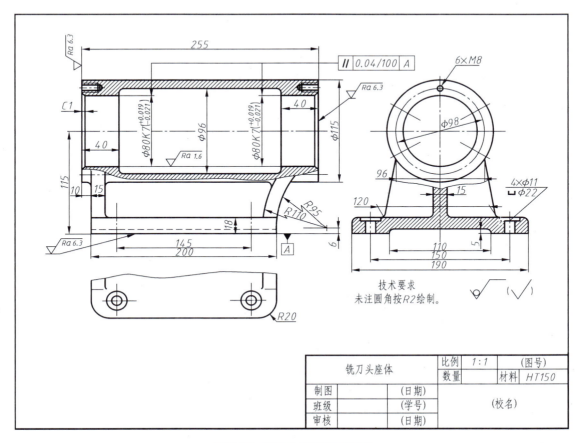

图 9-17 铣刀头座体的零件图

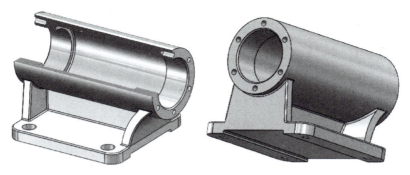

图 9-18 铣刀头座体的直观图

9.4 零件上的常见结构及尺寸标注

零件的结构形状不仅要满足零件在机器中使用的要求，而且在制造零件时还要符合制造工艺的要求。所以，在设计和绘制一个零件时，应考虑它的可加工性，在现有的设备和工艺条件下能够方便地制造出这个零件。下面介绍零件的一些常见的工艺结构。

9.4.1 铸造零件的工艺结构

在铸造零件时，一般先用木材或其他容易加工制作的材料制成模样，将模样放置于型砂中，当型砂压紧后，取出模样，再在型腔内浇入金属液，待冷却后取出铸件毛坯。对零件上有配合关系的接触表面，还应切削加工，才能使零件达到最后的技术要求。

1. 起模斜度

在铸件造型时为了便于拔出木模，在木模的内、外壁沿起模方向作成 1∶20～1∶10 的斜度，称为起模斜度。在画零件图时，起模斜度可不画出、不标注，必要时在技术要求中用文字加以说明，如图 9-19 所示。

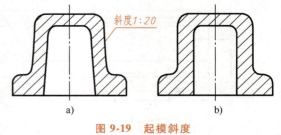

图 9-19 起模斜度

a）画出斜度并标注 b）不画斜度不标注

2. 铸造圆角及过渡线

为了便于铸件造型时起模，防止金属液冲坏转角处、冷却时产生缩孔和裂纹，将铸件的转角处制成圆角，这种圆角称为铸造圆角。画图时应注意毛坯面的转角处都应有圆角；若为加工面，由于圆角被加工掉了，因此要画成尖角。不设计铸造圆角或者铸造圆角设计尺寸不当，在冷却时容易产生缺陷，图 9-20 是由于铸造圆角设计不当造成的缩孔和裂纹情况。铸造圆角在图中一般应该画出，圆角半径一般取壁厚的 20%～40%，同一铸件圆角半径大小应尽量相同或接近。铸造圆角可以不标注尺寸，而在技术要求中加以说明。

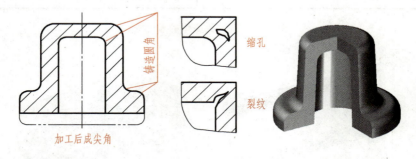

图 9-20 铸造圆角

由于铸件毛坯表面的转角处有圆角，其表面交线模糊不清，为了读图和区分不同的表面仍然要画出交线，但交线两端空出，不与轮廓线的圆角相交，这种交线称为过渡线。图 9-21所示为常见过渡线的画法。

3. 铸造壁厚

铸件的壁厚要尽量做到基本均匀，如果壁厚不均匀，就会使金属液冷却速度不同，导致铸件内部产生缩孔和裂纹，在壁厚不同的地方可逐渐过渡，如图 9-22 所示。

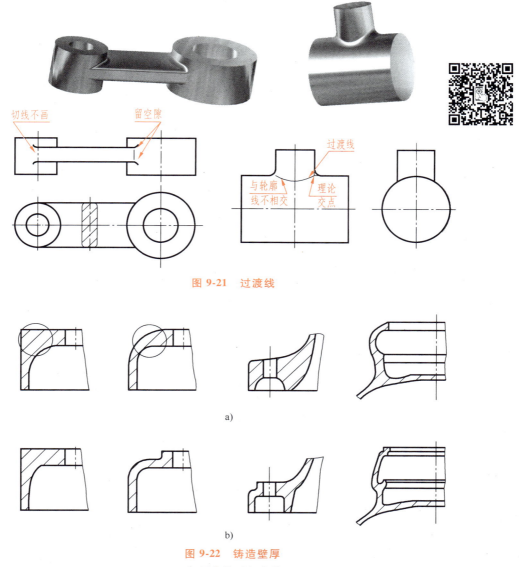

图 9-21 过渡线

图 9-22 铸造壁厚
a）不合理 b）合理

9.4.2 零件的机械加工工艺结构

零件的加工面是指切削加工得到的表面，即通过车、钻、铣、刨或镗用去除材料的方法加工形成的表面。

1. 倒角和倒圆

为了便于装配及去除零件的毛刺和锐边，常在轴、孔的端部加工出倒角。常见倒角为45°，也有30°或60°的倒角。为避免阶梯轴轴肩的根部因应力集中而容易断裂，故在轴肩根部加工成圆角过渡，称为倒圆。倒角和倒圆如图 9-23 所示，其大小可根据轴（孔）直径查阅《机械零件设计手册》。

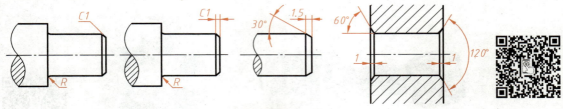

图 9-23　倒角和倒圆

2. 螺纹退刀槽和砂轮越程槽

在车削螺纹时，为了便于退出刀具，常在零件的待加工表面的末端车出螺纹退刀槽，如图 9-24a 所示。在磨削加工时，为了使砂轮能稍微超过磨削部位，常在被加工部位的终端加工出砂轮越程槽，如图 9-24b 所示，其结构和尺寸可根据轴（孔）直径查阅《机械零件设计手册》。

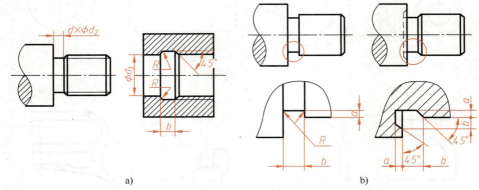

图 9-24　螺纹退刀槽和砂轮越程槽

3. 凸台和凹坑

零件上与其他零件接触的表面，一般都要经过机械加工，为保证零件表面接触良好和减少加工面积，可在接触处做出凸台或锪平成凹坑，如图 9-25 所示。

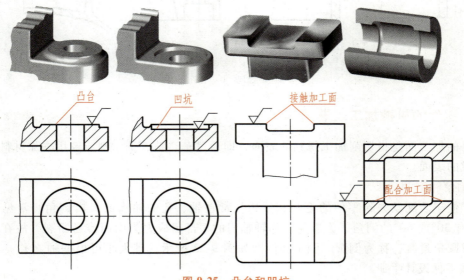

图 9-25　凸台和凹坑

4. 钻孔结构

钻孔时，要求钻头尽量垂直于孔的端面，以保证钻孔准确和避免钻头折断。对斜孔、曲面上的孔，应先制成与钻头垂直的凸台或凹坑，如图 9-26 所示。钻削加工的不通孔，在孔的底部有 120° 锥角，钻孔深度尺寸不包括锥角；在钻阶梯孔的过渡处也存在 120° 锥角的圆台，其圆孔深也不包括锥角，如图 9-27 所示。

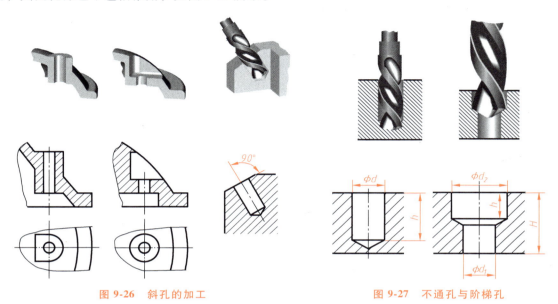

图 9-26 斜孔的加工   图 9-27 不通孔与阶梯孔

9.4.3 零件上常见结构的尺寸注法

零件上常见结构如倒角、退刀槽、螺纹孔、光孔、沉孔及锥销孔等，在标注这些结构的尺寸时，可按标准的格式标注。

1. 零件上常见结构的尺寸注法

零件上常见结构的尺寸注法见表 9-1。

表 9-1 零件上常见结构的尺寸注法

结构名称	标注方法	说明
倒角		45° 的倒角在倒角宽度尺寸数字前加注符号" C "，30° 或 60° 等其他角度的倒角，应分别标出倒角的宽度和角度尺寸。
退刀槽		退刀槽通常标注"槽宽×直径"或"槽宽×槽深"

（续）

结构名称	标注方法			说明
螺纹孔	3×M6-6H	3×M6-6H	3×M6-6H	三个公称直径为 φ6，螺纹公差等级为 6H，有规律分布或均布的螺纹孔
	3×M6-6H▼10	3×M6-6H▼10	3×M6-6H	三个公称直径为 φ6，螺纹公差等级为 6H，螺纹孔深为 10，有规律分布或均布的螺纹孔
	3×M6-6H▼10 ▼12	3×M6-6H▼10 ▼12	3×M6-6H	三个公称直径为 φ6，螺纹公差等级为 6H，螺纹孔深为 10，光孔深为 12，有规律分布或均布的螺纹孔
光孔	4×φ5▼10	4×φ5▼10	4×φ5	四个直径为 φ5，孔深为 10，有规律分布或均布的孔
沉孔	6×φ7 ⩔φ13×90°	6×φ7 ⩔φ13×90°	90° φ13 6×φ7	直径为 φ7，有规律分布或均布的六个埋头孔；锥形沉孔直径为 φ13，锥角 90°
	4×φ6 ⌴φ10▼3.5	4×φ6 ⌴φ10▼3.5	φ10 3.5 4×φ6	直径为 φ6，有规律分布或均布的 4 个沉孔，沉孔的直径为 φ10，深度为 3.5

2. 标注符号的画法

标注符号的画法如图 9-28 所示。

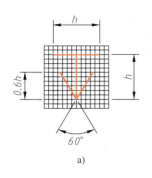

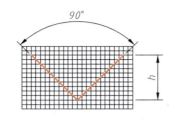

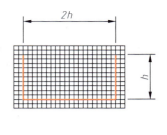

a)   b)   c)

图 9-28 标注符号的画法

a）深度符号 b）埋头孔符号 c）沉孔或锪平符号

9.5 读零件图

在设计、生产等活动中，读零件图是一项十分重要的工作。读零件图就是根据零件图的各视图，分析和想象该零件的结构形状，弄清全部尺寸及各项技术要求等，根据零件的作用及相关工艺知识，对零件进行结构分析。读组合体视图的方法，是读零件图的重要基础。下面以图 9-29 为例说明读零件图的方法和步骤。

9.5.1 读零件图的方法和步骤

读零件图，主要是弄清零件的结构形状、尺寸和技术要求等内容，并了解零件在机器中的作用。

1. 概括了解

首先从标题栏中了解零件的名称、材料、数量等，然后通过装配图或其他途径了解零件的作用和与其他零件的装配关系。

2. 分析视图，想象形状

1）弄清各视图之间的投影关系。

2）以形体分析法为主，结合零件上的常见结构知识，看懂零件各部分的形状，然后综合想象出整个零件的形状。

3. 分析尺寸

分析尺寸基准，了解零件各部分的定形、定位尺寸和总体尺寸。

4. 了解技术要求

读懂视图中各项技术要求，如表面粗糙度、极限与配合、几何公差等内容。

5. 综合考虑

通过以上的结构分析、尺寸分析和技术要求的分析，可以基本读懂零件图，大体了解零件的全貌。

9.5.2 读零件图举例

图 9-29 和图 9-30 是制动支架的二维零件图和三维图，按下述四个步骤读图。

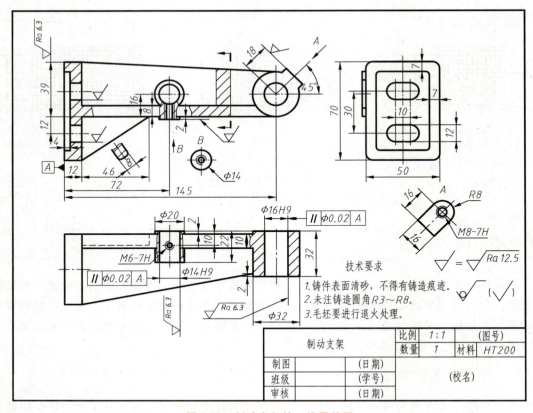

图 9-29　制动支架的二维零件图

图 9-30　制动支架的三维图

1. 概括了解

从标题栏可知，零件的名称是制动支架，属支架类零件。由 HT200 可知，材料是灰铸铁，该零件是铸件，有的表面要进行切削加工，加工之前必须先做退火处理。

2. 分析视图，利用形体分析法和线面分析法想象形状

该支架零件图由主视图、俯视图、左视图、一个局部视图、一个斜视图、一个移出断面图组成。主视图上用了两处局部剖视和一个重合断面图，俯视图上也用了两处局部剖视，左视图只画外形图，用以补充表示某些形体的相关位置。

利用形体分析法分析总体的大概形状，该支架左面固定部分主体形状是长方体，带

有连接孔；右面工作部分主体形状是圆柱，带有孔和凸台，中间连接部分是相互垂直的肋板。

利用线面分析法分析局部的结构，比如左面的凹坑的大小、孔的大小和位置、右面凸台的大小和位置、中间肋板的位置及肋板上的局部结构。

3. 分析尺寸和技术要求

标注尺寸的主要基准是：长度方向以左端面为基准，从它注出的定位尺寸有 72、12 和 145；宽度方向以经加工的右圆筒端面和中间圆筒端面为基准，从它注出的定位尺寸有 2 和 10、22、32；高度方向的基准是右圆筒与左端底板相连的水平板的底面，从它注出的定位尺寸有 12、16、2、39 等。

$\phi14H9$ 和 $\phi16H9$ 两孔有尺寸公差要求，表面粗糙度要求也在该零件中为最高，并且这两孔的轴线和左侧安装平面有平行度的几何公差要求。

4. 综合分析

把零件的结构形状、尺寸标注、工艺和技术要求等内容综合起来，就能了解零件的全貌，也就看懂了零件图。

9.6 零件的测绘

在实际生产中，常常要更换机器中磨损或损坏的零件，拆下零件后按现有的零件实物绘制出相应的零件图称为零件测绘。测绘出的零件图内容要完整，它包括正确的视图表达和尺寸标注，并按零件的用途和功能，注出有关的技术要求，填写材料，有关标准结构要查阅《机械设计手册》，使其符合国家标准和机械制造的工艺要求。零件测绘一般在车间或现场进行，先用徒手绘制草图，再根据草图绘制零件工作图。

9.6.1 零件测绘的基本步骤

1. 分析零件

分析零件在机器中的作用和功能，了解零件的名称和材料，分析它的结构形状和加工工艺，对零件作全面的分析是零件测绘的基础。

2. 确定表达方案

根据零件的结构形状特征、工作位置和加工位置选择主视图；选择其他视图、剖视、断面等，完整清晰地表达零件的结构形状。视图的选择方法与前面相同。

3. 绘制零件草图

零件草图的绘制有以下要求。

（1）完整的内容　零件草图必须要有零件图的全部内容，它包括一组视图、完整的尺寸、技术要求和标题栏。

零件草图是徒手画的，不使用绘图工具。零件的形状大小是通过目测大致比例来确定的，一般采用铅笔画出。目测的线段长短不要求精确，但线段之间的大致比例要适当，零件草图可以画在方格纸上。

（2）正确的方法　先要把所有的视图画好，分析哪些部位需要标注尺寸，并在标注尺寸的地方，将所有的尺寸界线、尺寸线和箭头画出。将上述工作完成以后，根据草图上标出的尺寸部位，再集中测量标注尺寸，最后填写技术要求。注意不要边画图、边测量、边标注。

（3）测量方法　常用的零件测绘工具有钢直尺、游标卡尺、内外卡钳、螺纹规等。随着科学技术的发展，零件测绘的手段和测绘仪器变得更加先进，利用先进的仪器，可将整个零件扫描，经计算机处理后，可以直接得到具有尺寸的零件的三维实体图形和视图。

（4）在零件测绘时应注意的问题　尺寸数值要取整，零件上一般的尺寸都是以 mm 为单位取整数，对于实际测得的小数部分的数值，可以四舍五入法取整数。但有些特殊尺寸或重要尺寸，不能随意取整，如中心距或齿轮轮齿尺寸等。

相互配合的孔和轴的基本尺寸应一致。对有配合关系的尺寸，可测量出基本尺寸，其上下偏差值应经分析后选用合理的配合关系查表得出。测量已磨损部位的尺寸时，应考虑零件的磨损值。

对螺纹、键槽、沉头孔、螺孔深度、齿轮等已标准化的结构，在测得主要尺寸后，应查表采用标准结构尺寸。

（5）绘制零件工作图　零件草图完成后，应经校核、整理，再根据零件草图画出零件工作图。草图校核的内容如下。

1）表达方法是否恰当，视图布置是否合理。

2）尺寸标注是否正确、完整、清晰、合理。

3）技术要求的确定是否既满足零件的性能和使用要求，又比较经济合理。

校核后进行必要的修改和补充。图 9-31 所示是一张较完整的手绘草图。

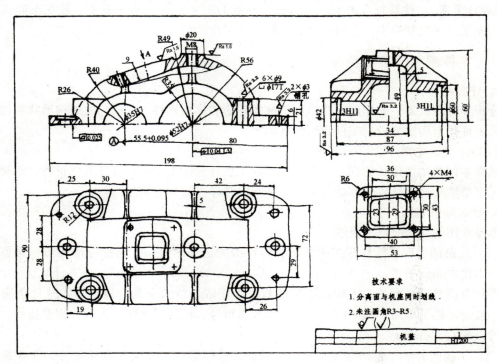

图 9-31　手绘草图举例

9.6.2　测绘工具的使用

1. 测绘工具的分类

测绘工具分为拆卸工具和测量工具。

拆卸工具有扳手、榔头、铜棒、木棒等。拆卸工具使用要得当，对装配体不得盲目拆卸，乱敲乱打，以免造成损伤，影响其精度和性能。

测量工具应根据尺寸精度要求的不同来选用。常用的通用量具有钢直尺、内卡钳、外卡钳、游标卡尺、千分尺等，专用量具有螺纹规、圆角规等，如图9-32所示。

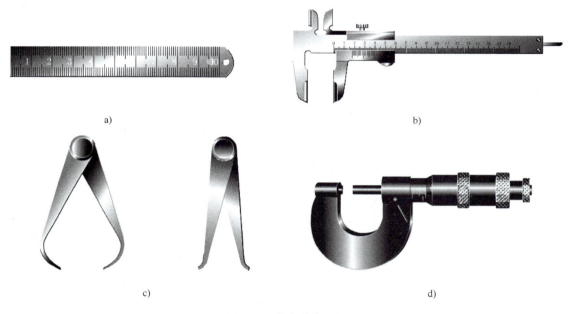

a)   b)

c)   d)

图 9-32　常用测绘工具

a）钢直尺　b）游标卡尺　c）内外卡钳　d）千分尺

2. 常用的测量方法

（1）测量直线尺寸　一般可用直尺直接测量，如图9-33所示，有时也可用三角板与直尺配合进行，若要求精确时，则用游标卡尺。

图 9-33　直尺测量长度

（2）测量回转体的内外径　测量外径用外卡钳，测量内径用内卡钳，测量时要将内、外卡钳上下、前后移动，量得的最大值为其内径或外径。用游标卡尺测量时的方法与用内、外卡钳时相同，如图 9-34 所示。

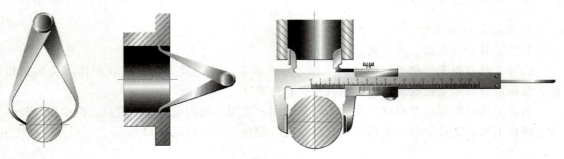

图 9-34　测量回转体内外径

（3）测量壁厚　可用外卡钳与直尺配合使用，如图 9-35 所示。

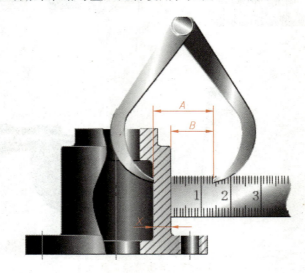

图 9-35　测量壁厚

（4）测量孔间距　用外卡钳测量相关尺寸，再进行计算，如图 9-36 所示。

（5）测量轴孔中心高　用外卡钳及直尺测量相关尺寸，再进行计算，如图 9-37 所示。

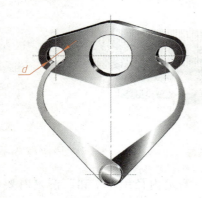

图 9-36　测量孔间距

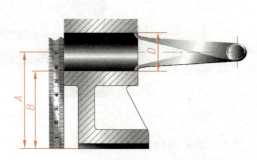

图 9-37　测量轴孔中心高

（6）测量圆角 图 9-38 所示为用圆角规测量的方法。每套圆角规有很多片，一半测量外圆角，一半测量内圆角，每片上均有圆角半径，测量圆角时只要在圆角规中找出与被测量部分完全吻合的一片，则片上的读数即为圆角半径。铸造圆角一般目测估计其大小即可。若手头有工艺资料则应选取相应的数值而不必测量。

（7）测量螺纹 螺纹可用螺纹规或拓印法测量，测量螺纹要测出直径和螺距的数据。对于外螺纹，测大径和螺距；对于内螺纹，测小径和螺距，然后查手册取标准值。

1）螺纹规测量螺距：螺纹规由一组钢片组成，每一钢片的螺距大小均不相同，测量时只要某一钢片上的牙型与被测量的螺纹牙型完全吻合，则钢片上的读数即为其螺距大小，如图 9-39 所示。

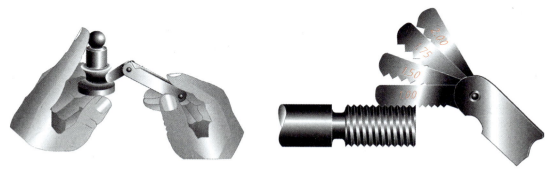

图 9-38 测量圆角　　　　　　　　　　图 9-39 测量螺纹

2）拓印法测量。在没有螺纹规的情况下，则可以在纸上压出螺纹的印痕，然后算出螺距的大小，根据算出的螺距再查手册取标准值。

9.6.3 绘制草图和工作图

1. 徒手绘图

徒手绘图是指不借助绘图工具，用目测形状及大小徒手绘制图样。徒手绘图就是画草图，画草图的要求如下。

1）画线要稳，图线要清晰。

2）目测尺寸要尽量准，各部分比例匀称。

3）绘图速度要快。

4）标注尺寸无误，书写清楚。

画草图的铅笔比用仪器画图的铅笔软一号，削成圆锥形，画粗实线要秃些，画细实线可尖些。要画好草图，必须掌握徒手绘制各种线条的基本手法。

（1）握笔方法 手握笔的位置要比用仪器绘图时高些，以利运笔和观察目标。笔杆与纸面 45°~60° 角，执笔稳而有力。

（2）直线的画法 画直线时，手腕靠着纸面，沿着画线方向移动，保持图线稳直，眼要注意终点方向。画垂直线时自上而下运笔；画水平线自左而右的画线方向最为顺手，这时图纸可放斜。

（3）圆和曲线的画法 画圆时，应先定圆心位置，过圆心画对称中心线，在对称中心线上距圆心等于半径处截取四点，过四点画圆即可，如图 9-40a 所示。画稍大的圆时可再加一对十字线并同样截取四点，过八点画圆，如图 9-40b 所示。

对于圆角、椭圆和圆弧连接，也是尽量利用与正方形、长方形、菱形相切的特点画出，如图 9-41 所示。

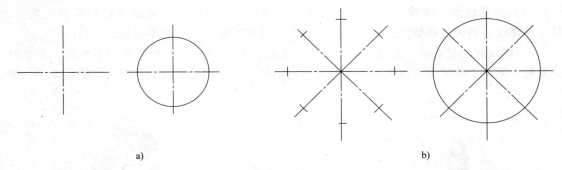

a)

b)

图 9-40　圆的画法

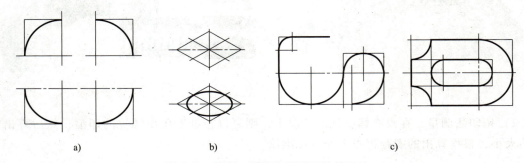

a)

b)

c)

图 9-41　圆角、椭圆和圆弧连接的画法

2. 画零件草图的方法和步骤

以图 9-42 所示套筒零件为例来讲述草图的绘制步骤。

1）在图纸上定出各视图的位置。画出各视图的基准线、中心线，如图 9-42a 所示。安排各视图的位置时，要考虑到各视图间应有标注尺寸的地方，右下角留有标题栏的位置。

2）详细地画出零件外部和内部的结构形状，如图 9-42b 所示。

3）注出零件各表面粗糙度符号，选择基准和画尺寸线、尺寸界线及箭头。经过仔细校核后，画好剖面线，如图 9-42c 所示。

4）描深轮廓线。测量尺寸，定出技术要求，并将尺寸数字、技术要求记入图中，如图 9-42d 所示。

3. 绘制工作零件图的步骤和方法

零件草图是现场测绘的，所考虑的问题不一定是最完善的。因此，在画零件工作图时，需要对草图再进行审核。有些要设计、计算和选用，如表面粗糙度、尺寸公差、几何公差、材料及表面处理等；有些问题也需要重新加以考虑，如表达方案的选择、尺寸的标注等，经过复查、补充、修改后，方可画零件图。画零件图的方法和步骤如下。

1）根据零件的形状特点和用途选取主视图和其他视图，并确定比例和图幅。

2）画出图框和标题栏。画出各视图的中心线、轴线、基准线，把各视图的位置确定下

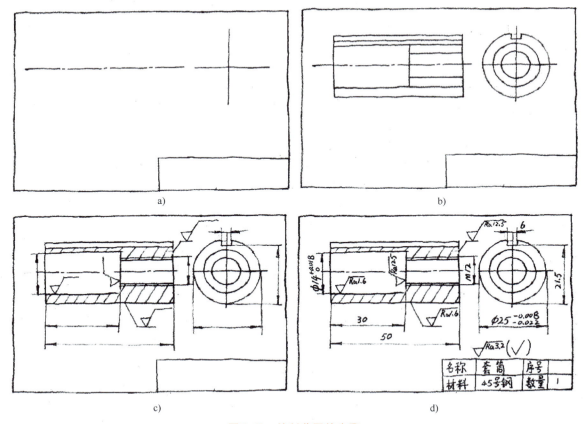

图 9-42 绘制草图的步骤

来，各图之间要注意留有标注尺寸的余地。

3）由主视图开始，画各视图的轮廓线，画图时要注意各视图间的投影关系。

4）描粗并画剖面线，画出全部尺寸线。

5）注出公差配合及表面粗糙度符号，注写尺寸数字，填写技术要求和标题栏。

若是采用计算机绘图，则可根据草图按计算机绘图的步骤来进行绘制。

4. 零件测绘时的注意事项

1）零件的制造缺陷，如砂眼、气孔、刀痕、磨损等，都不应画出。

2）零件上因制造、装配需要而形成的工艺结构，如铸造圆角、倒角等必须画出。

3）有配合关系的尺寸（如配合的孔与轴的直径），一般只要测出它的基本尺寸。其配合性质和相应的公差值，应在分析考虑后，再查阅有关手册确定。

4）没有配合关系的尺寸或不重要的尺寸，允许将测量所得尺寸作适当调整。

5）对螺纹、键槽、轮齿等标准结构的尺寸，应把测量的结果与标准值对照，一般均采用标准的结构尺寸，以利制造。

第 10 章

机械图样的技术要求

零件图中除了视图和尺寸外，还应具备加工和检验零件的技术要求，主要包括零件的表面粗糙度、尺寸公差、几何公差，对零件的材料、热处理和表面修饰的说明，以及对于特殊加工和检验的说明。

上述内容可以用国家标准规定的代号或符号在图中标注，也可以用文字或数字在标题栏上方空白处写明。

【本章重点】

- 表面结构的概念和标注
- 极限与配合的基本概念和标注
- 几何公差的基本概念和标注
- 使用 AutoCAD 2024 绘制零件图

10.1 表面结构

表面结构是表面粗糙度、表面波纹度、表面缺陷、表面几何形状的总称。

10.1.1 表面结构的形成

表面结构的特性一般不是孤立存在的，多数表面结构是由于粗糙度、波纹度及形状误差综合影响产生的结果。

1. 表面粗糙度的形成

表面粗糙度一般是由所采用的加工方法和其他因素所形成的，例如加工过程中刀具与零件表面间的摩擦、切屑分离时表面层金属的塑性变形以及工艺系统中的高频振动等。由于加工方法和工件材料的不同，被加工表面留下痕迹的深浅、疏密、形状和纹理都有差别。表面粗糙度与机械零件的配合性质、耐磨性、疲劳强度、接触刚度、振动和噪声等有密切关系，对机械产品的使用寿命和可靠性有重要影响。

2. 表面波纹度的形成

表面波纹度是间距大于表面粗糙度但小于表面几何形状误差的表面几何不平度，属于微观和宏观之间的几何误差。它是由于零件表面在机械加工过程中，机床与工具系统的振动而形成的。表面波纹度直接影响零件表面的机械性能，如零件的接触刚度、疲劳强度、结合强度、耐磨性、抗振性和密封性等。

3. 表面几何形状的形成

表面几何形状一般由机器或工件的挠曲或导轨误差引起，是指大于表面波纹度的几何误差。本节以表面粗糙度为主要评定指标，讲述表面结构的具体标注方法。

10.1.2　表面粗糙度

1. 基本概念

不论采用何种加工所获得的零件表面，都不是绝对平整和光滑的。刀具在零件表面上留下的刀痕、切削时表面金属的塑性变形和机床振动等因素的影响，使零件表面存在微观凹凸不平的轮廓峰谷，这种表示零件表面具有较小间距和峰谷所组成的微观几何形状特征，称为表面粗糙度，如图 10-1 所示。

表面粗糙度是评定零件表面质量的一项重要指标，它对零件的配合性质、强度、耐磨性、抗腐蚀性、密封性等影响很大。所以，根据零件表面工作情况不同，零件表面粗糙度的要求也各有不同。

2. 评定参数

零件表面粗糙度的评定参数有轮廓算术平均偏差（Ra）、轮廓最大高度（Rz）等参数，使用时优先选用轮廓算术平均偏差（Ra）参数。零件图中广泛采用轮廓算术平均偏差（Ra）作为表面特征参数，零件上有配合要求或有相对运动的表面，Ra 值要小。Ra 值越小，表面质量要求越高，其加工成本也越高。因此，在满足使用要求的前提下，应尽量选用较大的 Ra 值，以便降低成本。

（1）轮廓算术平均偏差（Ra）　轮廓算术平均偏差（Ra）是指在取样长度 lr 范围内，被测轮廓线上各点至基准线的距离 Z_i 绝对值的算术平均值，如图 10-2 所示，可用下式来表示：

$$Ra = \frac{1}{lr}\int_0^{lr} |Z(x)|\,\mathrm{d}x \qquad \text{或} \qquad Ra \approx \frac{1}{n}\sum_{i=1}^n |Z_i|$$

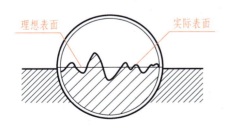

图 10-1　表面粗糙度的形成

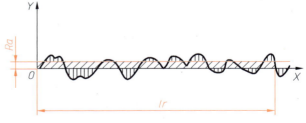

图 10-2　轮廓算术平均偏差（Ra）

轮廓算术平均偏差（Ra）的数值见表 10-1。

轮廓算术平均偏差（Ra）值的选用，既要满足零件表面的功能要求，又要考虑经济合理性。具体选用时，可参照已有的类似零件图，用类比法确定。零件的工作表面、配合表面、密封表面、摩擦表面和精度要求高的表面等，Ra 值应取小一些。非工作表面、非配合表面和尺寸精度低的表面，Ra 值应取大一些。

表 10-1 *Ra* 的数值 （单位：μm）

序 号	*Ra*	序 号	*Ra*
1	0.012	8	1.6
2	0.025	9	3.2
3	0.05	10	6.3
4	0.1	11	12.5
5	0.2	12	25
6	0.4	13	50
7	0.8	14	100

（2）轮廓最大高度（*Rz*） 在取样长度 *lr* 内，最大轮廓峰高 Z_p 与最大轮廓谷深 Z_v 之和，称为轮廓最大高度，如图 10-3 所示。

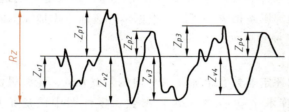

图 10-3 轮廓最大高度（*Rz*）

公式表示为

$$Rz = Z_p + Z_v$$

轮廓最大高度（*Rz*）的数值见表 10-2。

表 10-2 *Rz* 的数值 （单位：μm）

序 号	*Rz*	序 号	*Rz*
1	0.025	10	12.5
2	0.05	11	25
3	0.1	12	50
4	0.2	13	100
5	0.4	14	200
6	0.8	15	400
7	1.6	16	800
8	3.2	17	1600
9	6.3		

10.1.3 表面结构的图形代（符）号

在技术产品文件中，对表面结构的要求可用几种不同的图形符号表示，每种符号都有特定含义。图形符号一般应附加对表面结构的补充要求，补充要求的形式有数字、图形符号和文本。在特殊情况下，图形符号可以在技术图样中单独使用，以表达特殊意义。

1. 基本图形符号

表面结构的基本图形符号见表 10-3。

表 10-3　表面结构的基本图形符号

符号	意　义
√	基本符号,单独使用这一符号是没有意义的
√	基本符号上加一短横,表示是用去除材料的方法获得的表面,例如车、铣、钻、磨、剪切、抛光腐蚀、电火花加工等
√	基本符号上加一小圆,表示表面是用不去除材料的方法获得的,例如锻、铸、冲压、变形、热轧、冷轧、粉末冶金等或用于保持原供应状态的表面

2. 完整图形符号

表面结构的完整图形符号见表 10-4。

表 10-4　表面结构的完整图形符号

符号	意义
√　√　√	当要求标注表面结构特征的补充信息时,应在图形符号的长边上加一横线,以便标注补充信息
√　√　√	当在图样某个视图上构成封闭轮廓的各表面有相同的表面结构要求时,应在完整图形符号上加一个圆圈

在图样的某个视图上,当构成封闭轮廓的各表面有相同的表面结构要求时,应在完整图形符号上加一圆圈,标注在图样中工件的封闭轮廓线上,如图 10-4 所示。图中除前后表面外,其他封闭轮廓的六个表面有共同要求。

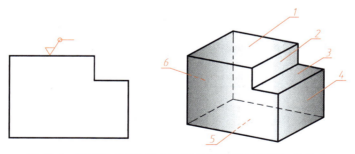

图 10-4　对周边各表面有相同的表面结构要求的标注方法

注意:如果该标注会引起歧义时,各表面应分别标注。

3. 图形符号的尺寸及画法

图形符号的画法如图 10-5 所示。图形符号和附加标注的尺寸见表 10-5,其中图形符号的水平线长度取决于其上下所注写的内容长度。图形符号中书写的数字和大写字母等文本的高度 h,应与图样中标注尺寸数字的字号相一致。

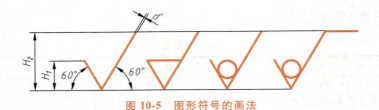

图 10-5　图形符号的画法

表 10-5　图形符号和附加标注的尺寸　　　　　　　（单位：mm）

数字和字母高度 h	2.5	3.5	5	7	10	14	20
符号线宽 d'	0.25	0.35	0.5	0.7	1	1.4	2
字母线宽 d							
高度 H_1	3.5	5	7	10	14	20	28
高度 H_2（最小值）	7.5	10.5	15	21	30	42	60

注：H_2 取决于标注内容的多少。

4. 表面结构代号

图形代号中加注对表面结构的补充要求后，可称为表面结构代号。表面结构的补充要求包括表面结构参数代号、数值、传输带/取样长度。标注的时候，为避免误解，在参数代号和极限值之间应插入空格。传输带或取样长度后应插入一斜线"/"，之后是表面结构参数代号，最后是数值。

示例 1：0.0025-0.8/Rz　6.3　（传输带标注）

表示波长范围在 0.0025~0.8 之间，Rz 的最大允许值为 6.3。

示例 2：0.8/Rz　6.3　（取样长度标注）

表示取样长度在 0.8 时，Rz 的最大允许值为 6.3。

说明：传输带是评定表面结构时的波长范围，见 GB/T 6062—2009 和 GB/T 18777—2009。

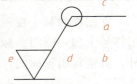

图 10-6　表面结构代号补充要求的注写位置

1）在完整符号中，对表面结构的单一要求应注写在指定位置，如图 10-6 所示。

2）表面结构代号注写的内容见表 10-6。

表 10-6　表面结构代号注写的内容

位置	注 写 内 容
a	注写表面结构的单一要求；如有两个或多个表面结构要求，注写第一个表面结构要求
b	注写两个或多个表面结构要求中的第二个要求
c	注写加工方法、表面处理、涂层或其他加工工艺要求等
d	注写所要求的表面纹理和纹理的方向
e	注写所要求的加工余量，以毫米为单位给出数值

提示：在 a 和 b 位置注写三个或更多表面结构要求时，图形符号应在垂直方向扩大，以留出足够的空间。扩大图形符号时，a 和 b 的位置随之上移。

10.1.4 表面结构的标注方法

1. 基本规则

1）表面结构要求对每一表面一般只标注一次。

2）表面结构尽可能注在相应的尺寸及其公差的同一视图上。

3）除非另有说明，所标注的表面结构要求是对完工零件表面的要求。

2. 符（代）号的标注位置与方向

1）表面结构的注写和读取方向与尺寸的注写和读取方向一致，如图 10-7 所示。

2）表面结构要求可标注在轮廓线上，其符号应从材料外指向并接触表面。必要时，表面结构符号也可以用带箭头或黑点的指引线引出标注，如图 10-8、图 10-9 所示。

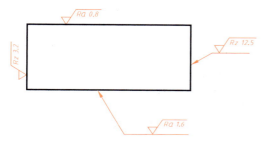

图 10-7　表面结构要求的注写方向

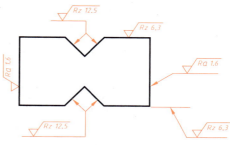

图 10-8　表面结构要求在轮廓线上的标注

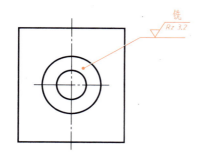

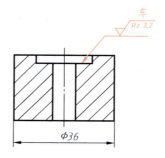

图 10-9　用指引线标注表面结构要求

3）表面结构代号的标注方向如图 10-10 所示。

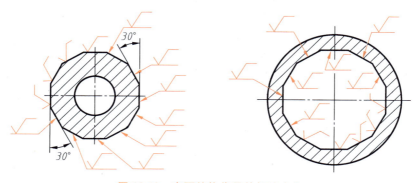

图 10-10　表面结构代号的标注方向

4）在不致引起误解时，表面结构要求可以标注在给定的尺寸线上，如图 10-11 所示。

5）表面结构要求可以标注在几何公差框格的上方，如图 10-12 所示。

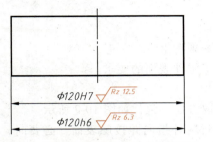

图 10-11　表面结构要求标注在尺寸线上

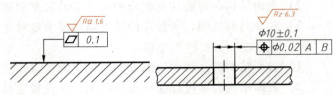

图 10-12　表面结构要求标注在几何公差框格的上方

6）表面结构要求可以直接标注在延长线上，或用带箭头的指引线引出标注，如图 10-13 所示。

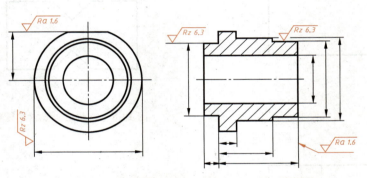

图 10-13　表面结构要求标注在圆柱特征的延长线上

7）圆柱和棱柱表面结构要求只标注一次，如图 10-13 所示。如果每个棱柱表面有不同的表面结构要求，则应分别单独标注，如图 10-14 所示。

3. 表面结构要求的简化注法

（1）有相同表面结构要求的简化注法　如果工件的多数（包括全部）表面有相同的表面结构要求，则其表面结构要求可统一标注在图样的标题栏附近。此时（除全部表面有相同要求的情况外），表面结构要求的符号后面有如下几种情况。

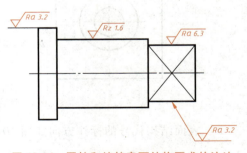

图 10-14　圆柱和棱柱表面结构要求的注法

1）在圆括号内给出无任何其他标注的基本符号，如图 10-15 所示。

2）在圆括号内给出不同的表面结构要求，如图 10-16 所示。

3）除按以上两项规定标注出表面结构要求外，如果还有不同的表面结构要求应直接标注在图形中，如图 10-15、图 10-16 所示。

（2）多个表面有共同要求的注法　当多个表面具有相同的表面结构要求或图纸空间有限时，可采用简化画法。

可用带字母的完整符号，以等式的形式，在图形或标题栏附近，对有相同表面结构要求的表面进行简化标注，如图 10-17 所示。

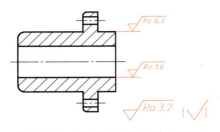

图 10-15　多数表面有相同表面结构
要求的简化注法（一）

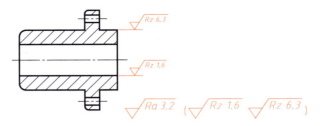

图 10-16　多数表面有相同表面结构
要求的简化注法（二）

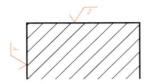

图 10-17　图纸空间有限时的简化画法

也可用基本图形符号和扩展图形符号的表面结构符号，以等式的形式给出对多个表面共同的表面结构要求，如图 10-18 所示。

未指定工艺方法　　　　　要求去除材料方法　　　　　不允许去除材料方法

图 10-18　只用表面结构符号的简化画法

4. 特殊情况的注法示例

1）同一表面的不同部分有不同的表面结构要求时，可用细实线画出分界线位置，并标出尺寸，然后分别标出表面结构代号，如图 10-19 所示。

2）连续表面只注一次表面结构代号，如图 10-20 所示。

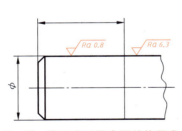

图 10-19　同一表面有不同表面结构要求的注法

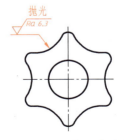

图 10-20　连续表面的注法

3）不连续的同一表面，用细实线连接后，只需标注一次表面结构代号，如图 10-21 所示。

4）孔、槽、齿等重复要素的表面，只注一次表面结构代号。如齿轮、渐开线花键、螺纹等工作表面，在没有画出齿形时，表面结构代号的标注方法分别如图 10-22、图 10-23、图 10-24 所示。

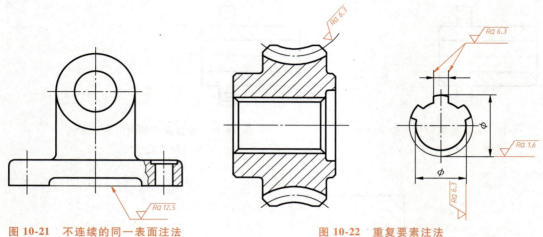

图 10-21　不连续的同一表面注法　　　　　图 10-22　重复要素注法

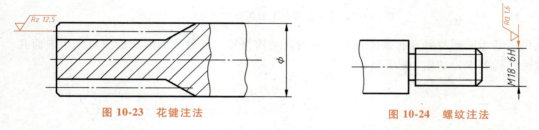

图 10-23　花键注法　　　　　　　图 10-24　螺纹注法

5）中心孔及键槽的工作表面，倒角、圆角等表面结构要求，可简化标注，如图 10-25 所示。

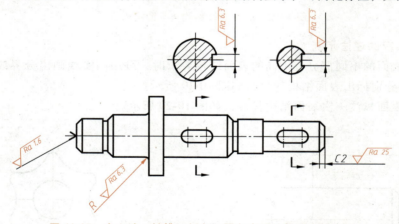

图 10-25　中心孔、键槽、倒角、圆角表面结构要求的注法

📌 10.2　极限与配合的基本概念及标注

10.2.1　极限与配合的基本概念

1. 互换性和公差

在一批相同规格和型号的零件中，不须选择，也不经过任何修配，任取一件就能装到机

器上，并能保证使用性能的要求，零件的这种性质称为互换性。零件具有互换性，对于机械工业现代化协作生产、专业化生产、提高劳动效率，提供了重要条件。

零件的尺寸是保证零件互换性的重要几何参数，为了使零件具有互换性，并不要求零件的尺寸加工得绝对准确，而是要求在保证零件的机械性能和互换性的前提下，允许零件尺寸有一个变动量，这个允许尺寸的变动量称为公差。

2. 基本术语

尺寸产生误差是由于零件在制造过程中加工和测量等因素的影响造成的。关于尺寸公差的一些名词术语，下面以图10-26所示的圆孔尺寸为例来加以说明。

（1）基本尺寸　设计给定的尺寸。

（2）实际尺寸　实际测量得到的尺寸。

（3）极限尺寸　允许尺寸变化的两个界限值，它以基本尺寸为基数来确定，分为最大极限尺寸和最小极限尺寸。

最大极限尺寸＝基本尺寸＋上偏差

最小极限尺寸＝基本尺寸－下偏差

（4）尺寸偏差　极限尺寸减基本尺寸所得的代数差，分别称为上偏差和下偏差。国家标准规定：孔的上偏差用 ES 表示、下偏差用 EI 表示；轴的上偏差用 es 表示，下偏差用 ei 表示。

（5）尺寸公差　允许尺寸的变动量。公差等于最大极限尺寸减最小极限尺寸，也等于上偏差减下偏差所得的代数差，即

公差＝最大极限尺寸－最小极限尺寸＝上偏差－下偏差

（6）公差带图　为简化起见，一般只画出孔和轴的上、下偏差围成的方框简图来表达它们公差带的位置，该图称为公差带图，如图10-27所示。

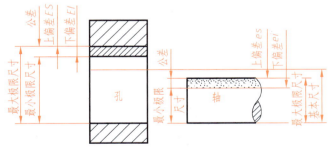

图 10-26　尺寸公差的基本术语及名词解释

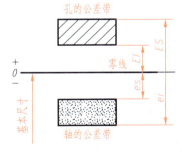

图 10-27　公差带图

（7）零线　在公差带图中，确定偏差的一条基准直线，零线常表示基本尺寸。

（8）尺寸公差带　在公差带图中，由代表上、下偏差的两条直线所限定的一个区域。

3. 标准公差与基本偏差

国家标准 GB/T 1800 中规定，公差带是由标准公差和基本偏差组成。标准公差确定公差带的大小，基本偏差确定公差带的位置。

（1）标准公差　由国家标准所列的，用以确定公差带大小的任一公差。标准公差用公差符号"IT"表示，分为 20 个等级，即 IT01、IT0、IT1、IT2、……IT18。IT01 公差值最小，IT18 公差值最大，标准公差反映了尺寸的精确程度。

（2）基本偏差　由标准所列的，用以确定公差带相对零线位置的上偏差或下偏差，一般为靠近零线的那个偏差。

基本偏差代号用拉丁字母表示，大写字母表示孔、小写字母表示轴。国家标准对孔和轴的基本偏差系列各规定了 28 个，如图 10-28 所示。当公差带在零线的上方时，基本偏差为下偏差，当公差带在零线下方时，基本偏差为上偏差。由图中可知，孔的基本偏差从 A～H 为下偏差，从 J～ZC 为上偏差。而轴的基本偏差则相反，从 a～h 为上偏差，从 j～zc 为下偏差。图中 h 和 H 的基本偏差为零，它们分别代表基准轴和基准孔。JS 和 js 对称于零线，其上、下偏差分别为 +IT/2 和 –IT/2。

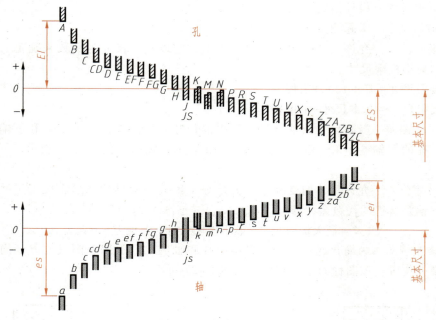

图 10-28　基本偏差系列

4. 配合的种类

基本尺寸相同的两个相互结合的孔和轴公差带之间的关系，称为配合。根据使用要求不同，国家标准规定配合分为三类，即间隙配合、过盈配合、过渡配合。

（1）间隙配合　孔与轴配合时，孔的公差带在轴的公差带之上，具有间隙（包括最小间隙等于零）的配合，如图 10-29a 所示。

（2）过盈配合　孔与轴配合时，孔的公差带在轴的公差带之下，具有过盈（包括最小过盈等于零）的配合，如图 10-29b 所示。

（3）过渡配合　孔与轴配合时，孔的公差带与轴的公差带相互交叠，可能具有间隙或过盈的配合，如图 10-29c 所示。

5. 配合制度

为了便于选择配合，减少零件加工的专用刀具和量具，国家标准对配合规定了两种基准制。

（1）基孔制　基本偏差为一定的孔的公差带，与不同基本偏差的轴的公差带形成各种配合的一种制度，如图 10-30a 所示。基孔制配合中的孔称为基准孔，基准孔的下偏差为零，

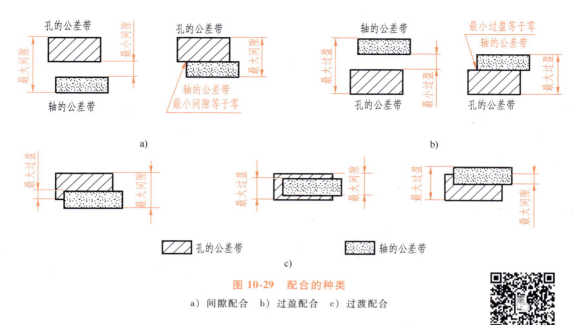

图 10-29 配合的种类

a）间隙配合 b）过盈配合 c）过渡配合

并用代号 H 表示。

（2）基轴制 基本偏差为一定的轴的公差带，与不同基本偏差的孔的公差带形成各种配合的一种制度，如图 10-30b 所示。基轴制中的轴称为基准轴，基准轴的上偏差为零，并用代号 h 表示。

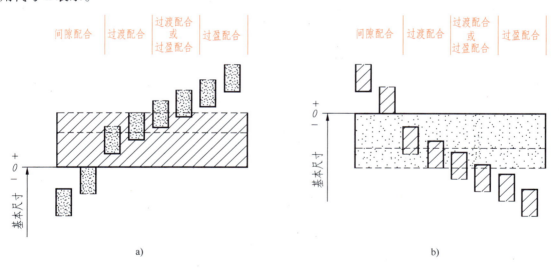

图 10-30 配合的基准制

a）基孔制 b）基轴制

由于孔的加工比轴的加工难度大，国家标准中规定，优先选用基孔制配合。同时，采用基孔制可以减少加工孔所需的定值刀具的品种和数量，降低生产成本。

在基孔制中，基准孔 H 与轴配合，a~h 用于间隙配合；j~n 主要用于过渡配合；n、p、r 可能为过渡配合，也可能为过盈配合；p~zc 主要用于过盈配合。

在基轴制中，基准轴 h 与孔配合，A~H 用于间隙配合；J~N 主要用于过渡配合；N、P、R 可能为过渡配合，也可能为过盈配合；P~ZC 主要用于过盈配合。

10.2.2 公差与配合的标注及查表

1. 公差与配合在图样中的标注

（1）零件图中尺寸公差的标注形式 公差与配合在零件图上的标注有三种形式。对于大量生产的零件可以只标注公差带代号，公差带代号由基本偏差代号与标准公差等级组成，如图 10-31b、c 所示。

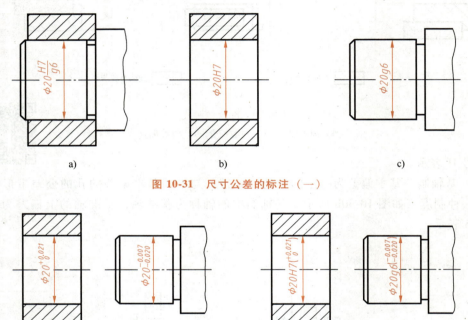

图 10-31 尺寸公差的标注（一）

图 10-32 尺寸公差的标注（二）

一般情况下，可以只注写上、下偏差数值。上、下偏差的字体比基本尺寸数字的字体小一号，如图 10-32a 所示。该方式一般用于小批量生产。

说明：若上、下偏差的数值相同而符号相反时，则在基本尺寸后加注"±"号，再书写数值，其数字大小与基本尺寸数字的大小相同，例如 $\phi50\pm0.25$。

在基本尺寸后面，既注公差带代号，又注上、下偏差值，但偏差值要加括号，如图 10-32b 所示。该方式一般用在新产品试制阶段。

（2）装配图中配合代号的标注 在装配图中，配合代号由两个相互结合的孔和轴的公差代号组成，用分数形式表示。分子为孔的公差带代号，分母为轴的公差带代号，在分数形式前注写基本尺寸，如图 10-31a 所示。

识读配合代号举例如下。

1）$\phi30H8/f7$——基本尺寸为 30，8 级基准孔与 7 级 f 轴的间隙配合。

2）$\phi40H7/n6$——基本尺寸为 40，7 级基准孔与 6 级 n 轴的过渡配合。

3）$\phi18P7/h6$——基本尺寸为18，6级基准轴与7级P孔的过盈配合。

2. 查表方法

根据基本尺寸和公差带代号，可查附录表获得孔和轴的极限偏差数值。查表时，根据某一基本尺寸的孔和轴，先由其基本偏差代号得到基本偏差值，再由公差等级查表得到标准公差值，最后由标准公差与基本偏差的关系，算出另一极限偏差值。

例如：$\phi30f7$ 轴的极限偏差，在轴的基本偏差数值表中，根据基本尺寸 30 在左边查到大于 24 到 30 的行，与上偏差 f 所在的列相交处查得其基本偏差为-20，再从标准公差数值表中基本尺寸从大于 18 到 30 的行，与标准公差等级为 IT7 所在的列的相交处查得其公差为21，则其下偏差为-20+（-21）=-41。查出上下偏差值后，$\phi30f7$ 可以写成 $\phi30^{-0.020}_{-0.041}$。

对于优先及常用配合的极限偏差，可以直接查表获得。

例如：$\phi30H8$ 基准孔的极限偏差，在孔的基本偏差数值表中，根据基本尺寸 30 在左边查到大于 24 到 30 的行，与下偏差 H 所在的列相交处查得其基本偏差为 0，再从标准公差数值表中基本尺寸从大于 18 到 30 的行，与标准公差等级为 IT8 所在的列的相交处查得其公差为 33，则其上偏差为 0+33＝33。查出上下偏差值后，$\phi30H8$ 可以写成 $\phi30^{+0.033}_{-0}$。

10.3　几何公差的基本概念及标注

机械零件在加工中由于各种原因，不可能做到绝对的精确。对其中的尺寸误差，根据使用要求用尺寸公差加以限制。而加工中对零件的几何形状和相对几何要素的位置误差，如图 10-33 和图 10-34 所示，则由几何公差加以限制，因此，它和表面粗糙度、极限与配合共同成为评定产品质量的重要技术指标。

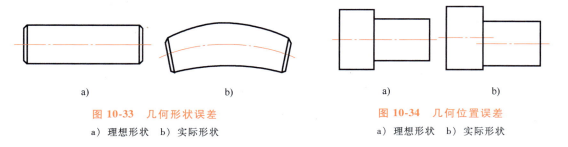

图 10-33　几何形状误差　　　　　　　　　　图 10-34　几何位置误差
a）理想形状　b）实际形状　　　　　　　　a）理想形状　b）实际形状

10.3.1　几何公差的相关概念

1. 几何要素

几何要素是指工件上的特定部位，如点、线或面。这些要素可以是组成要素（如圆柱体的外表面），也可以是导出要素（如中心线或中心面）。

（1）轮廓要素　零件外表轮廓上的点、线、面，即可触及的要素，如素线、顶点、球面、圆锥面、圆柱面等。

（2）中心要素　依附于轮廓要素而存在的点、线、面，如球心、轴线、中心线、对称面等。

（3）被测要素　给出几何公差要求的要素，是检测的对象。

（4）基准要素 用来确定被测要素几何关系的参照要素，应为理想要素。

（5）单一要素 按其功能要求而给出几何公差的被测要素，是独立的，与基准无关的要素。

（6）关联要素 相对基准要素有功能关系而给出相互位置公差要求的被测要素。

2. 几何公差的代号

国家标准规定用代号来标注几何公差。几何公差代号包括几何公差各项目的符号、公差框格及指引线、公差数值以及基准代号和其他有关符号等。

几何公差的几何特征和符号见表10-7。

表 10-7 几何公差的几何特征和符号

公差类型	几何特征	符号	基准	公差类型	几何特征	符号	基准
形状公差	直线度	—	无	方向公差	垂直度	⊥	有
	平面度	▱	无		倾斜度	∠	有
	圆度	○	无	位置公差	位置度	⊕	有或无
	圆柱度	⌀	无		同心（同轴）度	◎	有
	线轮廓度	⌒	无		对称度	=	有
	面轮廓度	⌓	无	跳动公差	圆跳动	↗	有
方向公差	平行度	∥	有		全跳动	⌰	有

3. 几何公差带及其形状

几何公差带是由公差值确定的，它是限制实际形状或实际位置变动的区域。公差带的形状有两平行直线、两等距曲线、两同心圆、一个圆、一个球、一个圆柱、两同轴圆柱、两平行平面、两等距曲面等，见表10-8。

表 10-8 几何公差带的形状

几何公差带形状	图例	几何公差带形状	图例
两平行直线		一个圆柱	
两等距曲线		两同轴圆柱	
两同心圆		两平行平面	
一个圆		两等距曲面	
一个球			

10.3.2　标注几何公差的方法

1. 公差框格

标注几何公差时，国家标准中规定应用框格标注。框格用细实线画出，可画成水平的或垂直的，框格高度 H 是图样中尺寸数字高度 h 的两倍，填写几何公差符号的第一个框格的长度一般取 H，其他框格的长度视需要而定。框格中的数字、字母、符号与图样中的数字等高，线条宽度 d 取 $h/10$。图 10-35 给出了形状和位置公差的框格形式。

2. 基准符号

方向公差和位置公差等需要标注被测要素基准。与被测要素相关的基准用一个大写字母表示，字母标注在基准方框内，与一个涂黑或空白的三角形相连以表示基准；表示基准的字母还应标注在公差框格内。图 10-36 所示为基准符号。

图 10-35　形状和位置公差的框格形式　　　　　图 10-36　基准符号

提示：按现行标准规定，O、I、J、M、L、P、E、F、R 这九个字母不能作为基准字母使用。原因是这些字母有的容易混淆、有的是表示几何公差的专用符号。比如：字母 O 容易与 0 混淆，字母 I、J 两者本身容易混淆，还容易与数字"1"混淆。而其他字母均属于几何公差的专用符号。其中，字母 M 表示最大实体要求、字母 L 为最小实体要求、字母 P 为延伸公差带要求、字母 E 表示包容要求、字母 F 表示非刚性零件自由状态条件、字母 R 表示可逆要求。

3. 被测要素的标注

用带箭头的指引线将被测要素与公差框格一端相连，指引线箭头指向公差带的宽度方向或直径方向。指引线箭头所指部位有下面几种情况。

1）当被测要素为整体轴线或公共中心平面时，指引线箭头可直接指在轴线或中心线上，如图 10-37a 所示。

2）当被测要素为轴线、球心或中心平面时，指引线箭头应与该要素的尺寸线对齐，如图 10-37b 所示。

3）当被测要素为线或表面时，指引线箭头应指要该要素的轮廓线或其引出线上，并应明显地与尺寸线错开，如图 10-37c 所示。

4. 基准要素的标注

1）当基准要素为素线或表面时，基准符号应靠近该要素的轮廓线或引出线标注，并应明显地与尺寸线箭头错开，如图 10-38a 所示。

2）当基准要素为实际平面时，基准三角形也可放置在该轮廓面引出线的水平线上，如图 10-38b 所示。

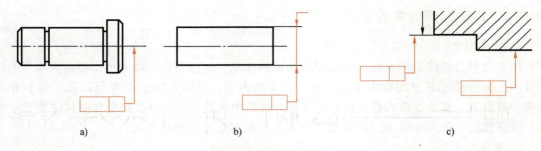

图 10-37　被测要素的标注

3）当基准是尺寸要素确定的轴线、中心平面或中心点时，基准三角形应放置在该尺寸线的延长线上。如果没有足够的位置标注基准要素尺寸的两个尺寸箭头，则其中一个箭头可用基准三角形代替，如图 10-38c 所示。

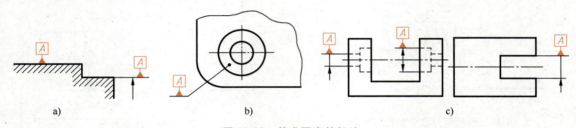

图 10-38　基准要素的标注

图 10-39 是在一张零件图上标注几何公差的实例。

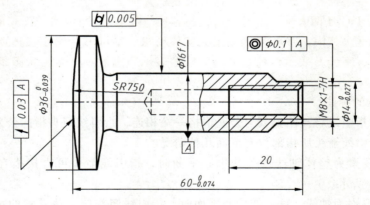

图 10-39　几何公差的标注实例

10.4　使用 AutoCAD 2024 绘制零件图实例

本节以虎钳中的钳座零件为例，讲述使用 AutoCAD 2024 绘制零件图的方法。

10.4.1　读懂零件图样

了解钳座的结构特点，钳座零件图如图 10-40 所示。

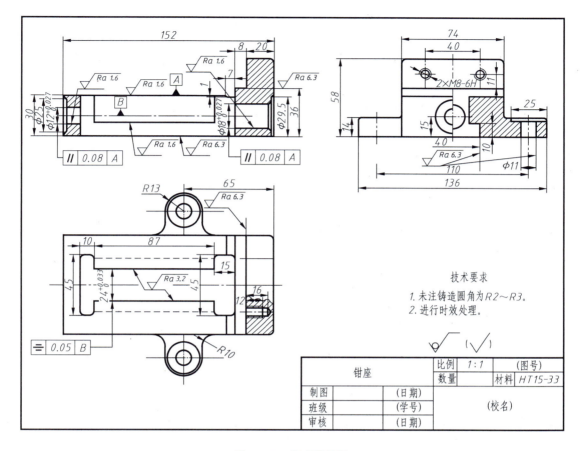

图 10-40　钳座零件图

10.4.2　设置绘图环境

1. 设置图形界限

按照图形所注尺寸，设置成 A3（420×297）大小的图形界限，横放。

命令：limits

重新设置模型空间界限：

指定左下角点或 ［开（ON）/关（OFF）］<0.0000,0.0000>:

指定右上角点 <420.0000,297.0000>:

执行 Zoom All 命令显示整幅图形。

2. 设置对象捕捉模式

绘图中使用最多的是【端点】【交点】【圆心】三种捕捉模式。在状态行上用鼠标右键单击对象捕捉按钮，在弹出的捕捉设置菜单中，选中【端点】【圆心】【交点】三个按钮，如图 10-41 所示。

3. 设置图层

如图 10-42 所示，设置图层。

图 10-41　设置捕捉

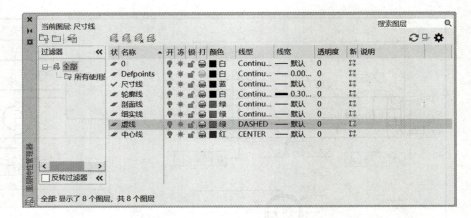

图 10-42　图层的设置

10.4.3　绘制零件图

1. 绘制基准线

在图面合适的位置，按照 1∶1 的比例绘制三个视图的辅助基准线（在中心线图层下绘制），如图 10-43 所示。

2. 绘制俯视图

俯视图有前后对称面，从俯视图入手，在粗实线图层下绘制三个视图。

1）将前后对称中心线向上依次偏移 37、22.5、20、12。

2）画右端面线，以右端面为边向左偏移 152，即钳座总长。

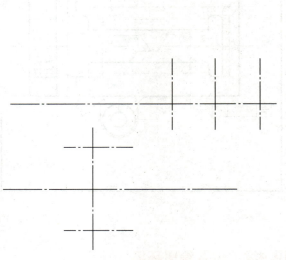

图 10-43　绘制绘图基准线

3）再向左依次偏移 20、8，以此为边偏移 7 和 15、87、10，然后进行必要的修剪，将水平偏移 20 的线段改为虚线，如图 10-44 所示。

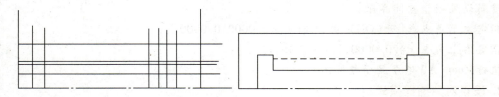

图 10-44　绘制俯视图（一）

4）画底座螺钉孔。根据尺寸 110 和 65 确定孔的位置，分别绘制直径为 $\phi 11$、$\phi 25$，半径为 $R13$ 的圆，倒圆半径为 $R10$。

5）再将中心线向上偏移 20，画出钳口铁螺钉中心孔轴线。

6）执行镜像命令，完成俯视草图，如图 10-45 所示。

3. 绘制主视图和左视图

1）主视图中将螺杆孔中心线两边偏移 15，画出底座轮廓线和上部工作表面轮廓线。以钳座底面为边向上偏移 58、36、10，对应俯视图画若干垂直线。

2）过左视图和俯视图对称中线的交点作一条构造线（-45°），利用构造线将俯视图与左视图的对应线条画出来，如图 10-46 所示。也可以将俯视图复制一份，并且逆时针旋转90°，然后利用对应关系绘制左视图。

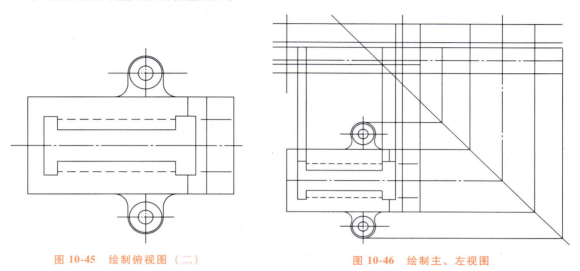

图 10-45　绘制俯视图（二）　　　　　　　图 10-46　绘制主、左视图

3）然后进行必要的修剪。完成三个视图的主要轮廓线，如图 10-47 所示。

4）画螺杆孔，螺钉孔，倒圆，倒角及一些细微部分图形。

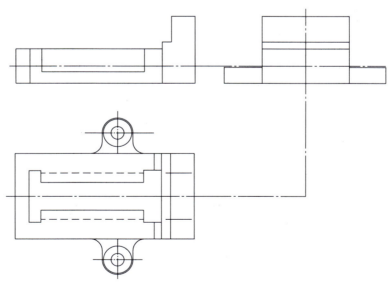

图 10-47　三视图的主要轮廓线

4. 作图案填充

在剖面线图层下作图案填充。

单击【绘图】面板中的【图案填充】按钮 ▨，打开【图案填充】选项卡，选择"AN-SI31"图案，单击拾取点按钮 ✛，在绘图区域拾取需填充的部位，然后单击【关闭图案填充创建按钮】 ✔，如图10-48所示。

图 10-48　图案填充

完成零件图的三个视图，如图10-49所示。

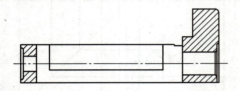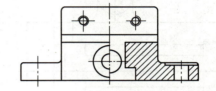

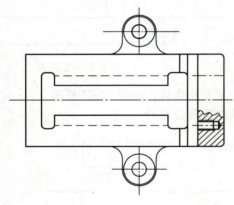

图 10-49　完成三视图

10. 4. 4　标注尺寸

1. 文字样式设定
单击【注释】面板上的【文字样式】按钮 A，按图10-50设置文字样式。

2. 标注样式设定
1）创建新样式，单击【注释】面板上的【标注样式】按钮 ，打开【标注样式管理器】对话框，创建样式名"线性尺寸"，如图10-51所示，单击 ⬚继续⬚ ，然后对【线性尺寸】样式进行具体设置。

2）尺寸线和尺寸界线设置，如图10-52所示。

3）符号和箭头设置，如图10-53所示。

4）文字设置，如图10-54所示。

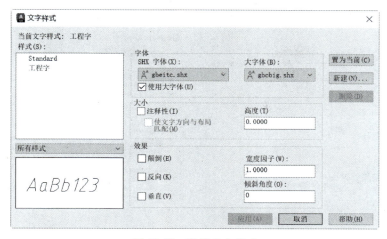

图 10-50　设置文字样式

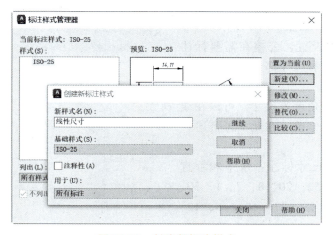

图 10-51　创建新标注样式

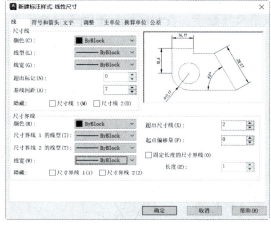

图 10-52　尺寸线和尺寸界线设置

图 10-53　符号和箭头设置

5）调整设置，如图 10-55 所示。

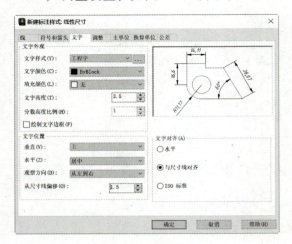

图 10-54　文字设置

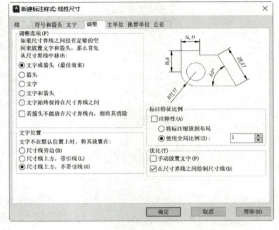

图 10-55　调整设置

6）主单位设置，如图 10-56 所示。

7）换算单位不设置，公差在需要标注时再设置；否则，所有尺寸都会带上相同的公差标注。

对于圆或圆弧、角度等尺寸，可以在线性尺寸设置的基础上修改，在此不再赘述。

3. 标注尺寸

1）首先作线性尺寸标注：水平和垂直尺寸标注，主视图 152、20、8、7、1、30、36 等，俯视图 65、15、87、10、45、12、16 等，左视图 74、40、11、14、58、15、10、25、110、136 等。

2）半径标注 $R13$、$R10$ 等。

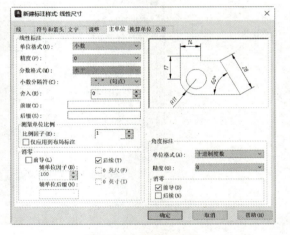

图 10-56　主单位设置

3）标注孔径，采用线性标注命令，既可以双击尺寸数字，在文字编辑器中增加符号 ϕ，也可以在【特性】中修改前缀，标注 $\phi25$、$\phi30$、$\phi11$ 等。

4）标注 $\phi12$ 和 $\phi18$ 带尺寸公差的螺杆孔，先用【线性标注】命令标注尺寸，在【特性】中修改前缀及公差。

10.4.5　标注技术要求

机械图样中的技术要求，主要包括表面粗糙度、几何公差以及用文字描述的内容，本节对这些内容在 Auto CAD 2024 中的标注方法做一下介绍。

1. 表面粗糙度的标注

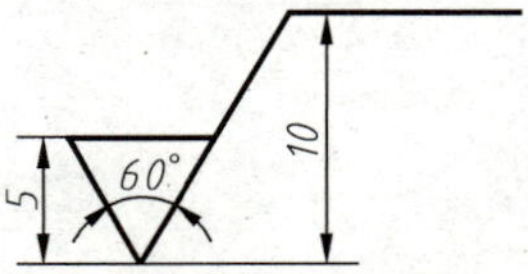

1）首先绘制如图 10-57 所示的图形，然后单击【块】面板上的定义属性按钮 （或通过执行菜单浏览器中【绘图】/【块】/【定义属性】），弹出【属性定义】对话框，按照

图 10-57　绘制构成块的图形

如图 10-58 所示内容设置好相关参数，然后单击按钮 确定 ，用鼠标选择合适的插入点将属性定位，如图 10-59 所示。

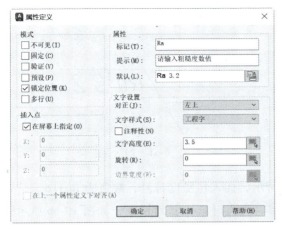

图 10-58　【属性定义】对话框

图 10-59　显示属性标记

2）单击创建块命令按钮 ，出现【块定义】对话框，如图 10-60 所示，在【名称】文本框中输入块名"粗糙度"，单击 确定 。

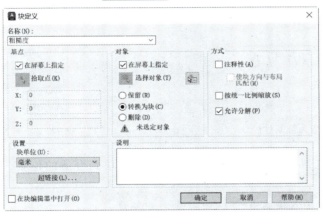

图 10-60　【块定义】对话框

3）选择插入点，如图 10-61 所示，选取构成块的对象时需要把图形和属性全部选中，如图 10-62 所示。

4）单击鼠标右键，弹出如图 10-63 所示的【编辑属性】对话框，在对话框中可以编辑属性值，单击 确定 按钮，这时一个带属性的块就已经定义好了，如图 10-64 所示。

图 10-61　基准点

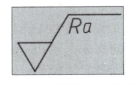

图 10-62　选择图形及属性

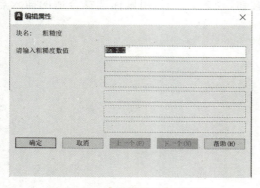

图 10-63　【编辑属性】对话框

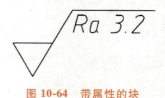

图 10-64　带属性的块

下面就插入这个带属性的块。如图 10-65 所示，插入粗糙度符号，数值为 $Ra1.6$。

单击【块】面板上的【插入】命令按钮，弹出【插入】对话框，如图 10-66 所示。

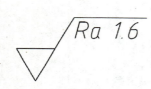

图 10-65　插入带属性的块

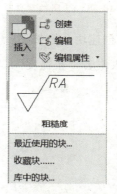

图 10-66　【插入】对话框

在【名称】下拉列表中选择"粗糙度"，拖动图块到合适的位置，修改粗糙度数值即可，命令行提示如下。

命令：_-INSERT 输入块名或[?]<粗糙度>：粗糙度

单位：毫米　转换：　　1.0000

指定插入点或[基点(B)/比例(S)/X/Y/Z/旋转(R)/分解(E)/重复(RE)]：_Scale 指定 XYZ 轴的比例因子<1>：1 指定插入点或[基点(B)/比例(S)/X/Y/Z/旋转(R)/分解(E)/重复(RE)]：_Rotate

指定旋转角度<0>：0

指定插入点或[基点(B)/比例(S)/X/Y/Z/旋转(R)/分解(E)/重复(RE)]：

2. 尺寸公差的标注

尺寸公差的标注分为只标注尺寸公差代号和标注极限偏差两种情况。对于前者，按照正常尺寸标注即可完成；对于极限偏差，例如 $\phi 18^{+0.027}_{0}$，可采用多种方式标注。

（1）通过编辑尺寸数值标注公差　可以在编辑尺寸数值的时候输入"%%c18+0.027^0"，然后选中"+0.027^0"，单击【堆叠】命令即可，如图 10-67 所示。

$$\varnothing 18 {\,}^{+0.027}_{0}$$

图 10-67　极限偏差的标注

（2）通过标注样式设置公差　在尺寸标注样式中新建一种标注样式，前面各参数设置和上面【线性尺寸】样式相同，在【公差】选项中设置成如图 10-68 所示。

在标注带极限偏差的尺寸时，采用该样式，则所有相关尺寸都带有相同的尺寸偏差数值，此时可通过右键菜单打开特性编辑窗口，手动修改不同的极限偏差数值即可，如图 10-69 所示。

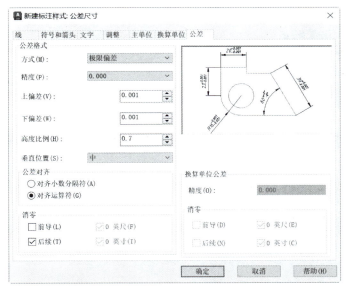

图 10-68　设置公差尺寸　　　　　　图 10-69　修改极限偏差

3. 几何公差的标注

1）绘制几何公差基准符号，如图 10-70 所示。

2）定义基准符号的属性，设置参数如图 10-71 所示。单击按钮 确定 ，然后设定好属性的插入点。

3）将带有属性的基准符号定义为块，单击【块】面板上的【创建块】命令按钮，出现【块定义】对话框，利用和前面创建粗糙度块相同的方式创建一个带有属性的"基准符号"图块。

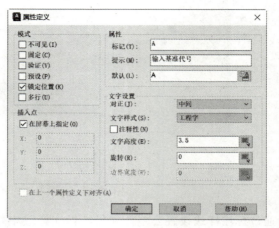

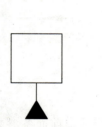

图10-70 基准符号

图10-71 属性定义

4）基准符号块的插入。单击【块】面板上的【插入】命令按钮，弹出【插入】对话框，利用和前面插入粗糙度块相同的方式可以插入一个带有属性的"基准符号"图块。

5）标注几何公差，键入如下命令。

命令：qleader ↙ （快速引线命令）

指定第一个引线点或[设置(S)]<设置>：↙

按<Enter>键后弹出窗口，引线设置如图10-72所示。

图10-72 引线设置

单击 确定 ，然后绘制引线，系统会自动弹出形位公差设置窗口，如图10-73所示。单击符号下面的方框，会弹出如图10-74所示的窗口，用来选择几何公差特征符号。

依次填入公差数值及基准字母，如图10-75所示，然后单击 确定 ，即可完成如图10-76所示的几何公差。

10.4.6 绘制图框及标题栏

1. 绘制图框

采用绝对坐标绘制矩形，与A3图纸大小相等。

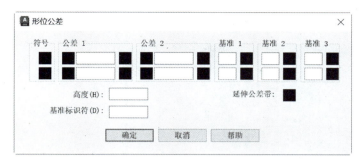

图 10-73　几何公差设置窗口（一）

图 10-74　几何公差设置窗口（二）

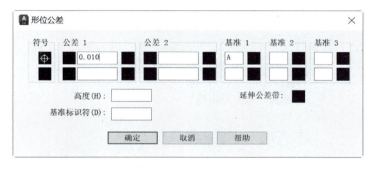

图 10-75　几何公差设置窗口（三）

图 10-76　几何公差示例

输入坐标（0，0），（420，297），画图纸幅面（细实线）；输入坐标（25，5），（415，292），画图框（粗实线）。

2. 绘制标题栏

按图 10-77 所示的尺寸绘制标题栏。将标题栏"移动"到图框的右下角，填写文字，定义属性（括号内为属性），如图 10-77 所示。

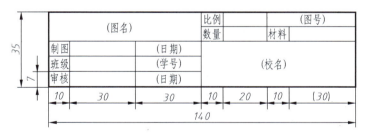

图 10-77　标题栏

3. 将图框及标题栏制作成块

命令：Wblock

打开写块命令对话框，如图 10-78 所示。拾取右下角点为插入点，拾取前面所绘图框和标题栏为块对象，保存到指定的目录。

需要使用的时候，可以单击【块】面板中的【插入】命令图标，用和前面一样的方式插入图框和标题栏块即可。

图 10-78 【写块】命令对话框

第 11 章

装 配 图

表达装配体（机器或部件）的图样，称为装配图。装配图是生产中重要的技术文件，它主要表达机器或部件的结构、形状、装配关系、工作原理和技术要求，同时，它还是安装、调试、操作、检修机器和部件的重要依据。

【本章重点】

- 装配图的表达方法
- 装配图的尺寸标注
- 装配图的技术要求
- 装配图的序号和标题栏
- 绘制装配图
- 读装配图
- 由装配图拆画零件图
- 使用 AutoCAD 2024 绘制装配图

11.1 装配图的基本概念

11.1.1 装配图的作用

机器和部件都是由若干个零件按一定装配关系和技术要求装配起来的，表达产品及其组成部分的连接装配关系的图样称为装配图。装配图表示装配体的基本结构、各零件相对位置、装配关系和工作原理。在设计机器或部件的过程中，一般先根据设计思想画出装配示意图，再根据装配示意图画出装配图，最后根据装配图画出零件图（即拆图）。

在使用产品时，装配图又是了解产品结构和进行调试、维修的主要依据。此外，装配图也是进行科学研究和技术交流的工具。因此，装配图是生产中的主要技术文件。

11.1.2 装配图的内容

以图 11-1、图 11-2 所示球阀为例，来分析一下装配图的内容。

从图 11-1 中可以看出一张完整的装配图应具有以下几方面的内容。

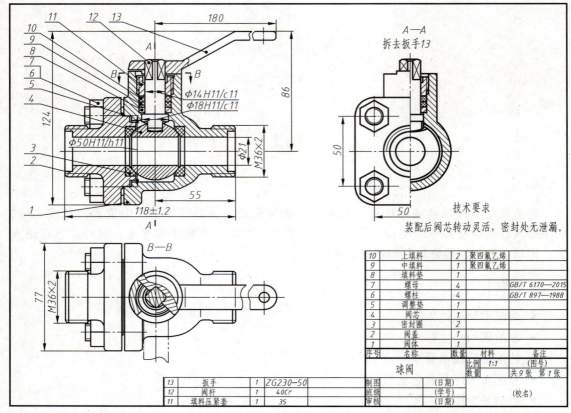

图 11-1　球阀装配图

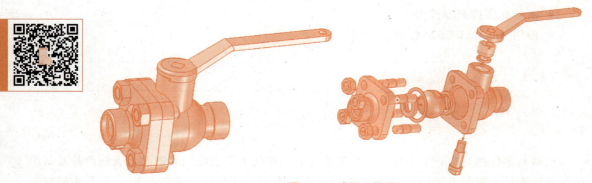

图 11-2　球阀立体图

1. 一组视图

表示各零件间的相对位置关系、相互连接方式和装配关系，表达主要零件的结构特征以及机器或部件的工作原理。

如图 11-1 所示，球阀的主视图采用全剖视图，表达球阀的主要工作位置、主要零件的装配关系，以及外形尺寸；左视图采用半剖视图，反映球阀的部分内部结构、部分外形以及安装孔的相对位置；俯视图反映了球阀的部分外形。

2. 必要的尺寸

表示机器或部件的规格性能、装配、安装尺寸，总体尺寸和一些重要尺寸。

3. 技术要求

用符号或文字说明装配、检验时必须满足的条件。

4. 零件序号、明细栏和标题栏

注明零件的序号、名称、数量和材料等有关事项。

11.2 装配图的表达方法

前面介绍的零件的各种表达方法，如视图、剖视图、断面图、局部放大图等，同样适用于装配图。但由于装配图和零件图的表达重点不同，因此，装配图还有一些规定画法和特殊表达方法。

11.2.1 装配图的规定画法

1）两相邻零件的接触面和配合面只画一条线。相邻两零件不接触或不配合的表面，即使间隙很小，也必须画两条线。如图 11-3 中轴和孔的配合面、两个被连接件的接触面均画一条线；图中螺杆和孔之间是非接触面应画两条线。图 11-4 是常见轴上密封结构的画法，通过该图可以清楚地看出各零件表面位置关系。

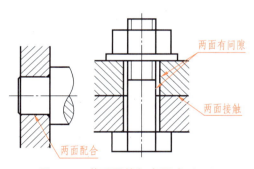

图 11-3 装配图的规定画法（一）

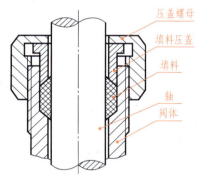

图 11-4 装配图的规定画法（二）

2）相邻两零件的剖面线方向一般应相反，当三个零件相邻时，若有两个零件的剖面线方向一致，则间隔应不相等，剖面线尽量相互错开，装配图中同一零件在不同剖视图中的剖面线方向应一致、间隔相等。

3）当剖切平面通过螺纹紧固件以及实心轴、手柄、连杆、球、销、键等零件的轴线时，均按不剖绘制，如图 11-5 中的轴和螺钉。用局部剖表明这些零件上的局部构造，如凹槽、键槽、销孔等，如图 11-5 中的键连接。狭窄剖面一般采用涂黑的方式表达，如图 11-5 中的垫片。

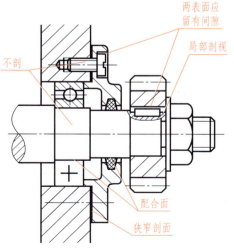

图 11-5 装配图的规定画法（三）

11. 2. 2 装配图的特殊表达方法

装配图的表达与零件图的表达方法基本相同，但机器或部件是由若干个零件组装而成，装配图表达的重点在于反映机器或部件的工作原理、零件间的装配连接关系和主要零件的结构特征，所以装配图还有一些特殊的表达方法。

1. 沿结合面剖切

绘制装配图时，根据需要可沿某些零件的结合面选取剖切平面，这时在结合面上不应画出剖面线，但被横向剖切的螺钉和定位销等应画剖面线。同时，在装配图中，为表达某个零件的形状，可另外单独画出该零件的形状。如图 11-6 所示，沿端盖与泵体结合面剖切的 A—A 剖视图，即相当于拆去端盖零件后的投影，结合面上不画剖面符号，被剖切到的螺栓、销则画出剖面线。

2. 拆卸画法

在装配图中，当某个或几个零件遮住了需要表达的其他结构或装配关系，而该结构在其他视图中已表示清楚时，可假想将其拆去，只画出所要表达的部分视图，此时应在该视图的上方加注"拆去××等"，这种画法称为拆卸画法，如图 11-1 中的左视图。

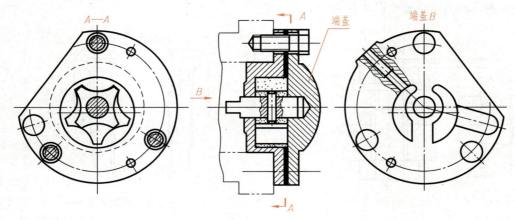

图 11-6　转子泵端盖的画法

3. 假想画法

当需要表达运动零件的运动范围或极限位置时，可将运动件画在一个极限位置或中间位置上，另一个极限位置用双点画线画出。如图 11-7a 中的手柄，其双点画线表示运动部位的左侧极限位置。当需要表达装配体与相邻机件的装配连接关系时，可用双点画线表示出相邻机件的外形轮廓，如图 11-7b 中双点画线所示的零件。

4. 简化画法

在装配图中，对零件的工艺结构如圆角、倒角和退刀槽等允许省略不画。对于螺纹连接件等若干相同零件组，允许详细地画出一处或几处，其余则以中心线或轴线表示其位置。滚动轴承也可采用简化画法，如图 11-8 所示。

5. 展开画法

在装配图中，为了表达传动机构的传动路线和装配关系，可以假想沿传动路线上各轴线顺序剖切，然后展开在一个平面上，画出其剖视图，如图 11-9 所示。

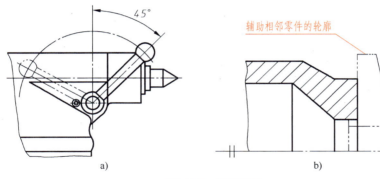

图 11-7　假想画法

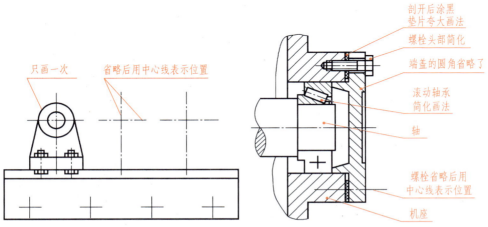

图 11-8　简化画法

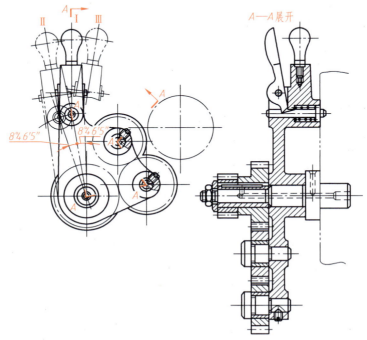

图 11-9　展开画法

6. 夸大画法

对于装配图中较小的间隙、垫片和弹簧等细小部位，允许将其涂黑代替剖面符号或适当加大尺寸画出，如图11-8中的垫片，图11-9中的弹簧。

11.3　画装配图的方法和步骤

11.3.1　装配体的分析

要正确地表达一个装配体，必须首先了解和分析机器或部件的工作原理、用途、性能、结构特点以及零件间的装配关系，了解零件间的相对位置和拆卸方法等。可以通过观察实物、阅读有关技术资料和类似产品图样以及向有关人员学习和了解等方式来进行。

例如，图11-10所示为滑动轴承装配图，滑动轴承是支撑传动轴的一个部件，轴在轴瓦内旋转。轴瓦由上、下两块组成，分别嵌在轴承盖和轴承座上，座和盖用一对螺栓和螺母连接在一起。为了可以用加垫片的方法来调整轴瓦和轴配合的松紧，轴承座和轴承盖之间应留有一定的间隙。图11-11所示为滑动轴承的分解轴测图。

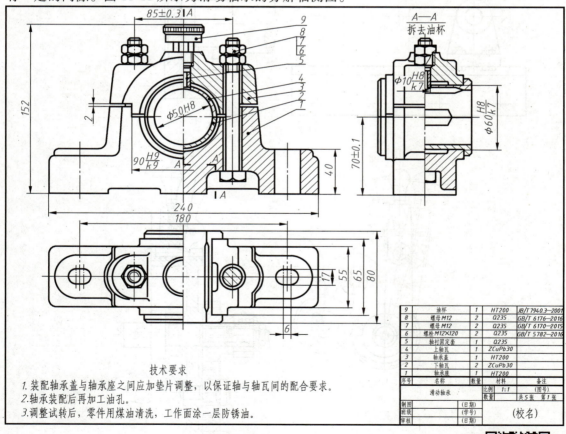

9	油杯	1	HT200	JB/T 7940.3—2001
8	螺母 M12	2	Q235	GB/T 6176—2016
7	螺母 M12	2	Q235	GB/T 6170—2015
6	螺栓 M12×120	2	Q235	GB/T 5782—2016
5	轴衬固定套	1	Q235	
4	上轴瓦	1	ZCuPb30	
3	轴承盖	1	HT200	
2	下轴瓦	2	ZCuPb30	
1	轴承座	1	HT200	
序号	名称	数量	材料	备注

滑动轴承	比例	1:1	(图号)
	数量		共5张 第1张

制图		(日期)	
班级		(学号)	(校名)
审核		(日期)	

技术要求

1. 装配轴承盖与轴承座之间应加垫片调整，以保证轴与轴瓦间的配合要求。
2. 轴承装配后再加工油孔。
3. 调整试转后，零件用煤油清洗，工作面涂一层防锈油。

图11-10　滑动轴承装配图

图 11-11　滑动轴承的分解轴测图

11.3.2　拆卸部件并画装配示意图

在了解部件的基础上，再对部件进行拆卸。拆卸前，可以先测量一些重要尺寸，如部件总体尺寸、零件间的相对位置尺寸、极限尺寸、装配间隙等，以便校对图样和装配部件，并要清楚地了解拆卸顺序。

在拆卸过程中，要画出装配示意图，如图 11-12 所示，装配示意图是画装配图的依据，并可根据它将拆散的零件重新装上。装配示意图的画法没有严格的规定，一般用简单的线条画出零件的大致轮廓，并用机构运动简图符号将装配体的结构特征、零件间的相对位置、传动路线、装配连接关系表达出来。将部件当作透明体来画，装配示意图画好后，对每个零件进行编号，并注写零件名称和数量。

拆卸时，要注意按顺序拆卸，对不可拆卸的一些连接（焊接或铆接）、过盈配合的零件或精度较高的配合部分，尽量不拆。拆卸零件要用相应的工具，保证顺利拆下，对精密的零件，不要重敲，以免损坏零件。要爱护零件，拆卸后要逐一编号，妥善保管，避免碰坏、生锈和丢失。

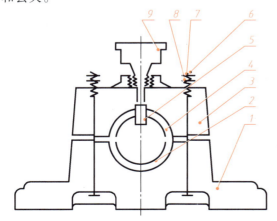

序号	名称	数量	材料
1	轴承座	1	HT200
2	下轴瓦	1	ZCuPb30
3	轴承盖	1	HT200
4	上轴瓦	1	ZCuPb30
5	轴衬固定套	1	Q235
6	螺栓M12×120 GB/T 5782—2016	2	Q235
7	螺母M12 GB/T 6170—2015	2	Q235
8	螺母M12 GB/T 6176—2016	2	Q235
9	油杯12 JB/T 7940.3—2001	1	HT200

图 11-12　齿轮油泵的装配示意图及其零件明细栏

11.3.3　画零件草图

把拆下的零件逐个地徒手画出其零件草图。对于一些标准零件，如螺栓、螺钉、螺母、垫圈、键、销等可以不画，但需确定它们的规定标记。

画零件草图时应注意以下三点。

1）对于零件草图的绘制，除了图线是用徒手完成的外，其他方面的要求均和画正式的零件工作图一样。

2）零件的视图选择和安排，应尽可能地考虑到画装配图的方便。

3）零件间有配合、连接和定位等关系的尺寸，在相关零件上应注的相同。

11.3.4　画装配图

根据装配体各组成件的零件草图和装配示意图就可以画出装配图。

1. 拟定表达方案

表达方案应包括选择主视图、确定视图数量和各视图的表达方法。

（1）选择主视图　一般按装配体的工作位置选择，并使主视图能够反映装配体的工作原理、主要装配关系和主要结构特征。如图 11-11 所示的滑动轴承，因其正面能反映其主要结构特征和装配关系，故选择正面作为主视图，又由于该轴承内部结构相对复杂，故画成半剖视图。

（2）确定视图数量和表达方法　主视图选定之后，一般地，只能把装配体的工作原理、主要装配关系和主要结构特征表示出来，但是，只靠一个视图是不能把所有的情况全部表达清楚的。因此，就需要有其他视图来进行辅助表达，应遵循的原则是在保证清楚表达的前提下尽量采用简单的方法。

图 11-10 所示滑动轴承的俯视图采用了半剖视图，左边表示了轴承顶面的外部结构形状。为了更清楚地表示下轴瓦和轴承座之间的接触情况，以及下轴瓦的油槽形状，在俯视图右边采用了拆卸剖视。在左视图中，由于该图形亦是对称的，故采用半剖视图。这样既完善了对上轴瓦和轴承盖及下轴瓦和轴承座之间装配关系的表达，也兼顾了轴承侧向外形的表达。又由于油杯是属于标准件，在主视图中已有表示，故在左视图中予以拆掉不画。

2. 画装配图的步骤

1）根据所确定的视图数目、图形的大小和采用的比例，选定图幅，并在图纸上进行布局。在布局时，应留出标注尺寸、编注零件序号、书写技术要求、画标题栏和明细栏的位置。

2）画出图框、标题栏和明细栏。

3）画出各视图的主要中心线、轴线、对称线及基准线等，如图 11-13a 所示。

4）画出各视图主要部分的轮廓图线，如图 11-13b 所示。一般先从主视图开始。如果是画剖视图，则应从内向外画。如果画的是外形视图，一般则是从大的或主要的零件着手。

5）画次要零件、小零件及各部分的局部结构，如图 11-13c 所示。

6）加深并画剖面线。在画剖面线时，主要的剖视图可以先画。最好画完一个零件所有的剖面线，然后再开始画另外一个，以免剖面线方向的错误。

7）注出必要的尺寸；编注零件序号，并填写明细栏和标题栏；填写技术要求等。仔细检查全图并签名，完成全图，如图 11-10 所示。

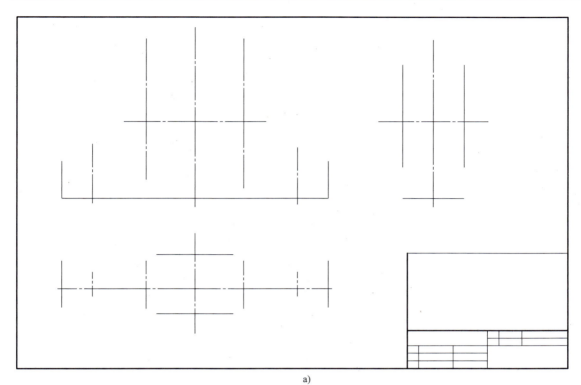

a)

b)

图 11-13 画装配图的步骤

a）绘制基准线　b）绘制主要轮廓线

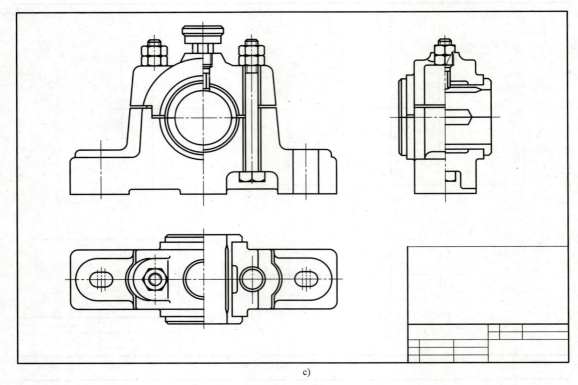

c)

图 11-13　画装配图的步骤（续）

c）绘制局部结构

注：装配图的标注在下节讲述。

11.4　装配图的尺寸标注和技术要求

11.4.1　尺寸标注

装配图的作用不同于零件图，它不是用来制造零件的依据，所以在装配图中不需注出每个零件的全部尺寸，而只需标注出一些必要的尺寸，这些尺寸按其作用不同，可分为以下几类。

1. 性能尺寸

性能尺寸是表示产品或部件的性能、规格的重要尺寸，是设计机器、了解和使用机器的重要参数。如图 11-10 中轴承孔直径 $\phi50H8$，它反映了轴承的直径大小。

2. 装配尺寸

装配尺寸包括零件间有配合关系的配合尺寸，表示零件间相对位置关系的尺寸和装配需要加工的尺寸。如图 11-10 中的装配尺寸为 90H9/k9、$\phi60H8/k7$ 和中心高 70。

3. 安装尺寸

安装尺寸是将机器安装在基础上或将部件装配在机器上所使用的尺寸，如图 11-10 中轴承座底板上的安装尺寸为 180、6、底座尺寸 240、55 等。

4. 外形尺寸

外形尺寸是机器或部件的外形轮廓尺寸，即总长、总宽和总高，它是机器在包装、运输、安装和厂房设计所需要的尺寸。如图 11-10 中的 240、152、80。

5. 其他重要尺寸

其他重要尺寸包括在设计中经过计算而确定的尺寸，以及主要零件的主要尺寸，如图 11-10 中滑动轴承上的中心高 70。

以上几类尺寸，并不是在每张装配图上都要全部注出。有时一个尺寸可能有几种含义，故对装配图的尺寸要作具体分析后再进行标注。

11.4.2 装配图中的技术要求

由于机器或部件的性能、用途各不相同，其技术要求也不相同，在确定装配图的技术要求时，应从以下三个方面考虑。

（1）装配要求　指装配时的调整要求，装配过程中的注意事项以及装配后要达到的技术要求。

（2）检验要求　指对机器或部件基本性能的检验、试验、验收方法的说明。

（3）使用要求　对机器或部件的性能、维护、保养、使用注意事项的说明。

装配图的技术要求一般用文字写在明细栏上方或图纸下方的空白处。若技术要求过多，可另编技术文件，在装配图上只注出技术文件的文件号。

11.5 装配图中的序号、明细栏和标题栏

为了便于读图、管理图样和组织生产，必须对装配图中的所有零部件进行编号，列出零件的明细栏，并按编号在明细栏中填写该零部件的名称、数量和材料等。

11.5.1 零部件序号

1）装配图中所有的零部件都必须编写序号。相同的多个零部件应采用一个序号，一个序号在图中只标注一次，图中零、部件的序号应与明细栏中零部件的序号一致。

2）序号应注写在指引线一端用细实线绘制的水平线上方、圆内或在指引线端部附近，序号字高要比图中尺寸数字大一号或两号，如图 11-14a 所示。序号编写时应按水平或垂直方向排列整齐，并按顺时针或逆时针方向顺序编号，如图 11-10 所示。

3）指引线用细实线绘制，应自所指零件的可见轮廓内引出，并在其末端画一圆点，如图 11-14a 所示，若所指的部分不宜画圆点，如很薄的零件或涂黑的剖面等，可在指引线的末端画出箭头，并指向该部分的轮廓，如图 11-14b 所示。

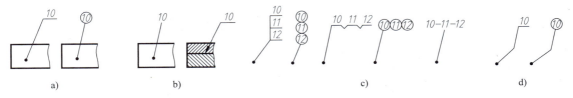

图 11-14　序号的编写形式

4）如果是一组紧固件，以及装配关系清楚的零件组，可以采用公共指引线，如图 11-14c 所示。

5）指引线应尽可能分布均匀且不要彼此相交，也不要过长。指引线通过有剖面线的区域时，要尽量不与剖面线平行，必要时可画成折线，但只允许折一次，如图 11-14d 所示。

提示：为了使全图的零部件序号布置得美观整齐，无重复和遗漏，应先按一定位置画好横线、竖线或圆，然后再与零部件对应画出指引线，再书写序号。

11.5.2 明细栏和标题栏

明细栏是装配图中全部零部件的详细目录，具体内容和格式需按国家标准《技术制图 明细栏》GB/T 10609.2—2009 的规定绘制，如图 11-15 所示。

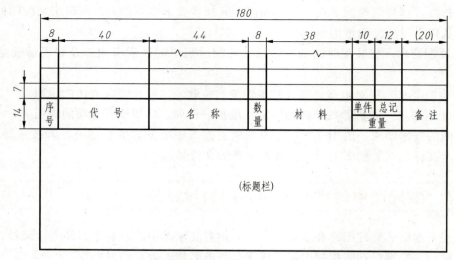

图 11-15 装配图明细栏的格式

1. 明细栏的基本要求

在装配图中，明细栏一般配置在标题栏上方，栏内零部件序号自下而上按递增顺序填写，明细栏的格数应根据需要而定。当由下而上延伸其位置不够时，明细栏可在标题栏的左边由下向上延续。明细栏中所填零部件的编号应与装配图中所编零件的序号一致。

2. 明细栏的格式和内容

明细栏一般由序号、代号、名称、数量、材料、重量（单件、总计）、备注等内容组成，也可按实际需要增减项目内容。

3. 明细栏主要内容的填写

（1）序号　填写图样中相应组成部分的序号。

（2）代号　填写图样中相应组成部分的图样代号和标准号，如 GB/T 119.1—2000。

（3）名称　填写图样中相应组成部分的名称，必要时也可填写其他型式和尺寸，如销 6×26。

（4）数量　填写图样中相应组成部分在装配图中所需的数量。

（5）材料　填写图样中相应组成部分的材料标记，如 45。

（6）重量　填写图样中相应组成部分单件和总件数的重量。如以千克为计量单位时，允许省略单位名称。

（7）备注　填写必要的附加说明或其他有关的重要内容，如齿轮的齿数、模数等常用件的参数。

在学校学习期间可采用简化的标题栏和明细栏，如图 11-16 所示。

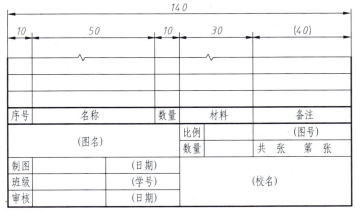

图 11-16　装配图标题栏和明细栏的简化格式

说明：明细栏最上方一条横线一般应画成细实线，以方便添加。

11.6　常见装配结构简介

在机器或部件的设计中，应该考虑装配结构的合理性，以保证机器或部件的工作性能可靠，安装和维修方便。下面介绍几种常见的装配工艺结构。

11.6.1　接触面与配合面的结构

两零件在同一方向上一般只应有一个接触面，既保证了零件接触良好又降低了加工要求，还可以避免出现过定位，否则就会给加工和装配带来困难，如图 11-17 所示。

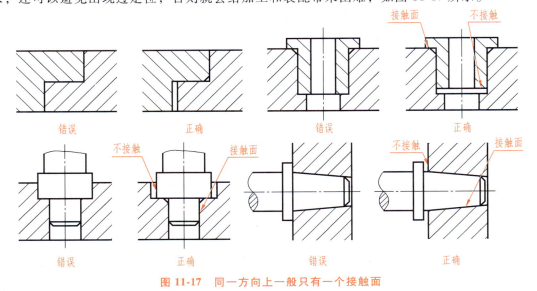

图 11-17　同一方向上一般只有一个接触面

11.6.2　接触面转角处的结构

两配合零件在转角处不应设计成相同的尖角或圆角，否则既影响接触面之间的良好接触，又不易加工，如图11-18所示。

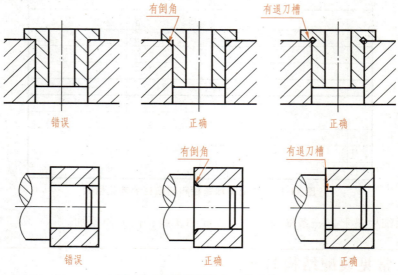

图 11-18　接触面转角处的结构

11.6.3　密封结构

在一些机器或部件中，一般对外露的旋转轴和管路接口等，常需要采用密封装置，以防止机器内部的液体或气体外流，也防止灰尘等进入机器。

图11-19a为泵和阀上的常见密封结构。填料密封通常用浸油的石棉绳或橡胶作填料，拧紧压盖螺母，通过填料压盖可将填料压紧，起到密封作用。图11-19b为管道中管接口的常见密封结构，采用O型密封圈密封。图11-19c为滚动轴承的常见密封结构，采用毡圈密封。

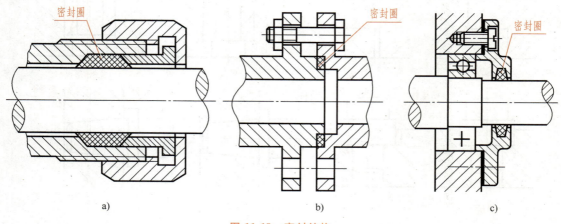

图 11-19　密封结构

各种密封方法所用的零件，有些已经标准化，其尺寸要从有关手册中查取，如毡圈密封中的毡圈。

11.6.4 安装与拆卸结构

1）在滚动轴承的装配结构中，与轴承内圈结合的轴肩直径及与轴承外圈结合的孔径尺寸应设计合理，以便于轴承的拆卸，如图 11-20 所示。

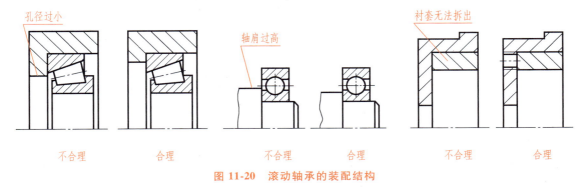

图 11-20 滚动轴承的装配结构

2）螺栓和螺钉连接时，孔的位置与箱壁之间应留有足够空间，以保证安装的可能和方便，如图 11-21 所示。

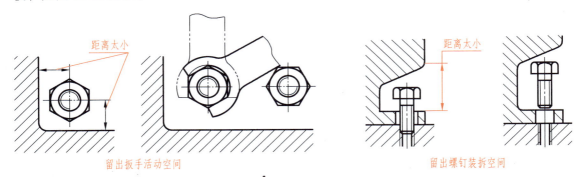

图 11-21 螺栓、螺钉连接的装配结构

3）销定位时，在可能的情况下应将销孔做成通孔，以便于拆卸，如图 11-22 所示。

11.6.5 零件在轴向的定位结构

装在轴上的滚动轴承及齿轮等一般都要有轴向定位结构，以保证能在轴线方向不产生移动。如图 11-23 所示，轴上的滚动轴承及齿轮是靠轴的台肩来定位，齿轮的一端用螺母、垫圈来压紧，垫圈与轴肩的台阶面间应留有间隙，以便压紧。

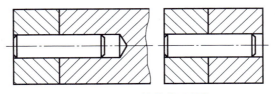

图 11-22 定位销的装配结构

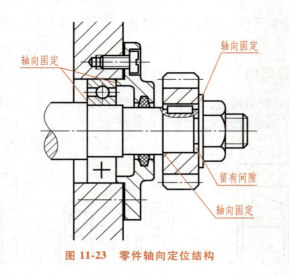

轴向固定　　　　轴向固定　　　　留有间隙　　　　轴向固定

图 11-23　零件轴向定位结构

🖊 11.7　装配图的读图

在设计和生产实际工作中，经常要阅读装配图。例如，在设计过程中，要按照装配图来设计和绘制零件图；在安装机器及其部件时，要按照装配图来装配零件和部件；在技术学习或技术交流时，则要参阅有关装配图才能了解、研究一些工程、技术等有关问题。

11.7.1　读装配图的一般要求

1）了解装配体的作用、性能和工作原理。
2）弄清各零件间的装配关系和装拆次序。
3）看懂各零件的主要结构形状和作用等。
4）了解技术要求中的各项内容。

11.7.2　读装配图的方法和步骤

现以图 11-24 所示齿轮油泵装配图为例来说明读装配图的方法和步骤。

1. 概括了解装配图的内容

1）从标题栏中可以了解装配体的名称、大致用途及图的比例等。
2）从零件编号及明细栏中，可以了解零件的名称、数量及在装配体中的位置。
3）分析视图，了解各视图、剖视、断面等相互间的投影关系及表达意图。

在图 11-24 的标题栏中，注明了该装配体是齿轮油泵，由此可以知道它是一种供油装置，共由十种零件组成。从图的比例为 1∶1，可以对该装配体体形的大小有一个印象。

在装配图中，主视图采用 A—A 剖视，表达了齿轮泵的装配关系。左视图沿左泵盖与泵体结合面剖开，并采用了半剖视，表达了一对齿轮的啮合情况及进出口油路。由于油泵在此方向内、外结构形状对称，故此视图采用了一半拆卸剖视和一半外形视图的表达方法。俯视图是齿轮油泵顶视方向的外形视图，因其前后对称，为使图纸合理利用和整个图面布局合理，故只画了略大于一半的图形。

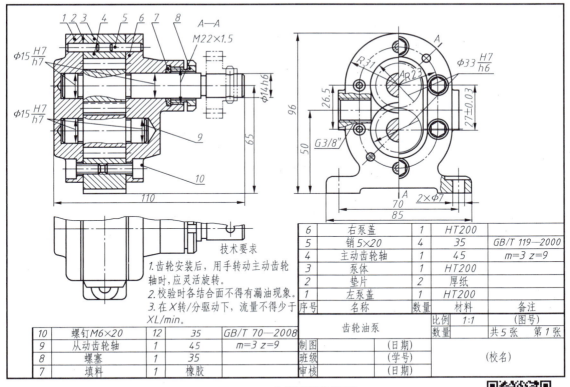

图 11-24 齿轮油泵装配图

2. 分析工作原理及传动关系

分析装配体的工作原理，一般应从传动关系入手，分析视图及参考说明书进行了解。例如齿轮油泵，当外部动力经齿轮传至件 4 主动齿轮轴时，即产生旋转运动。当主动齿轮轴按逆时针方向（从主视图观察）旋转时，件 9 从动齿轮轴则按顺时针方向旋转（见图 11-25）。此时右边啮合的轮齿逐步分开，空腔体积逐渐扩大，油压降低，因而油

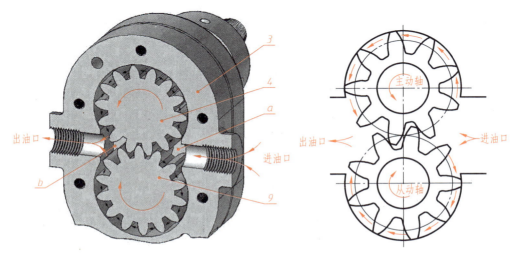

图 11-25 齿轮油泵工作原理图

池中的油在大气压力的作用下，沿吸油口进入泵腔中。齿槽中的油随着齿轮的继续旋转被带到左边；而左边的各对轮齿又重新啮合，空腔体积缩小，使齿槽中不断挤出的油成为高压油，并由压油口压出，然后经管道被输送到需要供油的部位。

3. 分析零件间的装配关系及装配体的结构

这是读装配图进一步深入的阶段，需要把零件间的装配关系和装配体结构搞清楚。齿轮油泵主要有两条装配线：一条是主动齿轮轴系统，它是由件4主动齿轮轴装在件3泵体和件1左泵盖及件6右泵盖的轴孔内，在主动齿轮轴右边伸出端，装有件7填料及件8螺塞等；另一条是从动齿轮轴系统，件9从动齿轮轴也是装在件3泵体和件1左泵盖及件6右泵盖的轴孔内，与主动齿轮啮合在一起。

对于齿轮油泵的结构可分析下列内容。

（1）连接和固定方式　在齿轮油泵中，件1左泵盖和件6右泵盖都是靠件10内六角螺钉与件3泵体连接，并用件5销来定位。件7填料是由件8螺塞将其拧压在右泵盖的相应的孔槽内。两齿轮轴向定位，是靠两泵盖端面分别与齿轮两端面接触。

（2）配合关系　凡是配合的零件，都要弄清基准制、配合种类、公差等级等，这可由图上所标注的公差与配合代号来判别。如两齿轮轴与两泵盖轴孔的配合均为$\phi15H7/h7$，两齿轮与两齿轮腔的配合均为$\phi33H7/h6$。它们都是间隙配合，都可以在相应的孔中转动。

（3）密封装置　泵、阀之类的部件，为了防止液体或气体泄漏以及灰尘进入内部，一般都有密封装置。在齿轮油泵中，主动齿轮轴伸出端有填料及压填料的螺塞；两泵盖与泵体接触面间放有件2垫片，它们都是防止油液泄漏的密封装置。

（4）方便装拆　装配体在结构设计上都应有利于各零件能按一定的顺序进行装拆。齿轮油泵的拆卸顺序是：先拧下左、右泵盖上各六个螺钉，两泵盖、泵体和垫片即可分开；把螺塞从右泵盖上拧下，再从泵体中抽出两齿轮轴。对于销和填料可不必从泵盖上取下，如果需要重新装配上，可按拆卸的相反次序进行。

4. 分析零件，看懂零件的结构形状

分析零件，首先要会正确地区分零件。区分零件主要是依靠不同方向和不同间隔的剖面线，以及各视图之间的投影关系进行判别。零件区分出来之后，便要分析零件的结构形状和功用。分析时一般从主要零件开始，再看次要零件。例如分析齿轮油泵件3的结构形状时，首先从标注序号的主视图中找到件3，并确定该件的视图范围；然后用对线条找投影关系，以及根据同一零件在各个视图中剖面线应相同这一原则来确定该件在俯视图和左视图中的投影，这样就可以根据从装配图中分离出来的属于该件的三个投影进行分析，想象出它的结构形状。齿轮油泵的两泵盖与泵体装在一起，将两齿轮密封在泵腔内；同时对两齿轮轴起着支承作用。所以需要用圆柱销来定位，以便保证左泵盖上的轴孔与右泵盖上的轴孔能够很好地对中。

5. 总结归纳

想象出整个装配体的结构形状，图11-26为齿轮油泵立体图。

以上所述是读装配图的一般方法和步骤，事实上有些步骤不能截然分开，而要交替进行。再者，读图总有一个具体的重点目的，在读图过程中应该围绕着这个重点目的去分析、研究。只要这个重点目的能够达到，那就可以不拘一格，灵活地解决问题。

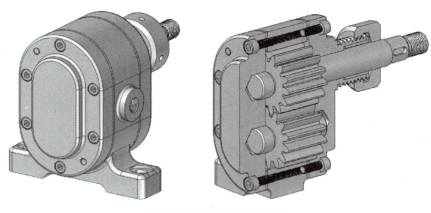

图 11-26　齿轮油泵立体图

11.8　由装配图拆画零件图

在设计过程中，先是画出装配图，然后再根据装配图画出零件图。所以，由装配图拆画零件图是设计工作中的一个重要环节。

拆图前必须认真读懂装配图。一般情况下，主要零件的结构形状在装配图上已表达清楚，而且主要零件的形状和尺寸还会影响其他零件，因此，可以从拆画主要零件开始。对于一些标准零件，只需要确定其规定标记，可以不拆画零件图。

在拆画零件图的过程中，要注意处理好下列几个问题。

11.8.1　对于视图的处理

装配图的视图选择方案，主要是从表达装配体的装配关系和整个工作原理来考虑的；而零件图的视图选择，则主要是从表达零件的结构形状这一特点来考虑。由于表达的出发点和主要要求不同，所以在选择视图方案时，就不应强求与装配图一致，即零件图不能简单地照抄装配图上对于该零件的视图数量和表达方法，而应该重新确定零件图的视图选择和表达方案。

11.8.2　零件结构形状的处理

在装配图中对零件上某些局部结构可能表达不完全，而且对一些工艺标准结构还允许省略（如圆角、倒角、退刀槽、砂轮越程槽等）。但在画零件图时均应补画清楚，不可省略。

11.8.3　零件图上的尺寸处理

拆画零件时应按零件图的要求注全尺寸。

1）装配图已注的尺寸，在有关的零件图上应直接注出。对于配合尺寸，一般应注出偏差数值。

2）对于一些工艺结构，如圆角、倒角、退刀槽、砂轮越程槽、螺栓通孔等，应尽量选用标准结构，查有关标准尺寸标注。

3）对于与标准件相连接的有关结构尺寸，如螺孔、销孔等的直径，要从相应的标准中查取注入图中。

4）有的零件的某些尺寸需要根据装配图所给的数据进行计算才能得到（如齿轮分度圆、齿顶圆直径等），应进行计算后注入图中。

5）一般尺寸均按装配图的图形大小、图的比例，直接量取注出。

应该特别注意，配合零件的相关尺寸不可互相矛盾。

11.8.4　对于零件图中技术要求等的处理

零件图上零件的表面结构数值、几何公差、材料、热处理和其他技术要求，可根据零件的功能、加工方法、检验要求、装配关系和装配图上提出的有关要求，或查阅标准参考有关设计资料来确定。

1）在零件图上要注写表面结构代号和数值。一般情况下，有相对运动或配合要求的表面，表面结构数值应小些。对有密封、耐蚀、装饰要求的表面，表面结构数值也应小些。静止的表面或自由表面的表面结构数值应大些。

2）有配合要求的表面，要注出相应的尺寸公差带代号或极限偏差数值。

3）书写制造、装配、检验、使用和维修等技术要求。

4）零件的材料可从装配图的明细栏中查找。

最后检查零件图是否已经画全，对所拆画的零件图进行仔细校核。校核时注意每张零件图的视图、尺寸、表面结构和其他技术要求是否完整、正确、合理，有装配关系的尺寸是否协调，零件的名称、材料、数量等是否与明细表一致等。

11.8.5　拆画零件图实例

由如图 11-24 所示齿轮油泵装配图，想象泵体的结构形状，并画出零件图，操作步骤如下。

1）根据零件序号，在装配图中找到泵体所在的位置，构思出泵体的形状结构，如图 11-27a所示。

2）主视图的投影方向按零件的形状特征选择，表达整体形状和长度尺寸，如图 11-27b所示箭头方向，并采用局部剖视图表达进出油孔、安装孔；左视图采用全剖视图，如图 11-28a 所示，表达内腔、销

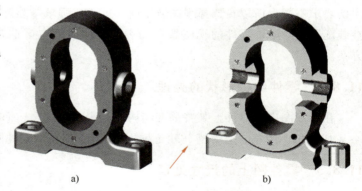

a)　　　　　　　　　　b)

图 11-27　泵体结构

孔、螺纹孔和宽度尺寸；局部视图表达底板结构形状，如图 11-28b 所示。

3）遵循零件图的绘图原则，绘制泵体零件图，如图 11-29 所示。

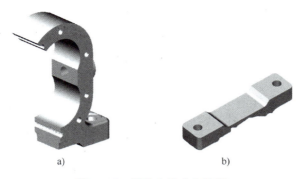

图 11-28 泵体表达方案选择

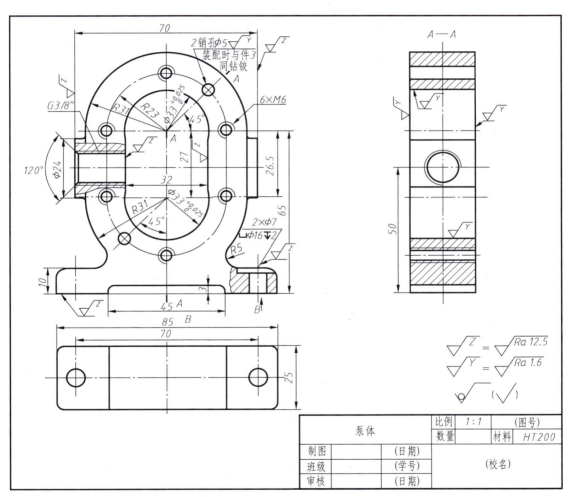

图 11-29 由装配图拆画零件图

11.9 使用 AutoCAD 2024 绘制装配图实例

本节以铣刀头装配图为例来介绍 AutoCAD 2024 中装配图的绘制方法。

11.9.1　绘制零件图

　　用前面所讲方法绘制铣刀头各零件的零件图，保存在指定的目录下，方便以后调用。

　　铣刀头整个装配体包括 15 个零件。其中螺栓、轴承、挡圈等都是标准件，可根据规格、型号从用户建立的标准图形库调用或按国家标准绘制。轴的零件图如图 11-30 所示，座体的零件图如图 11-31 所示，其他零件的零件图如图 11-32 所示。

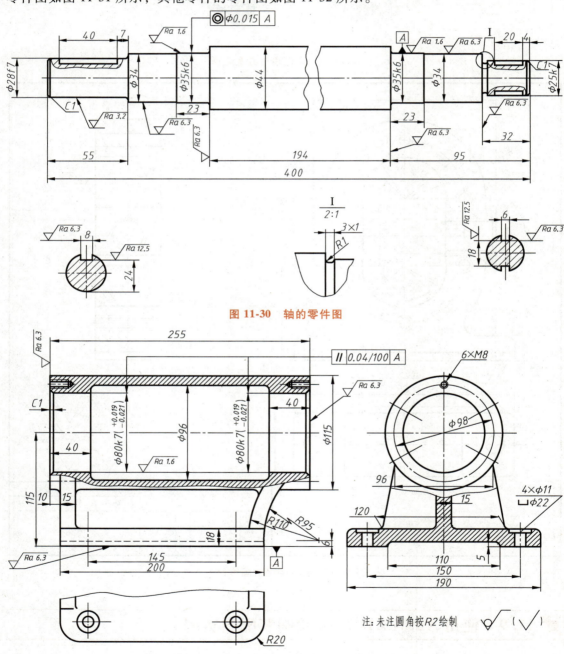

图 11-30　轴的零件图

图 11-31　座体的零件图

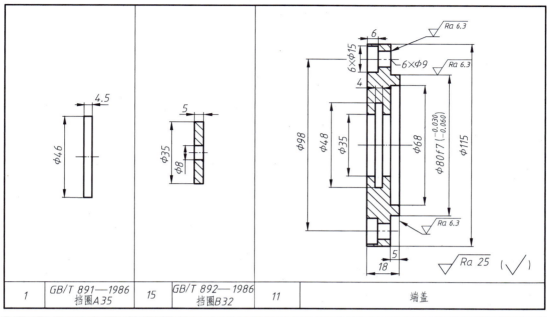

1	GB/T 891—1986 挡圈A35	15	GB/T 892—1986 挡圈B32	11	端盖

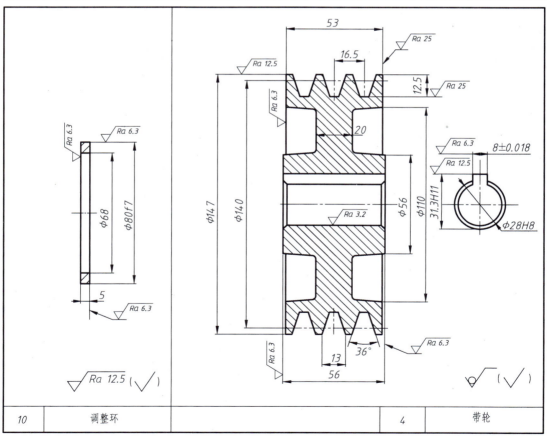

10	调整环		4	带轮

图 11-32　铣刀头其他零件的零件图

11.9.2　绘制装配图

绘制装配图通常采用两种方法。

1. 直接绘制

直接利用绘图及图形编辑命令，按手工绘图的步骤，结合对象捕捉、极轴追踪等辅助绘图工具绘制装配图。这种方法不但作图过程繁杂，而且容易出错，只能绘制一些比较简单的装配图。

2. 拼装法

先绘出各零件的零件图，然后将各零件图"拼装"在一起，构成装配图。

下面利用 AutoCAD 2024 提供的集成化图形组织和管理工具，用"拼装法"绘制铣刀头装配图。

1）将全部零件图复制粘贴到同一个文件内，隐藏所有的尺寸及其他标注，如图 11-33 所示。框选铣刀头座零件的主视图，拖到空白区域。

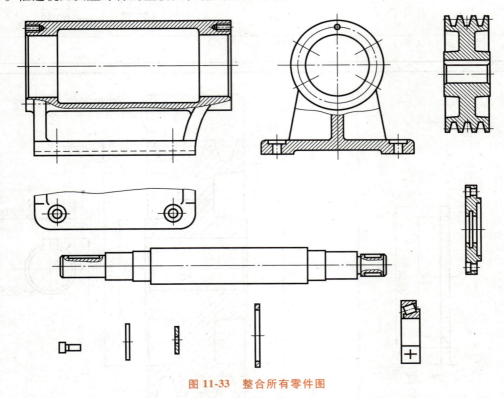

图 11-33　整合所有零件图

2）用同样方法，选择合适的基准点插入底座及左端盖。为保证插入准确，应充分使用缩放命令和对象捕捉功能，利用【擦除】和【修剪】命令删除或修剪多余线条，修改后的图形如图 11-34 所示。

说明：一般选择轴线上两零件贴合的点为基准点比较方便。

3）插入螺钉，删除、修剪多余线条，如图 11-35 所示。注意相邻两零件的剖面线方向和间隔，以及螺纹连接等要符合制图标准中装配图的规定画法。

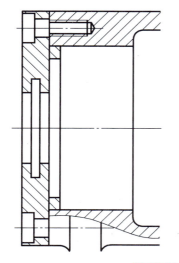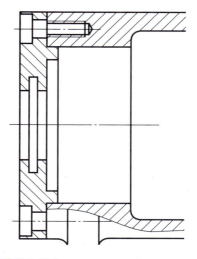

图 11-34　插入底座及左端盖

4）插入左端轴承并修改图形，如图 11-36 所示。

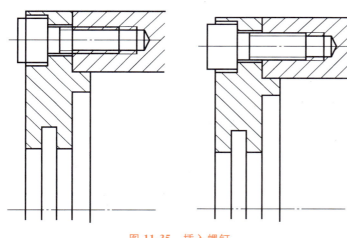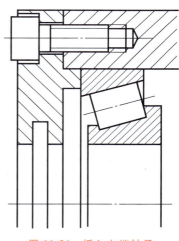

图 11-35　插入螺钉　　　　　　　　　　　图 11-36　插入左端轴承

5）重复以上步骤，依次插入右端轴承、端盖、调整环和螺钉等，修改图形如图 11-37 所示。

6）选择适当的基准点插入轴，修改后如图 11-38 所示。

7）插入带轮及轴端挡圈，按规定画法绘制键，如图 11-39 所示。

8）绘制铣刀、键，插入轴端挡板等，如图 11-40 所示。

9）画油封并对图形局部进行修改。

10）用相同的方法拼装出装配图的左视图。

11）标注装配图尺寸，装配图的尺寸标注一般只标注性能、装配、安装和其他一些重要尺寸。

12）编写序号，装配图中的所有零件都必须编写序号，其中相同的零件采用同样的序号，且只编写一次。装配图中的序号应与明细表中的序号一致。

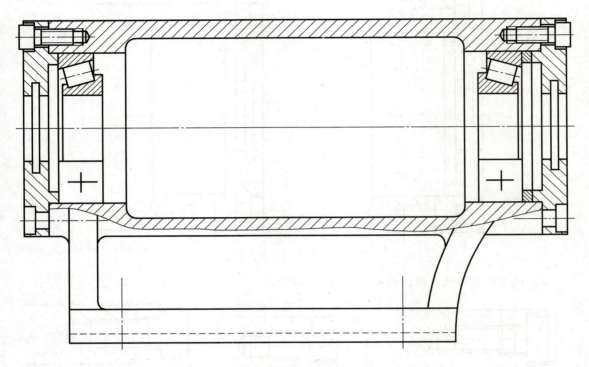

图 11-37 插入右端轴承、端盖、调整环和螺钉等

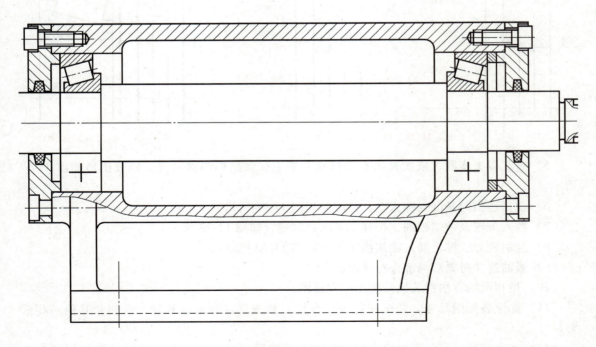

图 11-38 插入轴

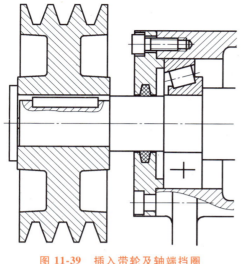

图 11-39 插入带轮及轴端挡圈

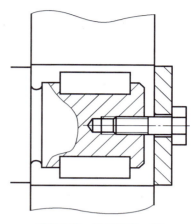

图 11-40 绘制铣刀、键

13）绘制明细栏，明细栏中的序号自下往上填写，最后书写技术要求，填写标题栏，结果如图 11-41 所示。

图 11-42 所示为铣刀头立体图，供读者参考。

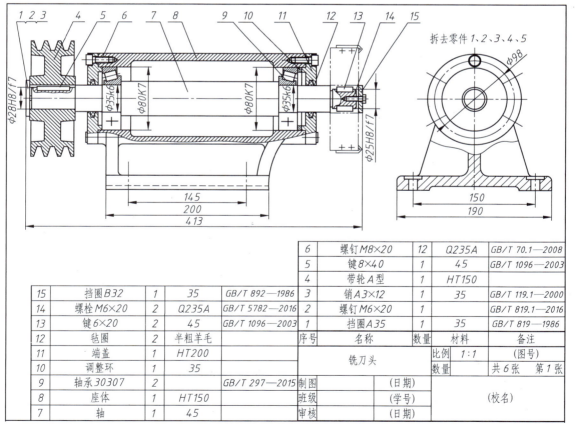

6	螺钉M8×20	12	Q235A	GB/T 70.1—2008
5	键8×40	1	45	GB/T 1096—2003
4	带轮A型	1	HT150	
3	销A3×12	1	35	GB/T 119.1—2000
2	螺钉M6×20	1		GB/T 819.1—2016
1	挡圈A35	1	35	GB/T 819—1986

15	挡圈B32	1	35	GB/T 892—1986
14	螺栓M6×20	2	Q235A	GB/T 5782—2016
13	键6×20	2	45	GB/T 1096—2003
12	毡圈	2	半粗羊毛	
11	端盖	1	HT200	
10	调整环	1	35	
9	轴承30307	2		GB/T 297—2015
8	座体	1	HT150	
7	轴	1	45	

序号	名称	数量	材料	备注
	铣刀头	比例	1:1	(图号)
		数量		共6张 第1张
制图		(日期)		
班级		(学号)		(校名)
审核		(日期)		

图 11-41 铣刀头装配图

拆去零件1、2、3、4、5

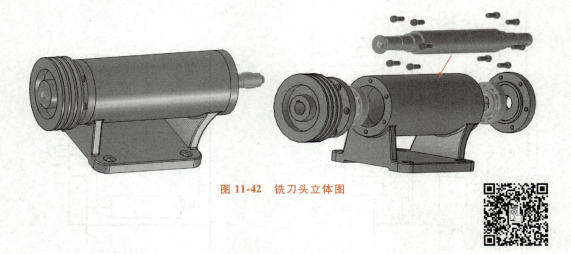

图 11-42　铣刀头立体图

附表 1　普通螺纹（摘自 GB/T 193—2003 及 GB/T 196—2003）　　（单位：mm）

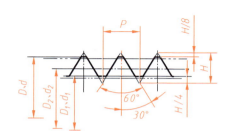

D——内螺纹的基本大径(公称直径)

d——外螺纹的基本大径(公称直径)

D_2——内螺纹的基本中径，$D_2 = D - 2 \times \dfrac{3}{8} H = D - 0.6495P$

d_2——外螺纹的基本中径，$d_2 = d - 2 \times \dfrac{5}{8} H = d - 0.6495P$

D_1——内螺纹的基本小径，$D_1 = D - 2 \times \dfrac{5}{8} H = D - 1.0825P$

d_1——外螺纹的基本小径，$d_1 = d - 2 \times \dfrac{5}{8} H = d - 1.0825P$

H——原始三角形高度，$H = \dfrac{\sqrt{3}}{2} P$

P——螺距

标记示例及含义：

　　M10-6g　表示公称直径 $d = 10$mm，右旋，中径及顶径公差带均为 6g，中等旋合长度的粗牙普通外螺纹。

　　M10×1LH-6H　表示公称直径 $D = 10$mm，螺距为 $P = 1$mm，左旋，中径及顶径公差带均为 6H，中等旋合长度的细牙普通内螺纹。

公称直径 D、d			螺距	
第 1 系列	第 2 系列	第 3 系列	粗牙	细牙
3			0.5	0.35
	3.5		0.6	0.35
4			0.7	0.5
	4.5		0.75	0.5
5			0.8	0.5
		5.5		0.5
6			1	0.75
	7		1	0.75
8			1.25	1，0.75
		9	1.25	1，0.75
10			1.5	1.25，1，0.75
		11	1.5	1.5，1，0.75

（续）

公称直径 *D*、*d*			螺距	
第 1 系列	第 2 系列	第 3 系列	粗牙	细牙
12			1.75	1.25,1
	14		2	1.5,1.25[a],1
		15		1.5,1
16			2	1.5,1
		17		1.5,1
	18		2.5	2,1.5,1
20			2.5	2,1.5,1
	22		2.5	2,1.5,1
24			3	2,1.5,1
		25		2,1.5,1
		26		1.5
	27		3	2,1.5,1
		28		2,1.5,1
30			3.5	(3),2,1.5,1

注：1. 优先选用第 1 系列，其次选择第 2 系列，最后选择第 3 系列的直径。
　　2. 尽可能地避免选用括号内的螺距。
　　3. 螺距中带注"a"的螺纹，仅用于发动机的火花塞。

附表 2　梯形螺纹（摘自 GB/T 5796.3—2022）　　　　　（单位：mm）

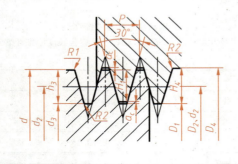

d——外螺纹大径(公称直径)

P——螺距

a_c——牙顶间隙

H_1——基本牙型牙高，$H_1 = 0.5P$

H_4、h_3——内、外螺纹牙高，$H_4 = h_3 = H_1 + a_c = 0.5P + a_c$

D_2、d_2——内、外螺纹中径，$D_2 = d_2 = d - H_1 = d - 0.5P$

D_1——内螺纹小径，$D_1 = d - 2H_1 = d - P$

d_3——外螺纹小径，$d_3 = d - 2h_3 = d - P - 2a_c$

D_4——内螺纹大径，$D_4 = d + 2a_c$

标记及含义：

　　Tr40×7-7H　表示公称直径 *D* = 40mm，螺距 *P* = 7mm，右旋，中径及顶径公差带均为 7H，中等旋合长度的单线梯形内螺纹。

　　Tr40×14P7-8e-L-LH　表示公称直径 *d* = 40mm，导程 14mm，螺距 *P* = 7mm，左旋，中径公差带代号为 8e，长旋合长度的双线梯形外螺纹。

公称直径 *d*		螺距 *P*	中径 $d_2 = D_2$	大径 D_4	小径	
第一系列	第二系列				d_3	D_1
8		1.5	7.250	8.300	6.200	6.500
	9	1.5	8.250	9.300	7.200	7.500
		2	8.000	9.500	6.500	7.000

（续）

公称直径 d		螺距 P	中径 $d_2 = D_2$	大径 D_4	小径	
第一系列	第二系列				d_3	D_1
10		1.5	9.250	10.300	8.200	8.500
		2	9.000	10.500	7.500	8.000
	11	2	10.000	11.500	8.500	9.000
		3	9.500	11.500	7.500	8.000
12		2	11.000	12.500	9.500	10.000
		3	10.500	12.500	8.500	9.000
	14	2	13.000	14.500	11.500	12.000
		3	12.500	14.500	10.500	11.000
16		2	15.000	16.500	13.500	14.000
		4	14.000	16.500	11.500	12.000
	18	2	17.000	18.500	15.500	16.000
		4	16.000	18.500	13.500	14.000
20		2	19.000	20.500	17.500	18.000
		4	18.000	20.500	15.500	16.000
	22	3	20.500	22.500	18.500	19.000
		5	19.500	22.500	16.500	17.000
		8	18.000	23.000	13.000	14.000
24		3	22.500	24.500	20.500	21.000
		5	21.500	24.500	18.500	19.000
		8	20.000	25.000	15.000	16.000
	26	3	24.500	26.500	22.500	23.000
		5	23.500	26.500	20.500	21.000
		8	22.000	27.000	17.000	18.000
28		3	26.500	28.500	24.500	25.000
		5	25.500	28.500	22.500	23.000
		8	24.000	29.000	19.000	20.000
	30	3	28.500	30.500	26.500	27.000
		6	27.000	31.000	23.000	24.000
		10	25.000	31.000	19.000	20.000

注：优先选用第一系列的公称直径。

附表 3　55°非密封管螺纹（摘自 GB/T 7307—2001）

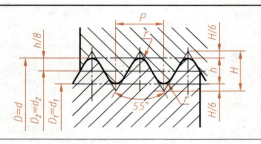

D、d——内、外螺纹的大径

D_2、d_2——内、外螺纹的中径

D_1、d_1——内、外螺纹的小径

P——螺距

H——原始三角形的高度，$H = 0.960491P$

h——螺纹牙型牙高，$h = 0.640327P$

r——螺纹牙顶和牙底的圆弧半径，$r = 0.137329P$

标记及含义：

G1/2-LH　表示尺寸代号为 1/2，左旋的圆柱内螺纹。

G2A-LH　表示尺寸代号为 2，左旋的 A 级圆柱外螺纹。

G3A　表示尺寸代号为 3，右旋的 A 级圆柱外螺纹。

尺寸代号	每 25.4mm 内包含的牙数 n	螺距 P/mm	牙高 h/mm	基本直径		
				大径 $d=D$ /mm	中径 $d_2=D_2$ /mm	小径 $d_1=D_1$ /mm
1/16	28	0.907	0.581	7.723	7.142	6.561
1/8				9.728	9.147	8.566
1/4	19	1.337	0.856	13.157	12.301	11.445
3/8				16.662	15.806	14.950
1/2	14	1.814	1.162	20.955	19.793	18.631
5/8				22.911	21.749	20.587
3/4				26.441	25.279	24.117
7/8				30.201	29.039	27.877
1	11	2.309	1.479	33.249	31.770	30.291
1⅛				37.897	36.418	34.939
1¼				41.910	40.431	38.952
1½				47.803	46.324	44.845
1¾				53.746	52.267	50.788
2				59.614	58.135	56.656
2¼				65.710	64.231	62.752
2½				75.184	73.705	72.226
2¾				81.534	80.055	78.576
3				87.884	86.405	84.926
3½				100.330	98.851	97.372
4				113.030	111.551	110.072
4½				125.730	124.251	122.772
5				138.430	136.951	135.472
5½				151.130	149.651	148.172
6				163.830	162.351	160.872

附表 4　55°密封管螺纹（摘自 GB/T 7306.1—2000 及 GB/T 7306.2—2000）

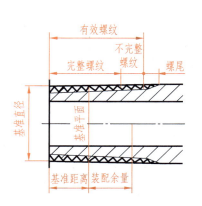

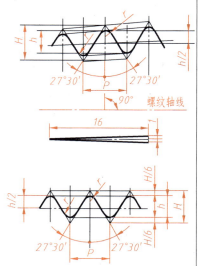

D、d——内、外螺纹在基准平面上的大径

D_2、d_2——内、外螺纹在基准平面上的中径

$$D_2 = d_2 = d - h = d - 0.640327P$$

D_1、d_1——内、外螺纹在基准平面上的小径

$$D_1 = d_1 = d - 2h = d - 1.280654P$$

P——螺距

h——螺纹牙高，$h = 0.640327P$（圆锥外螺纹）

H——原始三角形的高度

$$H = 0.960237P（圆锥外螺纹）$$
$$H = 0.960491P（圆柱内螺纹）$$

r——螺纹牙顶和牙底的圆弧半径

$$r = 0.137278P（圆锥外螺纹）$$
$$r = 0.137329P（圆柱内螺纹）$$

标记示例及含义：

Rp 3/4 LH　表示尺寸代号为 3/4 的左旋圆柱内螺纹。

R_1 3　表示尺寸代号为 3 的右旋圆锥外螺纹。

尺寸代号	每 25.4 mm 内包含的牙数 n	螺距 P /mm	牙高 h /mm	基本直径			基准距离 /mm	有效螺纹 /mm
				大径 $d = D$ /mm	中径 $d_2 = D_2$ /mm	小径 $d_1 = D_1$ /mm		
1/16	28	0.907	0.581	7.723	7.142	6.561	4	6.5
1/8				9.728	9.147	8.566		
1/4	19	1.337	0.856	13.157	12.301	11.445	6	9.7
3/8				16.662	15.806	14.950	6.4	10.1
1/2	14	1.814	1.162	20.955	19.793	18.631	8.2	13.2
3/4				26.441	25.279	24.117	9.5	14.5
1	11	2.309	1.479	33.249	31.770	30.291	10.4	16.8
1¼				41.910	40.431	38.952	12.7	19.1
1½				47.803	46.324	44.845	12.7	19.1
2				59.614	58.135	56.656	15.9	23.4
2½				75.184	73.705	72.226	17.5	26.7
3				87.884	86.405	84.926	20.6	29.8
4				113.030	111.551	110.072	25.4	35.8
5				138.430	136.951	135.472	28.6	40.1
6				163.830	162.351	160.872	28.6	40.1

附表5　六角头螺栓　C级　(单位：mm)

六角头螺栓　C级（摘自 GB/T 5780—2016）	六角头螺栓　全螺纹　C级（摘自 GB/T 5781—2016）

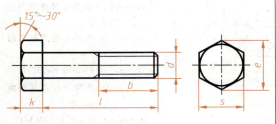 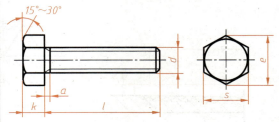

标记示例及含义：

　　螺栓 GB/T 5780 M12×80

　　表示螺纹规格为 M12，公称长度 l＝80mm，性能等级为 4.8 级，表面不经处理，产品等级为 C 级的六角头螺栓。

标记示例及含义：

　　螺栓 GB/T 5781 M12×80

　　表示螺纹规格为 M12，公称长度 l＝80mm，全螺纹，性能等级为 4.8 级，表面不经处理，产品等级为 C 级的六角头螺栓。

螺纹规格 d		M5	M6	M8	M10	M12	M16	M20	M24	M30	M36
螺距 P		0.8	1	1.25	1.5	1.75	2	2.5	3	3.5	4
a　max		2.4	3	4	4.5	5.3	6	7.5	9	10.5	12
b	$l⩽125$	16	18	22	26	30	38	46	54	66	—
	$125<l⩽200$	22	24	28	32	36	44	52	60	72	84
	$l>200$	35	37	41	45	49	57	65	73	85	97
k　公称		3.5	4	5.3	6.4	7.5	10	12.5	15	18.7	22.5
s	公称＝max	8	10	13	16	18	24	30	36	46	55
	min	7.64	9.65	12.57	15.57	17.57	23.16	29.16	35	45	53.8
e　min		8.63	10.89	14.2	17.59	19.85	26.17	32.95	39.55	50.85	60.79
l 长度范围	GB/T 5780	25~50	30~60	40~80	45~100	55~120	65~160	80~200	100~240	120~300	140~360
	GB/T 5781	10~50	12~60	16~80	20~100	25~120	30~160	40~200	50~240	60~300	70~360
l 长度系列	GB/T 5780	25~70（5 进位），70~160（10 进位），160~500（20 进位）									
	GB/T 5781	10,12,16,20~70（5 进位），70~160（10 进位），160~500（20 进位）									
材料		钢									
螺纹公差		8g									
机械性能等级		$d⩽39mm$：4.6、4.8；$d>39mm$：按协议									
表面处理		不经处理；电镀；非电解锌片涂层									

注：末端倒角按 GB/T 3—1997 规定，倒角宽度≥螺纹牙型高度。

附表6　螺柱（摘自 GB/T 897、898、899、900—1988）　(单位：mm)

A型	B型

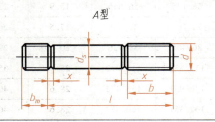 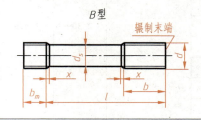

辗制末端

（续）

标记示例及含义：

螺柱　GB/T 900　M10×50

两端均为粗牙普通螺纹,螺纹规格 $d=10$ mm,长度 $l=50$ mm,性能等级为 4.8 级,不经表面处理, $b_m=2d$ 的 B 型双头螺柱。

螺柱　GB/T 897　A　M10-M10×1×50

旋入机体的一端为粗牙普通螺纹,旋螺母的一端为螺距 $P=1$ 的细牙普通螺纹,螺纹规格 $d=10$ mm,长度 $l=50$ mm,性能等级为 4.8 级,不经表面处理, $b_m=1d$ 的 A 型双头螺柱。

螺纹规格 d	b_m 公称				l/b
	GB/T 897 $b_m=1d$	GB/T 898 $b_m=1.25d$	GB/T 899 $b_m=1.5d$	GB/T 900 $b_m=2d$	
M5	5	6	8	10	$\dfrac{16\sim22}{10},\dfrac{25\sim50}{16}$
M6	6	8	10	12	$\dfrac{20\sim22}{10},\dfrac{25\sim30}{14},\dfrac{32\sim75}{18}$
M8	8	10	12	16	$\dfrac{20\sim22}{12},\dfrac{25\sim30}{16},\dfrac{32\sim90}{22}$
M10	10	12	15	20	$\dfrac{25\sim28}{14},\dfrac{30\sim38}{16},\dfrac{40\sim120}{26},\dfrac{130}{32}$
M12	12	15	18	24	$\dfrac{25\sim30}{16},\dfrac{32\sim40}{20},\dfrac{45\sim120}{30},\dfrac{130\sim180}{36}$
(M14)	14	18	21	28	$\dfrac{30\sim35}{18},\dfrac{38\sim45}{25},\dfrac{50\sim120}{34},\dfrac{130\sim180}{40}$
M16	16	20	24	32	$\dfrac{30\sim38}{20},\dfrac{40\sim55}{30},\dfrac{60\sim120}{38},\dfrac{130\sim200}{44}$
(M18)	18	22	27	36	$\dfrac{35\sim40}{22},\dfrac{45\sim60}{35},\dfrac{65\sim120}{42},\dfrac{130\sim200}{48}$
M20	20	25	30	40	$\dfrac{35\sim40}{25},\dfrac{45\sim65}{35},\dfrac{70\sim120}{46},\dfrac{130\sim200}{52}$
(M22)	22	28	33	44	$\dfrac{40\sim55}{30},\dfrac{50\sim70}{40},\dfrac{75\sim120}{50},\dfrac{130\sim200}{56}$
M24	24	30	36	48	$\dfrac{45\sim55}{30},\dfrac{55\sim75}{45},\dfrac{80\sim120}{54},\dfrac{130\sim200}{60}$
l 系列	16,(18),20,(22),25,(28),30,(32),35,(38),40,45,50,(55),60,(65),70,(75),80,(85),90,(95),100~260(10 进位),280,300				

注：1. 尽可能不采用括号内的规格。

2. d_s 约等于螺纹的中径（仅用于 B 型）。 $d_{s\max}=$ 螺纹规格 d。

附表 7　内六角圆柱螺钉（摘自 GB/T 70.1—2008）　　　（单位：mm）

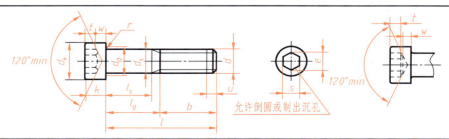

允许倒圆或制出沉孔

（续）

标记示例及含义：

螺纹规格 d＝M5，公称长度 l＝20mm，性能等级为12.9级，表面氧化的内六角圆柱头螺钉的标记为

螺钉 GB/T70.1 M5×20

螺纹规格 d			M3	M4	M5	M6	M8	M10	M12	M16	M20	M24
螺距 P			0.5	0.7	0.8	1	1.25	1.5	1.75	2	2.5	3
b			18	20	22	24	28	32	36	44	52	60
d_k	max[1]		5.5	7	8.5	10	13	16	18	24	30	36
	max[2]		5.68	7.22	8.72	10.22	13.27	16.27	18.27	24.33	30.00	36.39
	min		5.32	6.78	8.28	9.78	12.73	15.73	17.73	23.67	29.67	35.61
k	max		3	4	5	6	8	10	12	16	20	24
r	max		0.1	0.2	0.2	0.25	0.4	0.4	0.6	0.6	0.8	0.8
s	公称		2.5	3	4	5	6	8	10	14	17	19
t	min		1.3	2	2.5	3	4	5	6	8	10	12
w	min		1.15	1.4	1.9	2.3	3.3	4	4.8	6.8	8.6	10.4
l 长度范围			5~30	6~40	8~50	10~60	12~80	16~100	20~120	25~160	30~200	40~200
l 长度系列			2.5,3,4,5,6,8,10,12,16,20~70（5进位），70~160（10进位），160~300（20进位）									

① 对光滑头部。

② 对滚花头部。

附表8 开槽沉头螺钉（摘自 GB/T 68—2016）、开槽半沉头螺钉（摘自 GB/T 69—2016）

（单位：mm）

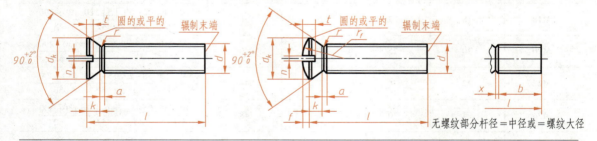

无螺纹部分杆径＝中径或＝螺纹大径

标记示例及含义：

螺纹规格 M5，公称长度 l＝20mm，性能等级为4.8级，表面不经处理的 A 级开槽沉头螺钉的标记为

螺钉 GB/T68 M5×20

螺纹规格 d			M1.6	M2	M2.5	M3	M4	M5	M6	M8	M10
螺距 P			0.35	0.4	0.45	0.5	0.7	0.8	1	1.25	1.5
a	max		0.7	0.8	0.9	1	1.4	1.6	2	2.5	3
b	min		25	25	25	25	38	38	38	38	38
d_k	理论值	max	3.6	4.4	5.5	6.3	9.4	10.4	12.6	17.3	20
	实际值	公称＝max	3.0	3.8	4.7	5.5	8.40	9.30	11.30	15.80	18.30
		min	2.7	3.5	4.4	5.5	8.04	8.94	10.87	15.37	17.78
k	公称＝max		1	1.2	1.5	1.65	2.7	2.7	3.3	4.65	5

（续）

螺纹规格 d			M1.6	M2	M2.5	M3	M4	M5	M6	M8	M10
n	公称		0.4	0.5	0.6	0.8	1.2	1.2	1.6	2	2.5
	max		0.60	0.70	0.80	1.00	1.51	1.51	1.91	2.31	2.81
	min		0.46	0.56	0.66	0.86	1.26	1.26	1.66	2.06	2.56
r	max		0.4	0.5	0.6	0.8	1	1.3	1.5	2	2.5
r_f	≈		3	4	5	6	9.5	9.5	12	16.5	19.5
f	≈		0.4	0.5	0.6	0.7	1	1.2	1.4	2	2.3
t	max	GB/T 68	0.5	0.6	0.75	0.85	1.3	1.4	1.6	2.3	2.6
		GB/T 69	0.8	1.0	1.2	1.45	1.9	2.4	2.8	3.7	4.4
	min	GB/T 68	0.32	0.4	0.5	0.6	1.0	1.1	1.2	1.8	2.0
		GB/T 69	0.64	0.8	1.0	1.2	1.6	2.0	2.4	3.2	3.8
x	max		0.9	1	1.1	1.25	1.75	2	2.5	3.2	3.8
l 长度范围			2.5~16	3~20	4~25	5~30	6~40	8~50	8~60	10~80	12~80
l 长度系列			2.5,3,4,5,6,8,10,12,(14),16,20,25,30,35,40,45,50,(55),60,(65),70,(75),80								

注：尽可能不采用括号内的规格。

附表 9　开槽紧定螺钉　　　　　　　　　　（单位：mm）

开槽锥端紧定螺钉 GB/T 71—2018	开槽平端紧定螺钉 GB/T 73—2017	开槽长圆柱端紧定螺钉 GB/T 75—2018

标记示例及含义：

　　螺纹规格 M5,公称长度 $l=12$mm,钢制,硬度等级 14H 级,表面不经处理,产品等级 A 级的开槽锥端紧定螺钉的标记为

螺钉　GB/T 71　M5×12

螺纹规格 d		M1.2	M1.6	M2	M2.5	M3	M4	M5	M6	M8	M10	M12
螺距 P		0.25	0.35	0.4	0.45	0.5	0.7	0.8	1	1.25	1.5	1.75
d_f	≈	螺纹小径										
d_P	max	0.6	0.8	1	1.5	2	2.5	3.5	4	5.5	7	8.5
d_t	max	0.12	0.16	0.2	0.25	0.3	0.4	0.5	1.5	2	2.5	3
n	公称	0.2	0.25	0.25	0.4	0.4	0.6	0.8	1	1.2	1.6	2
	min	0.26	0.31	0.31	0.46	0.46	0.66	0.86	1.06	1.26	1.66	2.06
	max	0.4	0.45	0.45	0.6	0.6	0.8	1	1.2	1.51	1.91	2.31
t	min	0.4	0.56	0.64	0.72	0.8	1.12	1.28	1.6	2	2.4	2.8
	max	0.52	0.74	0.84	0.95	1.05	1.42	1.63	2	2.5	3	3.6

（续）

螺纹规格 d		M1.2	M1.6	M2	M2.5	M3	M4	M5	M6	M8	M10	M12
z	min	—	0.8	1	1.25	1.5	2	2.5	3	4	5	6
	max	—	1.05	1.25	1.5	1.75	2.25	2.75	3.25	4.3	5.3	6.3
l 长度范围	GB/T 71	2~6	2~8	3~10	3~12	4~16	6~20	8~25	8~30	10~40	12~50	14~60
	GB/T 73	2~6	2~8	2~10	2.5~12	3~16	4~20	5~25	6~30	8~40	10~50	12~60
	GB/T 75	—	2.5~8	3~10	4~12	5~16	6~20	8~25	8~30	10~40	12~50	14~60
l 长度系列		2,2.5,3,4,5,6,8,10,12,(14),16,20,25,30,35,40,45,50,(55),60										

注：尽可能不采用括号内的规格。

附表 10　1 型六角螺母（摘自 GB/T 6170—2015）　　　（单位：mm）

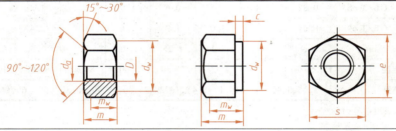

标记示例及含义：

　　螺纹规格 M12,性能等级为 8 级,表面不经处理,产品等级为 A 级的 1 型六角螺母的标记为

螺母　GB/T 6170　M12

螺纹规格 D		M1.6	M2	M2.5	M3	M4	M5	M6	M8	M10	M12
螺距 P		0.35	0.4	0.45	0.5	0.7	0.8	1	1.25	1.5	1.75
c	max	0.2	0.2	0.3	0.4	0.4	0.5	0.5	0.6	0.6	0.6
	min	0.1	0.1	0.1	0.15	0.15	0.15	0.15	0.15	0.15	0.15
d_a	max	1.84	2.30	2.90	3.45	4.60	5.75	6.75	8.75	10.80	13.00
	min	1.60	2.00	2.50	3.00	4.00	5.00	6.00	8.00	10.00	12.00
d_w	min	2.40	3.10	4.10	4.60	5.90	6.90	8.90	11.60	14.60	16.60
e	min	3.41	4.32	5.45	6.01	7.66	8.79	11.05	14.38	17.77	20.03
m	max	1.30	1.60	2.00	2.40	3.20	4.70	5.20	6.80	8.40	10.80
	min	1.05	1.35	1.75	2.15	2.90	4.40	4.90	6.44	8.04	10.37
m_w	min	0.808	1.10	1.40	1.70	2.30	3.50	3.90	5.20	6.40	8.30
s	公称=max	3.20	4.00	5.00	5.50	7.00	8.00	10.00	13.00	16.00	18.00
	min	3.02	3.82	4.82	5.32	6.78	7.78	9.78	12.73	15.73	17.73

螺纹规格 D		M16	M20	M24	M30	M36	M42	M48	M56	M64
螺距 P		2	2.5	3	3.5	4	4.5	5	5.5	6
c	max	0.80	0.80	0.80	0.80	0.80	1.00	1.00	1.00	1.00
	min	0.20	0.20	0.20	0.20	0.20	0.30	0.30	0.30	0.30
d_a	max	17.30	21.60	25.90	32.40	38.90	45.40	51.80	60.50	69.10
	min	16.00	20.00	24.00	30.00	36.00	42.00	48.00	56.00	64.00
d_w	min	22.50	27.70	33.30	42.80	51.10	60.00	69.50	78.70	88.20

（续）

螺纹规格 D		M16	M20	M24	M30	M36	M42	M48	M56	M64
螺距 P		2	2.5	3	3.5	4	4.5	5	5.5	6
e min		26.75	32.95	39.55	50.85	60.79	71.30	82.60	93.56	104.86
m	max	14.80	18.00	21.50	25.60	31.00	34.00	38.00	45.00	51.00
	min	14.10	16.90	20.20	24.30	29.40	32.40	36.40	43.40	49.10
m_w min		11.30	13.50	16.20	19.40	23.50	25.90	29.10	34.70	39.30
s	公称=max	24.00	30.00	36.00	46.00	55.00	65.00	75.00	85.00	95.00
	min	23.67	29.16	35.00	45.00	53.80	63.10	73.10	82.80	92.80

附表11　小垫圈　A级（摘自 GB/T 848—2002）、平垫圈　A级（摘自 GB/T 97.1—2002）、平垫圈—倒角型　A级（摘自 GB/T 97.2—2002）、大垫圈　A级（摘自 GB/T 96.1—2002）

（单位：mm）

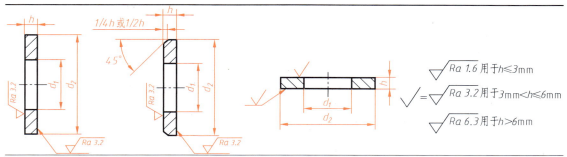

$\sqrt{}$ $Ra\ 1.6$ 用于 $h\leqslant3mm$
$\sqrt{=}\sqrt{}$ $Ra\ 3.2$ 用于 $3mm<h\leqslant6mm$
$\sqrt{}$ $Ra\ 6.3$ 用于 $h>6mm$

标记示例及含义：

标准系列，公称规格（螺纹大径）为 8 mm，由钢制造的硬度等级为 200HV 级，表面不经处理，产品等级为 A 级的平垫圈的标记为

垫圈　GB/T 97.1　8

公称尺寸（螺纹规格）d			2.5	3	4	5	6	8	10	12	16	20	24	30
d_1	max	GB/T 848	2.84	3.38	4.48	5.48	6.62	8.62	10.77	13.27	17.27	21.33	25.33	31.39
		GB/T 97.1	2.84	3.38	4.48	5.48	6.62	8.62	10.77	13.27	17.27	21.33	25.33	31.39
		GB/T 97.2	—	—	—	5.48	6.62	8.62	10.77	13.27	17.27	21.33	25.33	31.39
		GB/T 96.1	—	3.38	3.48	5.48	6.62	8.62	10.77	13.27	17.27	21.33	25.52	33.62
	公称 min	GB/T 848	2.7	3.2	4.3	5.3	6.4	8.4	10.5	13	17	21	25	31
		GB/T 97.1	2.7	3.2	4.3	5.3	6.4	8.4	10.5	13	17	21	25	31
		GB/T 97.2	—	—	—	5.3	6.4	8.4	10.5	13	17	21	25	31
		GB/T 96.1	—	3.2	4.3	5.3	6.4	8.4	10.5	13	17	21	25	33
d_2	公称 max	GB/T 848	5	6	8	9	11	15	18	20	28	34	39	50
		GB/T 97.1	6	7	9	10	12	16	20	24	30	37	44	56
		GB/T 97.2	—	—	—	10	12	16	20	24	30	37	44	56
		GB/T 96.1	—	9	12	15	18	24	30	37	50	60	72	92
	min	GB/T 848	4.7	5.7	7.64	8.64	10.57	14.57	17.57	19.48	27.48	33.38	38.38	49.38
		GB/T 97.1	5.7	6.64	8.64	9.64	11.57	15.57	19.48	23.48	29.48	36.38	43.38	55.26
		GB/T 97.2	—	—	—	9.64	11.57	15.57	19.48	23.48	29.48	36.38	43.38	55.26
		GB/T 96.1	—	8.64	11.57	14.57	17.57	23.48	29.48	36.38	49.38	59.26	70.8	90.6

（续）

h		公称尺寸（螺纹规格）d	2.5	3	4	5	6	8	10	12	16	20	24	30
h	公称	GB/T 848	0.5	0.5	0.5	1	1.6	1.6	1.6	2	2.5	3	4	4
		GB/T 97.1	0.5	0.5	0.8	1	1.6	1.6	2	2.5	3	3	4	4
		GB/T 97.2	—	—	—							3	4	4
		GB/T 96.1	—	0.8	1	1	1.6	2	2.5	3	3	4	5	6
	max	GB/T 848	0.55	0.55	0.55	1.1	1.8	1.8	1.8	2.2	2.7	3.3	4.3	4.3
		GB/T 97.1	0.55	0.55	0.9	1.1	1.8	1.8	2.2	2.7	3.3	3.3	4.3	4.3
		GB/T 97.2	—	—	—							3.3	4.3	4.3
		GB/T 96.1	—	0.9	1.1	1.1	1.8	2.2	2.7	3.3	3.3	4.3	5.6	6.6
	min	GB/T 848	0.45	0.45	0.45	0.9	1.4	1.4	1.4	1.8	2.3	2.7	3.7	3.7
		GB/T 97.1	0.45	0.45	0.7	0.9	1.4	1.4	1.8	2.3	2.7	2.7	3.7	3.7
		GB/T 97.2	—	—	—							2.7	3.7	3.7
		GB/T 96.1	—	0.7	0.9	0.9	1.4	1.8	2.3	2.7	2.7	3.7	4.4	5.4

附表 12 标准型弹簧垫圈（摘自 GB 93—1987）、轻型弹簧垫圈（摘自 GB/T 859—1987）、重型弹簧垫圈（摘自 GB/T 7244—1987） （单位：mm）

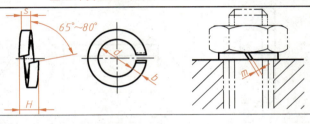

标记示例及含义：

规格 16 mm，材料为 65Mn，表面氧化处理的标准型弹簧垫圈的标记为

垫圈　GB　93　16

规格（螺纹大径）	d_{min}	GB 93—1987			GB/T 859—1987				GB/T 7244—1987			
		s(b)公称	H_{min}	$m \leq$	s公称	b公称	H_{min}	$m \leq$	s公称	b公称	H_{min}	$m \leq$
2	2.1	0.5	1	0.25	—	—	—	—	—	—	—	—
2.5	2.6	0.65	1.3	0.33	—	—	—	—	—	—	—	—
3	3.1	0.8	1.6	0.4	0.6	1	1.2	0.3	—	—	—	—
4	4.1	1.1	2.2	0.55	0.8	1.2	1.6	0.4	—	—	—	—
5	5.1	1.3	2.6	0.65	1.1	1.5	2.2	0.55	—	—	—	—
6	6.1	1.6	3.2	0.8	1.3	2	2.6	0.65	1.8	2.6	3.6	0.9
8	8.1	2.1	4.2	1.05	1.6	2.5	3.2	0.8	2.4	3.2	4.8	1.2
10	10.2	2.6	5.2	1.3	2	3	4	1	3	3.8	6	1.5
12	12.2	3.1	6.2	1.55	2.5	3.5	5	1.25	3.5	4.3	7	1.75
(14)	14.2	3.6	7.2	1.8	3	4	6	1.5	4.1	4.8	8.2	2.05
16	16.2	4.1	8.2	2.05	3.2	4	6.4	1.6	4.8	5.3	9.6	2.4
(18)	18.2	4.5	9	2.25	3.6	5	7.2	1.8	5.3	5.8	10.6	2.65
20	20.2	5	10	2.5	4	5.5	8	2	6	6.4	12	3
(22)	22.5	5.5	11	2.75	4.5	6	9	2.25	6.6	7.2	13.2	3.3
24	24.5	6	12	3	5	7	10	2.5	7.1	7.5	14.2	3.55
(27)	27.5	6.8	13.6	3.4	5.5	8	11	2.75	8	8.5	16	4
30	30.5	7.5	15	3.75	6	9	12	3	9	9.3	18	4.5
(33)	33.5	8.5	17	4.25	—	—	—	—	9.9	10.2	19.8	4.95
36	36.5	9	18	4.5	—	—	—	—	10.8	11	21.6	5.4
(39)	39.5	10	20	5	—	—	—	—	—	—	—	—
42	42.5	10.5	21	5.25	—	—	—	—	—	—	—	—
(45)	45.5	11	22	5.5	—	—	—	—	—	—	—	—
48	48.5	12	24	6	—	—	—	—	—	—	—	—

注：1. 尽可能不采用括号内的规格。

　　2. m 应大于零。

附表 13　普通平键及键槽（摘自 GB/T 1096—2003 及 GB/T 1095—2003）

（单位：mm）

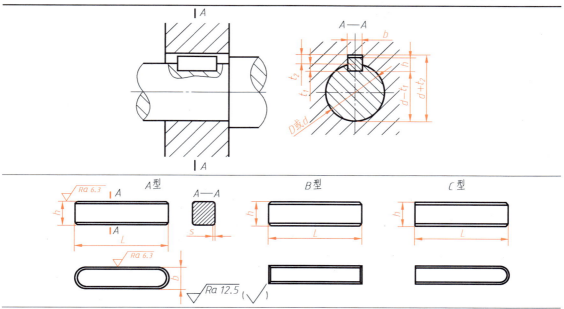

标记示例及含义：

GB/T	1096	键	16×10×100	表示宽度 $b=16$mm，高度 $h=16$mm，长度 $L=100$mm，普通 A 型平键。
GB/T	1096	键	B16×10×100	表示宽度 $b=16$mm，高度 $h=16$mm，长度 $L=100$mm，普通 B 型平键。
GB/T	1096	键	C16×10×100	表示宽度 $b=16$mm，高度 $h=16$mm，长度 $L=100$mm，普通 C 型平键。

键的公称尺寸				键槽									
				宽度 b					深度				
					极限偏差				轴 t_1		毂 t_2		
公称直径 d	公称尺寸 $b×h$	L 长度范围	倒圆或倒角 s	公称尺寸	正常联结		紧密联结	松联结		公称尺寸	极限偏差	公称尺寸	极限偏差	半径 r
					轴 N9	毂 JS9	轴和毂 P9	轴 H9	毂 D10					
>10~12	4×4	8~45	0.25 ~ 0.40	4	0 −0.030	±0.015	−0.012 −0.042	+0.030 0	+0.078 +0.030	2.5	+0.1 0	1.8	+0.1 0	0.08 ~ 0.16
>12~17	5×5	10~56		5						3		2.3		
>17~22	6×6	14~70		6						3.5		2.8		0.16 ~ 0.25
>22~30	8×7	18~90	0.04 ~ 0.60	8	0 −0.036	±0.018	−0.015 −0.051	+0.036 0	+0.098 +0.040	4		3.3		
>30~38	10×8	22~110		10						5		3.3		
>38~44	12×8	28~140		12	0 −0.043	±0.0215	−0.018 −0.061	+0.043 0	+0.120 +0.050	5		3.3		0.25 ~ 0.40
>44~50	14×9	36~160		14						5.5		3.8		
>50~58	16×10	45~180		16						6	+0.2 0	4.3	+0.2 0	
>58~65	18×11	50~200		18						7		4.4		
>65~75	20×12	56~220	0.60 ~ 0.80	20	0 −0.052	±0.026	−0.022 −0.074	+0.052 0	+0.149 +0.065	7.5		4.9		0.40 ~ 0.60
>75~85	22×14	63~250		22						9		5.4		
>85~95	25×14	70~280		25						9		5.4		
>95~110	28×16	80~320		28						10		6.4		
L 长度系列				10~22（2 进位），25，28，32，36，40，45，56，63，70~110（10 进位），125，140~220（20 进位），250，280，320，360										

注：1. 在零件图中，轴槽深用（$d-t_1$）或 t_1 标注，轮毂槽深采用（$d+t_2$）标注，这两组尺寸的偏差按相应的 t_1 和 t_2 的偏差选取。（$d-t_1$）的偏差应取负号"−"。

　　2. 轴槽、轮毂槽的键槽宽度 b 两侧面粗糙度参数 Ra 值推荐为 $1.6~3.2\mu m$，轴槽底面、轮毂槽底面的表面粗糙度参数 Ra 值为 $6.3\mu m$。

附表 14　圆柱销—不淬硬钢和奥氏体不锈钢（摘自 GB/T 119.1—2000）

（单位：mm）

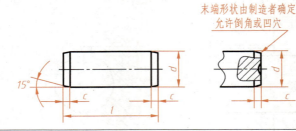

末端形状由制造者确定
允许倒角或凹穴

标记示例及含义：

公称直径 d＝6mm，公差为 m6，公称长度 l＝30mm，材料为钢，不经淬火，不经表面处理的圆柱销的标记为

销　GB/T　119.1　6　m6×30

公称直径 d	0.6	0.8	1	1.2	1.5	2	2.5	3	4	5
$c \approx$	0.12	0.16	0.20	0.25	0.30	0.35	0.40	0.50	0.63	0.80
l 长度范围	2～6	2～8	4～10	4～12	4～16	6～20	6～24	8～30	8～40	10～50
公称直径 d	6	8	10	12	16	20	25	30	40	50
$c \approx$	1.2	1.6	2.0	2.5	3.0	3.5	4.0	5.0	6.3	8.0
l 长度范围	12～60	14～80	18～95	22～140	26～180	35～200	50～200	60～200	80～200	95～200
l 长度系列	2,3,4,5,6～32（2 进位），35～100（5 进位），< 100 按 20 递增									

附表 15　圆锥销（摘自 GB/T 117—2000）

（单位：mm）

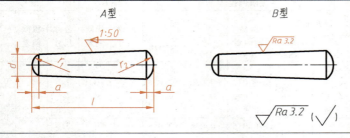

1. $r_2 \approx \dfrac{a}{2} + d + \dfrac{(0.021)^2}{8a}$

2. A 型（磨削）：锥面表面粗糙度 $Ra = 0.8 \mu m$。

3. B 型（切削或冷墩）：锥面表面粗糙度 $Ra = 3.2 \mu m$。

标记示例及含义：

公称直径 d＝10mm，长度 l＝60mm，材料为 35 钢，热处理硬度 28～38HRC，表面氧化处理的 A 型圆锥销的标记为

销　GB/T　117　10×60

公称直径 d	0.6	0.8	1	1.2	1.5	2	2.5	3	4	5
$a \approx$	0.08	0.1	0.12	0.16	0.2	0.25	0.3	0.4	0.5	0.63
l 长度范围	4～8	5～12	6～16	6～20	8～24	10～35	10～35	12～45	14～55	18～60
公称直径 d	6	8	10	12	16	20	25	30	40	50
$a \approx$	0.8	1	1.2	1.6	2	2.5	3	4	5	6.3
l 长度范围	22～90	22～120	26～160	32～180	40～200	45～200	50～200	55～200	60～200	65～200
l 长度系列	2,3,4,5,6～32（2 进位），35～100（5 进位），100～200（20 进位）									

附表 16　滚动轴承

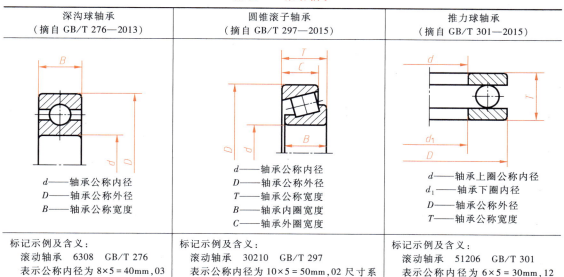

深沟球轴承 （摘自 GB/T 276—2013）	圆锥滚子轴承 （摘自 GB/T 297—2015）	推力球轴承 （摘自 GB/T 301—2015）
d——轴承公称内径 D——轴承公称外径 B——轴承公称宽度	d——轴承公称内径 D——轴承公称外径 T——轴承公称宽度 B——轴承内圈宽度 C——轴承外圈宽度	d——轴承上圈公称内径 d_1——轴承下圈内径 D——轴承公称外径 T——轴承公称宽度
标记示例及含义： 　滚动轴承　6308　GB/T 276 表示公称内径为 8×5＝40mm，03 尺寸系列的深沟球轴承。	标记示例及含义： 　滚动轴承　30210　GB/T 297 表示公称内径为 10×5＝50mm，02 尺寸系 列的圆锥滚子轴承。	标记示例及含义： 　滚动轴承　51206　GB/T 301 表示公称内径为 6×5＝30mm，12 尺寸系列的推力球轴承。

轴承 型号	尺寸 /mm			轴承 型号	尺寸 /mm					轴承 型号	尺寸 /mm			
	d	D	B		d	D	T	B	C		d	D	T	d_1
尺寸系列（02）				尺寸系列（02）						尺寸系列（12）				
6200	10	30	9	30202	15	35	11.75	11	10	51200	10	26	11	12
6201	12	32	10	30203	17	40	13.25	12	11	51201	12	28	11	14
6202	15	35	11	30204	20	47	15.25	14	12	51202	15	32	12	17
6203	17	40	12	30205	25	52	16.25	15	13	51203	17	35	12	19
6204	20	47	14	30206	30	62	17.25	16	14	51204	20	40	14	22
6205	25	52	15	30207	35	72	18.25	17	15	51205	25	47	15	27
6206	30	62	16	30208	40	80	19.75	18	16	51206	30	52	16	32
6207	35	72	17	30209	45	85	20.75	19	16	51207	35	62	18	37
6208	40	80	18	30210	50	90	21.75	20	17	51208	40	68	19	42
6209	45	85	19	30211	55	100	22.75	21	18	51209	45	73	20	47
6210	50	90	20	30212	60	110	23.75	22	19	51210	50	78	22	52
6211	55	100	21	30213	65	120	24.75	23	20	51211	55	90	25	57
6212	60	110	22	30214	70	125	26.25	24	21	51212	60	95	26	62
6213	65	120	23	30215	75	130	27.25	25	22	51213	65	100	27	67
6214	70	125	24	30216	80	140	28.25	26	22	51214	70	105	27	72
6215	75	130	25	30217	85	150	30.5	28	24	51215	75	110	27	77
尺寸系列（03）				尺寸系列（03）						尺寸系列（13）				
6300	10	35	11	30302	15	42	14.25	13	11	51304	20	47	18	22
6301	12	37	12	30303	17	47	15.25	14	12	51305	25	52	18	27
6302	15	42	13	30304	20	52	16.25	15	13	51306	30	60	21	32
6303	17	47	14	30305	25	62	18.25	17	15	51307	35	68	24	37
6304	20	52	15	30306	30	72	20.75	19	16	51308	40	78	26	42
6305	25	62	17	30307	35	80	22.75	21	18	51309	45	85	28	47
6306	30	72	19	30308	40	90	25.75	23	20	51310	50	95	31	52
6307	35	80	21	30309	45	100	27.75	25	22	51311	55	105	35	57
6308	40	90	23	30310	50	110	29.25	27	23	51312	60	110	35	62
6309	45	100	25	30311	55	120	31.5	29	25	51313	65	115	36	67
6310	50	110	27	30312	60	130	33.5	31	26	51314	70	125	40	72
6311	55	120	29	30313	65	140	36	33	28	51315	75	135	44	77
6312	60	130	31	30314	70	150	38	35	30	51316	80	140	44	82
6313	65	140	33	30315	75	160	40	37	31	51317	85	150	49	88
6314	70	150	35	30316	80	170	42.5	39	33	51318	90	155	50	93
6315	75	160	37	30317	85	180	44.5	41	34	51320	100	170	55	103

附表 17　公称尺寸至 3150mm 的标准公差数值（摘自 GB/T 1800.1—2020）

公称尺寸/mm		标准公差等级																		
		IT01	IT0	IT1	IT2	IT3	IT4	IT5	IT6	IT7	IT8	IT9	IT10	IT11	IT12	IT13	IT14	IT15	IT16	IT17	IT18
		标准公差数值																			
大于	至	μm													mm						
—	3	0.3	0.5	0.8	1.2	2	3	4	6	10	14	25	40	60	0.1	0.14	0.25	0.4	0.6	1	1.4
3	6	0.4	0.6	1	1.5	2.5	4	5	8	12	18	30	48	75	0.12	0.18	0.3	0.48	0.75	1.2	1.8
6	10	0.4	0.6	1	1.5	2.5	4	6	9	15	22	36	58	90	0.15	0.22	0.36	0.58	0.9	1.5	2.2
10	18	0.5	0.8	1.2	2	3	5	8	11	18	27	43	70	110	0.18	0.27	0.43	0.7	1.1	1.8	2.7
18	30	0.6	1	1.5	2.5	4	6	9	13	21	33	52	84	130	0.21	0.33	0.52	0.84	1.3	2.1	3.3
30	50	0.6	1	1.5	2.5	4	7	11	16	25	39	62	100	160	0.25	0.39	0.62	1	1.6	2.5	3.9
50	80	0.8	1.2	2	3	5	8	13	19	30	46	74	120	190	0.3	0.46	0.74	1.2	1.9	3	4.6
80	120	1	1.5	2.5	4	6	10	15	22	35	54	87	140	220	0.35	0.54	0.87	1.4	2.2	3.5	5.4
120	180	1.2	2	3.5	5	8	12	18	25	40	63	100	160	250	0.4	0.63	1	1.6	2.5	4	6.3
180	250	2	3	4.5	7	10	14	20	29	46	72	115	185	290	0.46	0.72	1.15	1.85	2.9	4.6	7.2
250	315	2.5	4	6	8	12	16	23	32	52	81	130	210	320	0.52	0.81	1.3	2.1	3.2	5.2	8.1
315	400	3	5	7	9	13	18	25	36	57	89	140	230	360	0.57	0.89	1.4	2.3	3.6	5.7	8.9
400	500	4	6	8	10	15	20	27	40	63	97	155	250	400	0.63	0.97	1.55	2.5	4	6.3	9.7
500	630	—	—	9	11	16	22	32	44	70	110	175	280	440	0.7	1.1	1.75	2.8	4.4	7	11
630	800	—	—	10	13	18	25	36	50	80	125	200	320	500	0.8	1.25	2	3.2	5	8	12.5
800	1000	—	—	11	15	21	28	40	56	90	140	230	360	560	0.9	1.4	2.3	3.6	5.6	9	14
1000	1250	—	—	13	18	24	33	47	66	105	165	260	420	660	1.05	1.65	2.6	4.2	6.6	10.5	16.5
1250	1600	—	—	15	21	29	39	55	78	125	195	310	500	780	1.25	1.95	3.1	5	7.8	12.5	19.5
1600	2000	—	—	18	25	35	46	65	92	150	230	370	600	920	1.5	2.3	3.7	6	9.2	15	23
2000	2500	—	—	22	30	41	55	78	110	175	280	440	700	1100	1.75	2.8	4.4	7	11	17.5	28
2500	3150	—	—	26	36	50	68	96	135	210	330	540	860	1350	2.1	3.3	5.4	8.6	13.5	21	33

附表 18　孔 A~M 的基本偏差数值（摘自 GB/T 1800.1—2020）　　（单位：μm）

公称尺寸/mm 大于	至	A[1]	B[1]	C	CD	D	E	EF	F	FG	G	H	J IT6	J IT7	J IT8	K ≤IT8	K >IT8	M[2][3][4] ≤IT8	M >IT8
—	3	+270	+140	+60	+34	+20	+14	+10	+6	+4	+2	0	+2	+4	+6	0	0	−2	−2
3	6	+270	+140	+70	+46	+30	+20	+14	+10	+6	+4	0	+5	+6	+10	−1+Δ		−4+Δ	−4
6	10	+280	+150	+80	+56	+40	+25	+18	+13	+8	+5	0	+5	+8	+12	−1+Δ		−6+Δ	−6
10	14	+290	+150	+95	+70	+50	+32	+23	+16	+10	+6	0	+6	+10	+15	−1+Δ		−7+Δ	−7
14	18	+290	+150	+95	+70	+50	+32	+23	+16	+10	+6	0	+6	+10	+15	−1+Δ		−7+Δ	−7
18	24	+300	+160	+110	+85	+65	+40	+28	+20	+12	+7	0	+8	+12	+20	−2+Δ		−8+Δ	−8
24	30	+300	+160	+110	+85	+65	+40	+28	+20	+12	+7	0	+8	+12	+20	−2+Δ		−8+Δ	−8
30	40	+310	+170	+120	+100	+80	+50	+35	+25	+15	+9	0	+10	+14	+24	−2+Δ		−9+Δ	−9
40	50	+320	+180	+130	+100	+80	+50	+35	+25	+15	+9	0	+10	+14	+24	−2+Δ		−9+Δ	−9
50	65	+340	+190	+140	—	+100	+60	—	+30	—	+10	0	+13	+18	+28	−2+Δ		−11+Δ	−11
65	80	+360	+200	+150	—	+100	+60	—	+30	—	+10	0	+13	+18	+28	−2+Δ		−11+Δ	−11
80	100	+380	+220	+170	—	+120	+72	—	+36	—	+12	0	+16	+22	+34	−3+Δ		−13+Δ	−13
100	120	+410	+240	+180	—	+120	+72	—	+36	—	+12	0	+16	+22	+34	−3+Δ		−13+Δ	−13
120	140	+460	+260	+200	—	+145	+85	—	+43	—	+14	0	+18	+26	+41	−3+Δ		−15+Δ	−15
140	160	+520	+280	+210	—	+145	+85	—	+43	—	+14	0	+18	+26	+41	−3+Δ		−15+Δ	−15
160	180	+580	+310	+230	—	+145	+85	—	+43	—	+14	0	+18	+26	+41	−3+Δ		−15+Δ	−15
180	200	+660	+340	+240	—	+170	+100	—	+50	—	+15	0	+22	+30	+47	−4+Δ		−17+Δ	−17
200	225	+740	+380	+260	—	+170	+100	—	+50	—	+15	0	+22	+30	+47	−4+Δ		−17+Δ	−17
225	250	+820	+420	+280	—	+170	+100	—	+50	—	+15	0	+22	+30	+47	−4+Δ		−17+Δ	−17
250	280	+920	+480	+300	—	+190	+110	—	+56	—	+17	0	+25	+36	+55	−4+Δ		−20+Δ	−20
280	315	+1050	+540	+330	—	+190	+110	—	+56	—	+17	0	+25	+36	+55	−4+Δ		−20+Δ	−20
315	355	+1200	+600	+360	—	+210	+125	—	+62	—	+18	0	+29	+39	+60	−4+Δ		−21+Δ	−21
355	400	+1350	+680	+400	—	+210	+125	—	+62	—	+18	0	+29	+39	+60	−4+Δ		−21+Δ	−21
400	450	+1500	+760	+440	—	+230	+135	—	+68	—	+20	0	+33	+43	+66	−5+Δ		−23+Δ	−23
450	500	+1650	+840	+480	—	+230	+135	—	+68	—	+20	0	+33	+43	+66	−5+Δ		−23+Δ	−23
500	560	—	—	—	—	+260	+145	—	+76	—	+22	0	—	—	—		0		−26
560	630	—	—	—	—	+260	+145	—	+76	—	+22	0	—	—	—		0		−26
630	710	—	—	—	—	+290	+160	—	+80	—	+24	0	—	—	—		0		−30
710	800	—	—	—	—	+290	+160	—	+80	—	+24	0	—	—	—		0		−30
800	900	—	—	—	—	+320	+170	—	+86	—	+26	0	—	—	—		0		−34
900	1000	—	—	—	—	+320	+170	—	+86	—	+26	0	—	—	—		0		−34
1000	1120	—	—	—	—	+350	+195	—	+98	—	+28	0	—	—	—		0		−40
1120	1250	—	—	—	—	+350	+195	—	+98	—	+28	0	—	—	—		0		−40
1250	1400	—	—	—	—	+390	+220	—	+110	—	+30	0	—	—	—		0		−48
1400	1600	—	—	—	—	+390	+220	—	+110	—	+30	0	—	—	—		0		−48
1600	1800	—	—	—	—	+430	+240	—	+120	—	+32	0	—	—	—		0		−58
1800	2000	—	—	—	—	+430	+240	—	+120	—	+32	0	—	—	—		0		−58
2000	2240	—	—	—	—	+480	+260	—	+130	—	+34	0	—	—	—		0		−68
2240	2500	—	—	—	—	+480	+260	—	+130	—	+34	0	—	—	—		0		−68
2500	2800	—	—	—	—	+520	+290	—	+145	—	+38	0	—	—	—		0		−76
2800	3150	—	—	—	—	+520	+290	—	+145	—	+38	0	—	—	—		0		−76

（中部竖排文字：偏差 = ±ITn/2，式中 n 为标准公差等级数）

① 公称尺寸≤1 mm 时，不适用于基本偏差 A 和 B。
② 特例：对于公称尺寸为 250mm~315mm 的公差带代号 M6，ES＝−9μm（计算结果不是−11μm）。
③ 为确定 K 和 M 的值，对于标准公差等级至 IT8 的 K，M，N 和标准公差等级至 IT7 的 P~ZC 的基本偏差的确定，
　　应考虑附表 19 右边几列中的 Δ 值。
④ 对于 Δ 值，见附表 19。

附表 19　孔 N～ZC 的基本偏差数值（摘自 GB/T 1800.1—2020）

（单位：μm）

公称尺寸/mm		基本偏差数值上极限偏差，ES														Δ值 标准公差等级					
		N ≤IT8① ②	N >IT8① ②	P~ZC ≤IT7①			>IT7 的标准公差级														
大于	至			P	R	S	T	U	V	X	Y	Z	ZA	ZB	ZC	IT3	IT4	IT5	IT6	IT7	IT8
—	3	-4	-4	-6	-10	-14	—	-18	—	-20	—	-26	-32	-40	-60	0	0	0	0	0	0
3	6	-8+Δ	0	-12	-15	-19	—	-23	—	-28	—	-35	-42	-50	-80	1	1.5	1	3	4	6
6	10	-10+Δ	0	-15	-19	-23	—	-28	—	-34	—	-42	-52	-67	-97	1	1.5	2	3	6	7
10	14	-12+Δ	0	-18	-23	-28	—	-33	—	-40	—	-50	-64	-90	-130	1	2	3	3	7	9
14	18	-12+Δ	0	-18	-23	-28	—	-33	-39	-45	—	-60	-77	-108	-150	1	2	3	3	7	9
18	24	-15+Δ	0	-22	-28	-35	—	-41	-47	-54	-63	-73	-98	-136	-188	1.5	2	3	4	8	12
24	30	-15+Δ	0	-22	-28	-35	-41	-48	-55	-64	-75	-88	-118	-160	-218	1.5	2	3	4	8	12
30	40	-17+Δ	0	-26	-34	-43	-48	-60	-68	-80	-94	-112	-148	-200	-274	1.5	3	4	5	9	14
40	50	-17+Δ	0	-26	-34	-43	-54	-70	-81	-97	-114	-136	-180	-242	-325	1.5	3	4	5	9	14
50	65	-20+Δ	0	-32	-41	-53	-66	-87	-102	-122	-144	-172	-226	-300	-405	2	3	5	6	11	16
65	80	-20+Δ	0	-32	-43	-59	-75	-102	-120	-146	-174	-210	-274	-360	-480	2	3	5	6	11	16
80	100	-23+Δ	0	-37	-51	-71	-91	-124	-146	-178	-214	-258	-335	-445	-585	2	4	5	7	13	19
100	120	-23+Δ	0	-37	-54	-79	-104	-144	-172	-210	-254	-310	-400	-525	-690	2	4	5	7	13	19
120	140	-27+Δ	0	-43	-63	-92	-122	-170	-202	-248	-300	-365	-470	-620	-800	3	4	6	7	15	23
140	160	-27+Δ	0	-43	-65	-100	-134	-190	-228	-280	-340	-415	-535	-700	-900	3	4	6	7	15	23
160	180	-27+Δ	0	-43	-68	-108	-146	-210	-252	-310	-380	-465	-600	-780	-1000	3	4	6	7	15	23
180	200	-31+Δ	0	-50	-77	-122	-166	-236	-284	-350	-425	-520	-670	-880	-1150	3	4	6	9	17	26
200	225	-31+Δ	0	-50	-80	-130	-180	-258	-310	-385	-470	-575	-740	-960	-1250	3	4	6	9	17	26
225	250	-31+Δ	0	-50	-84	-140	-196	-284	-340	-425	-520	-640	-820	-1050	-1350	3	4	6	9	17	26
250	280	-34+Δ	0	-56	-94	-158	-218	-315	-385	-475	-580	-710	-920	-1200	-1550	4	4	7	9	20	29
280	315	-34+Δ	0	-56	-98	-170	-240	-350	-425	-525	-650	-790	-1000	-1300	-1700	4	4	7	9	20	29
315	355	-37+Δ	0	-62	-108	-190	-268	-390	-475	-590	-730	-900	-1150	-1500	-1900	4	5	7	11	21	32
355	400	-37+Δ	0	-62	-114	-208	-294	-435	-530	-660	-820	-1000	-1300	-1650	-2100	4	5	7	11	21	32
400	450	-40+Δ	0	-68	-126	-232	-330	-490	-595	-740	-920	-1100	-1450	-1850	-2400	5	5	7	13	23	34
450	500	-40+Δ	0	-68	-132	-252	-360	-540	-660	-820	-1000	-1250	-1600	-2100	-2600	5	5	7	13	23	34

注：P~ZC ≤IT7 栏——在>IT7 的标准等级的公差等级的基本偏差数值上增加一个Δ值。

（续）

公称尺寸/mm		基本偏差数值上极限偏差，ES							
		≤IT8	>IT8	≤IT7	>IT7 的标准公差等级				
大于	至	N①,②	N①,②	P~ZC①	P	R	S	T	U
500	560	−44	−44	在>IT7的标准公差等级的基本偏差数值上增加一个Δ值	−78	−150	−280	−400	−600
560	630					−155	−310	−450	−660
630	710	−50	−50		−88	−175	−340	−500	−740
710	800					−185	−380	−560	−840
800	900	−56	−56		−100	−210	−430	−620	−940
900	1000					−220	−470	−680	−1050
1000	1120	−66	−66		−120	−250	−520	−780	−1150
1120	1250					−260	−580	−840	−1300
1250	1400	−78	−78		−140	−300	−640	−960	−1450
1400	1600					−330	−720	−1050	−1600
1600	1800	−92	−92		−170	−370	−820	−1200	−1850
1800	2000					−400	−920	−1350	−2000
2000	2240	−110	−110		−195	−440	−1000	−1500	−2300
2240	2500					−460	−1100	−1650	−2500
2500	2800	−135	−135		−240	−550	−1250	−1900	−2900
2800	3150					−580	−1400	−2100	−3200

① 为确定 N 和 P~ZC 的值，对于标准公差等级至 IT8 的 K，M，N 和标准公差等级至 IT7 的 P~ZC 的基本偏差的确定，应考虑附表 19 右边几列中的 Δ 值。

② 公称尺寸 ≤1mm 时，不使用标准公差等级 >IT8 的基本偏差 N。

附表 20　轴 a~j 的基本偏差数值（摘自 GB/T 1800.1—2020）　（单位：μm）

公称尺寸/mm		基本偏差数值 上极限偏差, es												下级限偏差, ei		
大于	至	所有公差等级												IT5和IT6	IT7	IT8
		a①	b①	c	cd	d	e	ef	f	fg	g	h	js	j	j	j
—	3	-270	-140	-60	-34	-20	-14	-10	-6	-4	-2	0		-2	-4	-6
3	6	-270	-140	-70	-46	-30	-20	-14	-10	-6	-4	0		-2	-4	—
6	10	-280	-150	-80	-56	-40	-25	-18	-13	-8	-5	0		-2	-5	—
10	14	-290	-150	-95	-70	-50	-32	-23	-16	-10	-6	0		-3	-6	—
14	18	-290	-150	-95	-70	-50	-32	-23	-16	-10	-6	0		-3	-6	—
18	24	-300	-160	-110	-85	-65	-40	-25	-20	-12	-7	0		-4	-8	—
24	30	-300	-160	-110	-85	-65	-40	-25	-20	-12	-7	0		-4	-8	—
30	40	-310	-170	-120	-100	-80	-50	-35	-25	-15	-9	0		-5	-10	—
40	50	-320	-180	-130	-100	-80	-50	-35	-25	-15	-9	0		-5	-10	—
50	65	-340	-190	-140	—	-100	-60	—	-30	—	-10	0		-7	-12	—
65	80	-360	-200	-150	—	-100	-60	—	-30	—	-10	0		-7	-12	—
80	100	-380	-220	-170	—	-120	-72	—	-36	—	-12	0		-9	-15	—
100	120	-410	-240	-180	—	-120	-72	—	-36	—	-12	0		-9	-15	—
120	140	-460	-260	-200	—	-145	-85	—	-43	—	-14	0		-11	-18	—
140	160	-520	-280	-210	—	-145	-85	—	-43	—	-14	0		-11	-18	—
160	180	-580	-310	-230	—	-145	-85	—	-43	—	-14	0		-11	-18	—
180	200	-660	-340	-240	—	-170	-100	—	-50	—	-15	0		-13	-21	—
200	225	-740	-380	-260	—	-170	-100	—	-50	—	-15	0	偏差=±ITn/2,式中 n 是标准公差等级数	-13	-21	—
225	250	-820	-420	-280	—	-170	-100	—	-50	—	-15	0		-13	-21	—
250	280	-920	-480	-300	—	-190	-110	—	-56	—	-17	0		-16	-26	—
280	315	-1050	-540	-330	—	-190	-110	—	-56	—	-17	0		-16	-26	—
315	355	-1200	-600	-360	—	-210	-125	—	-62	—	-18	0		-18	-28	—
355	400	-1350	-680	-400	—	-210	-125	—	-62	—	-18	0		-18	-28	—
400	450	-1500	-760	-440	—	-230	-135	—	-68	—	-20	0		-20	-32	—
450	500	-1650	-840	-480	—	-230	-135	—	-68	—	-20	0		-20	-32	—
500	560	—	—	—	—	-260	-145	—	-76	—	-22	0		—	—	—
560	630	—	—	—	—	-260	-145	—	-76	—	-22	0		—	—	—
630	710	—	—	—	—	-290	-160	—	-80	—	-24	0		—	—	—
710	800	—	—	—	—	-290	-160	—	-80	—	-24	0		—	—	—
800	900	—	—	—	—	-320	-170	—	-86	—	-26	0		—	—	—
900	1000	—	—	—	—	-320	-170	—	-86	—	-26	0		—	—	—
1000	1120	—	—	—	—	-350	-195	—	-98	—	-28	0		—	—	—
1120	1250	—	—	—	—	-350	-195	—	-98	—	-28	0		—	—	—
1250	1400	—	—	—	—	-390	-220	—	-110	—	-30	0		—	—	—
1400	1600	—	—	—	—	-390	-220	—	-110	—	-30	0		—	—	—
1600	1800	—	—	—	—	-430	-240	—	-120	—	-32	0		—	—	—
1800	2000	—	—	—	—	-430	-240	—	-120	—	-32	0		—	—	—
2000	2240	—	—	—	—	-480	-260	—	-130	—	-34	0		—	—	—
2240	2500	—	—	—	—	-480	-260	—	-130	—	-34	0		—	—	—
2500	2800	—	—	—	—	-520	-290	—	-145	—	-38	0		—	—	—
2800	3150	—	—	—	—	-520	-290	—	-145	—	-38	0		—	—	—

① 公称尺寸≤1mm 时，不使用基本偏差 a 和 b。

附表 21　轴 k～zc 的基本偏差数值（摘自 GB/T 1800.1—2020）　　　（单位：μm）

公称尺寸/mm		基本偏差数值 下极限偏差,ei															
大于	至	k (IT4至IT7)	k (≤IT3,>IT7)	m	n	p	r	s	t	u	v	x	y	z	za	zb	zc
				所有公差等级													
—	3	0	0	+2	+4	+6	+10	+14	—	+18	—	+20	—	+26	+32	+40	+60
3	6	+1	0	+4	+8	+12	+15	+19	—	+23	—	+28	—	+35	+42	+50	+80
6	10	+1	0	+6	+10	+15	+19	+23	—	+28	—	+34	—	+42	+52	+67	+97
10	14	+1	0	+7	+12	+18	+23	+28	—	+33	—	+40	—	+50	+64	+90	+130
14	18	+1	0	+7	+12	+18	+23	+28	—	+33	+39	+45	—	+60	+77	+108	+150
18	24	+2	0	+8	+15	+22	+28	+35	—	+41	+47	+54	+63	+73	+98	+136	+188
24	30	+2	0	+8	+15	+22	+28	+35	+41	+48	+55	+64	+75	+88	+118	+160	+218
30	40	+2	0	+9	+17	+26	+34	+43	+48	+60	+68	+80	+94	+112	+148	+200	+274
40	50	+2	0	+9	+17	+26	+34	+43	+54	+70	+81	+97	+114	+136	+180	+242	+325
50	65	+2	0	+11	+20	+32	+41	+53	+66	+87	+102	+122	+144	+172	+226	+300	+405
65	80	+2	0	+11	+20	+32	+43	+59	+75	+102	+120	+146	+174	+210	+274	+360	+480
80	100	+3	0	+13	+23	+37	+51	+71	+91	+124	+146	+178	+214	+258	+335	+445	+585
100	120	+3	0	+13	+23	+37	+54	+79	+104	+144	+172	+210	+254	+310	+400	+525	+690
120	140	+3	0	+15	+27	+43	+63	+92	+122	+170	+202	+248	+300	+365	+470	+620	+800
140	160	+3	0	+15	+27	+43	+65	+100	+134	+190	+228	+280	+340	+415	+535	+700	+900
160	180	+3	0	+15	+27	+43	+68	+108	+146	+210	+252	+310	+380	+465	+600	+780	+1000
180	200	+4	0	+17	+31	+50	+77	+122	+166	+236	+284	+350	+425	+520	+670	+880	+1150
200	225	+4	0	+17	+31	+50	+80	+130	+180	+258	+310	+385	+470	+575	+740	+960	+1250
225	250	+4	0	+17	+31	+50	+84	+140	+196	+284	+340	+425	+520	+640	+820	+1050	+1350
250	280	+4	0	+20	+34	+56	+94	+158	+218	+315	+385	+475	+580	+710	+920	+1200	+1550
280	315	+4	0	+20	+34	+56	+98	+170	+240	+350	+425	+525	+650	+790	+1000	+1300	+1700
315	355	+4	0	+21	+37	+62	+108	+190	+268	+390	+475	+590	+730	+900	+1150	+1500	+1900
355	400	+4	0	+21	+37	+62	+114	+208	+294	+435	+530	+660	+820	+1000	+1300	+1650	+2100
400	450	+5	0	+23	+40	+68	+126	+232	+330	+490	+595	+740	+920	+1100	+1450	+1850	+2400
450	500	+5	0	+23	+40	+68	+132	+252	+360	+540	+660	+820	+1000	+1250	+1600	+2100	+2600
500	560	0	0	+26	+44	+78	+150	+280	+400	+600	—	—	—	—	—	—	—
560	630	0	0	+26	+44	+78	+155	+310	+450	+660	—	—	—	—	—	—	—
630	710	0	0	+30	+50	+88	+175	+340	+500	+740	—	—	—	—	—	—	—
710	800	0	0	+30	+50	+88	+185	+380	+560	+840	—	—	—	—	—	—	—
800	900	0	0	+34	+56	+100	+210	+430	+620	+940	—	—	—	—	—	—	—
900	1000	0	0	+34	+56	+100	+220	+470	+680	+1050	—	—	—	—	—	—	—
1000	1120	0	0	+40	+66	+120	+250	+520	+780	+1150	—	—	—	—	—	—	—
1120	1250	0	0	+40	+66	+120	+260	+580	+840	+1300	—	—	—	—	—	—	—
1250	1400	0	0	+48	+78	+140	+300	+640	+960	+1450	—	—	—	—	—	—	—
1400	1600	0	0	+48	+78	+140	+330	+720	+1050	+1600	—	—	—	—	—	—	—
1600	1800	0	0	+58	+92	+170	+370	+820	+1200	+1850	—	—	—	—	—	—	—
1800	2000	0	0	+58	+92	+170	+400	+920	+1350	+2000	—	—	—	—	—	—	—
2000	2240	0	0	+68	+110	+195	+440	+1000	+1500	+2300	—	—	—	—	—	—	—
2240	2500	0	0	+68	+110	+195	+460	+1100	+1650	+2500	—	—	—	—	—	—	—
2500	2800	0	0	+76	+135	+240	+550	+1250	+1900	+2900	—	—	—	—	—	—	—
2800	3150	0	0	+76	+135	+240	+580	+1400	+2100	+3200	—	—	—	—	—	—	—

参 考 文 献

［1］ 廖希亮，张莹，姚俊红，等．画法几何及机械制图：3D 版［M］．北京：机械工业出版社，2018．

［2］ 汤爱君，段辉，马海龙．AutoCAD 2022 中文版实用教程［M］．北京：电子工业出版社，2023．

［3］ 管殿柱，张轩．工程图学基础［M］．2 版．北京：机械工业出版社，2016．

［4］ 李雪梅．工程图学基础［M］．2 版．北京：清华大学出版社，北京交通大学出版社，2017．

［5］ 李广军，吕金丽，富威．工程图学基础［M］．3 版．北京：高等教育出版社，2021．